Wolfgang Jäger / Alfred Lukasczyk (Hrsg.)
Talent Management

Wolfgang Jäger / Alfred Lukasczyk (Hrsg.)

Talent Management

Strategien, Umsetzung, Perspektiven

Luchterhand
eine Marke von Wolters Kluwer Deutschland

Bibliografische Information der Deutschen Nationalbibliothek
Die Deutsche Nationalbibliothek verzeichnet diese Publikation in der Deutschen Nationalbibliografie; detaillierte bibliografische Daten sind im Internet über http://dnb.d-nb.de abrufbar.

ISBN 978-3-472-07198-3

www.wolterskluwer.de
www.personalwirtschaft.de

Lektorat: Andrea Porschen
Herstellung: Michael Dullau

Umschlaggestaltung: Konzept & Design, Köln
Cover-Illustration: Ute Helmbold, Essen
Satz: Satz- und Verlags-Gesellschaft mbH, Darmstadt
Druck: Wilhelm & Adam OHG, Heusenstamm

Gedruckt auf säurefreiem, alterungsbeständigem und chlorfreiem Papier.

Vorwort

Wer sich ernsthaft mit den strategischen Herausforderungen von Unternehmen hier in den westlichen hochentwickelten Industrie- und Dienstleistungssektoren beschäftigt, kommt an dem Thema Talent Management als kritischem Erfolgsfaktor nicht vorbei. Seit mittlerweile gut zehn Jahren ist der Begriff »Talent« in aller Munde. Mal als »War for Talents« beschrieben, mal als »Kurzläufer« vom Personalmarketing reklamiert oder der Personalentwicklung als neues Etikett aufgeklebt. Diese Begriffsinterpretationen werden der Notwendigkeit eines umfassenden Talent Management-Verständnisses nicht gerecht.

Wenn die Ableitungen stimmen: Demografische Entwicklung, Knappheit von Personalressourcen, selbstbewusste Talente, Wissen und Know-how als wichtige Treiber und Hebel der Wertschöpfung von Unternehmen, dann wird oder ist vielleicht schon Talent Management die Königsdisziplin des Personalmanagements. Talent Management ist kein Sprint, sondern Langstrecke. Das Auf und Ab von konjunkturellen Entwicklungen fordert das Personalmanagement im Sinne eines nachhaltigen Talent Management immer wieder neu.

Der vorliegende Herausgeberband will über die grundlegenden Herausforderungen und den diesen begegnenden Strategien des Talent Management informieren, Lösungsansätze zur Diskussion stellen, praktische Anwendungen aufzeigen und Entwicklungslinien skizzieren.

Unser Dank gilt allen, die daran mitgewirkt haben, dass dieses Buch zustande kam, besonders allen Autoren aus der Praxis – sei es aus dem Personalmanagement selbst, aus der Beratungspraxis oder aus der Systemanbieterschaft – und genauso den Kollegen aus der angewandten Wissenschaft. Wir wissen es sehr zu schätzen, dass sie sich die Zeit genommen haben, an diesem Buch mitzuarbeiten. Alle gemeinsam hoffen wir, mit unseren Beiträgen interessanten Lesestoff zu bieten und das so wichtige Thema Talent Management im Personalmanagement noch weiter voranzubringen.

Wiesbaden/Essen,
im Januar 2009

Prof. Dr. Wolfgang Jäger
Alfred Lukasczyk

Über dieses Buch

Im Untertitel zu diesem Buch über Talent Management heißt es: Strategien, Umsetzung, Perspektiven. Diese Begriffe waren gleichermaßen Rahmen und Ausgangspunkt für die Konzeption dieses Buches. Ein weiterer Leitgedanke war: Wenn man einen Fachkongress zum Talent Management für die interessierte Fachöffentlichkeit – vorwiegend aus der personalwirtschaftlichen Praxis – konzipieren wollte, wie sähe dann die Agenda aus und welche Referenten würden angefragt werden? Normalerweise ist die Reihenfolge erst Fachkongress, dann schriftlicher Kongressband. Wir kehren die Reihenfolge um, und ob wir sie einhalten, steht noch nicht fest. Zunächst finden sich hier 20 Beiträge von renommierten Autoren aus der personalwirtschaftlichen Praxis, Beratung, Systemanbieterschaft und angewandter Wissenschaft. Zwei »internationale« Artikel sind in englischer Sprache verfasst.

Die Beiträge spiegeln das breite Spektrum und die Perspektivenvielfalt des Themas Talent Management wider. Diesem Herausgeberband liegt ein »weites« Talent Management-Verständnis zugrunde. Das heißt, es umfasst sowohl verschiedene Zielgruppen, die breite Einbindung mehrerer personalwirtschaftlicher Funktionen als auch die strategischen Aspekte.

Kapitel 1: Grundlagen des Talent Management

Ein Blick auf die konzeptionellen Grundlagen des Talent Management, ausgewählte Grundsatzfragen, aber auch Problembereiche bildet den Schwerpunkt des ersten Kapitels. Hier geht es sowohl um den Status quo als auch um die Zukunftsperspektiven des Talent Management.

Wolfgang Jäger schildert in seinem einleitenden Beitrag die wachsende organisatorische und strukturelle Verantwortung des Talent Management als kritischen Erfolgsfaktor im Unternehmen und fordert deshalb einen eigenen Prozess mit der Qualität eines »HR-Kernprozesses« und einen HR Talent Manager.

Rainer Strack und **Jens Baier** schreiben in ihrem Beitrag über Talent- und HR-Risikomanagement in unruhigen Zeiten. Die BCG-Berater plädieren eindringlich für strategische Weitsicht im Personalmanagement. Strategische Personalplanung ist für sie das Gebot der Stunde im Talent Management.

International agierende Unternehmen tun sich im Talent Management besonders schwer, konstatieren **Asmus Komm**, **Matthew Guthridge** und **Jasper zu Putlitz**. Nach einer Befragung von McKinsey gibt es in multinationalen Konzernen erhebliche Barrieren, kulturelle Vielfalt, weltweit einheitliche Personalprozesse und internationale Mobilität zu erreichen. Die Autoren zeigen aber auch auf, dass die Unternehmen, die im Talent Management zum besten Drittel gehören, deutlich mehr Gewinn erzielen.

Peter Cappelli von der Wharton School (University of Pennsylvania) in Philadelphia erläutert in seinem »Gastbeitrag« die Entwicklungsgeschichte des Talent Management und wirbt dafür, eine Supply Chain-Perspektive für das Talent Management einzunehmen und vier grundlegende Prinzipien zu beachten.

Kein Talent Management ohne Risikomanagement, so das Credo von **Jean-Marcel Kobi**. In seinem Beitrag geht es ihm darum, mögliche Risiken im Unternehmen sichtbar und voraussehbar zu machen, damit sie präventiv angegangen und begrenzt oder vermieden werden können. Wesentlich für seine Risikobetrachtung sind die Talente im Personalrisikomodell.

In ihrem zweiten Beitrag sind die McKinsey-Berater **Jasper zu Putlitz** und **Asmus Komm** sowie **Lars Putzer** zunächst der Frage nachgegangen, welche Rolle den Führungskräften als Talent-Managern zukommt. Sie greifen auf eigene Befragungsergebnisse zurück und stellen diese in Zusammenhang mit einem integrierten Talent Management-Konzept.

Christoph Beck skizziert anschließend die Bedeutung der »Arbeitgeberattraktivität« und deren Merkmale. »Attraction« ist regelmäßig der Einstieg in den Talent Management-Zyklus und somit eine besondere Herausforderung für die Positionierung jedes Unternehmens. Beck macht deutlich, dass der Wettbewerb um die Talente am »Point of Sale« entschieden wird.

Kapitel 2: Talent Management im Unternehmen – Umsetzungsbeispiele

Im zweiten Kapitel dieses Buches werden auf den Talent Management-Prozess bezogene Umsetzungsbeispiele vorgestellt, die veranschaulichen, wie typische Problemstellungen des Talent Management in Unternehmen gelöst wurden und welche Strategien verfolgt werden.

Alfred Lukasczyk thematisiert in seinem Beitrag die besondere unternehmerische Herausforderung, die eine grundlegende Neupositionierung eines Unternehmens mit sich bringt. Er erläutert die langfristig ausgelegte Employer Branding-Strategie der Evonik Industries AG sowie deren »Verpackung« in die Personalimagekampagne: Gesucht – Querdenker und andere Talente.

Das Unternehmen ThyssenKrupp Steel nutzt seit einigen Jahren das gesamte Portfolio moderner Personalmarketing-Instrumente, um über den Weg der Nachwuchsgewinnung und -förderung die eigene Wettbewerbsfähigkeit zu gewährleisten. **Dieter Kroll** und **Rudolf Carl Meiler** geben einen Einblick in die Talent Recruiting-Strategie des Unternehmens und zeigen auf, dass die Gewinnung von Talenten schon auf der Schulbank beginnen muss.

Effizientes und effektives Talent Relationship Management ist ein strategischer Erfolgsfaktor bei Porsche für die Sicherung des zukünftigen Nachwuchsbedarfs, insbesondere durch Hochschulabsolventen. **Martin Meyer** zeigt in seinem Beitrag, unter welchen Rahmenbedingungen und Aktivitäten des Personalmarketings das Porsche Talent Network entstanden ist.

Michael Christ und **Andreas Gärtner** geben einen Einblick in die systematischen Prozesse der Lufthansa zur Performance- und Potenzialeinschätzung. Talent Management in Engpassbereichen gehört bei der Lufthansa zu den Schlüsselthemen. Deshalb hat das Unternehmen weltweit kompatible Prozesse zur Identifikation von Talenten implementiert und macht somit ein konzernweites Monitoring in Bezug auf eine jeweils aktuelle Nachfolgeplanung möglich.

Ralf Heller und **Michael Ruf** zeigen den Ansatz eines breit gefächerten und auf mehreren Talent-Pools basierenden Talent Managements als Instrument der Führungsnachwuchskräfteentwicklung von ZF Friedrichshafen auf. Dabei werden die grundlegenden Schwerpunkte des umfassenden ZF Konzepts – das Rekrutieren, das Identifizieren und das Entwickeln von Talenten – näher beschrieben.

Der Talent Management-Prozess bei TNT Express fokussiert nicht auf bestimmte Positionen, sondern fördert Persönlichkeit. **Oliver Roentgen** stellt das systematische Personalentwicklungskonzept des Unternehmens vor, das Mitarbeiter über alle Karrierestufen hinweg mit individuellen Entwicklungsmöglichkeiten begleitet.

Im Anschluss zeigt **Wolfgang Binder** in seinem Beitrag den Volvo Talent Management-Prozess auf. In dem Beitrag wird deutlich, wie sich Volvo Trucks die vergangenen Jahre hinweg systematisch mit Talent Management, Demografie und Diversity beschäftigt hat und wie diese Themen in einem internationalen Unternehmen gepflegt und gelebt werden.

Oliver Büdel und **Sandra Gerhards** stellen das »Lebenszyklusorientierte Talent Management-Konzept« der DekaBank vor. Dieses Konzept ist Rahmen und Ausgangspunkt für ihr Unternehmen in Bezug auf die demografischen Herausforderungen, ein modernes Gesundheitsmanagement und einen Talent Management-Ansatz, der sich an den Lebensphasen der jeweiligen Talente orientiert.

Kapitel 3: Talent Management und (IT-)Systeme

In den letzten Jahren waren HR-IT-Anwendungen oftmals willkommene Hebel für Organisationsentwicklungsprozesse im Personalmanagement. Auch in dem abschließenden Kapitel wird deutlich, dass moderne IT-Anwendungen für das Talent Management und die Talent Manager unverzichtbare Voraussetzungen sind.

Michael Böni von shiftTHINK aus Zürich leitet das Kapitel mit einem innovativen Beitrag zur Bedeutung von Sozialen Netzwerkanalysen im Talent Management ein. Er beleuchtet vor allem, wie Soziale Netzwerkanalysen im Bereich Attraktion und Recruiting sowie bei der Leistungsbewertung von Mitarbeitern und der Nachfolgeplanung unterstützend genutzt werden können.

Der gesamte Ablauf des Talent Management-Prozesses bei SAP mit Hilfe der »hauseigenen« SAP Talent Management Software sowie die Visualisierungsmöglichkeiten durch Nakisa sind Gegenstand des Beitrags von **Stefan Schüßler**. Er zeigt auf, welch umfassende Konzepte das Talent Management »bei SAP mit SAP« begründen.

Im Artikel von **Carsten Busch** von StepStone erfahren Sie, wie die Deutsche Post World Net ihren Personalentwicklungs- und Beurteilungsprozess »motiv8« für die Zielgruppe der nicht leitenden Führungskräfte und Experten mit Hilfe der Talent Suite von StepStone nicht nur umgesetzt hat, sondern den Prozess auch anwendungsfreundlicher und mit weniger Administrationsaufwand gestaltet hat.

Warum ein Unternehmen, das in 349 Büros in 43 Ländern arbeitet, sich für eine IT-Plattform zum Performance Management entschieden hat und welche Vorteile dies für das Unternehmen bringt, lesen Sie im Artikel von **Patrice Barbedette** von Jobpartners und seinem Kunden Rabobank International.

Unternehmen, die ihre Mitarbeiter nahezu ausschließlich in Projekten einsetzen und deren Teams immer wieder neu zusammengesetzt werden müssen, brauchen eine optimale Übersicht über ihre Mitarbeiter, deren Skills und Performance. Wie die Deutsche Gesellschaft für Technische Zusammenarbeit (GTZ) mit Hilfe der Softwarelösung »BeeSite Recruiting Edition« von milch & zucker dieses Problem gelöst hat, erfahren Sie im Artikel von **Reinhard Schrage** und **Ingolf Teetz**.

Inhalt

1 Grundlagen des Talent Management

Talent Management ist Personalmanagement

Wolfgang Jäger

Das Thema Talent Management hat eine gute Chance, zu dem beherrschenden Personalmanagement-Thema der nächsten Jahre zu werden. Talent Management fokussiert auf den personalwirtschaftlichen Kernprozess von Rekrutierung über Evaluation und Entwicklung bis hin zum Retention Management. Die Treiber dieser Entwicklung sind in erster Linie die demografische Entwicklung, ein genereller Trend zu einer höher qualifizierten Belegschaft in den westlichen Industrieländern und die Notwendigkeit, eine personalwirtschaftliche Antwort auf die zum Teil konjunkturell abhängigen (kurzfristigen) Nachfrageschwankungen auf dem Arbeitsmarkt zu finden.

Der Arbeitsmarkt ist kein Datum – Talent Management kein Zufall

Sind unsere Personalstrategien und das von ihnen abgeleitete personalpolitische Handeln ausreichend auf die Folgen des demografischen Wandels ausgerichtet? Dieser Frage gehen wir jetzt seit zwei Jahren regelmäßig mit unseren Personalleiterbefragungen (2007, 2008) nach. Waren es 2007 noch 65 % der Unternehmen, bei denen das Thema »Demografie« im Bewusstsein war, sind es in der jüngsten Befragung bereits 85 %. Davon wiederum beschäftigen sich rund 52 % aktiv mit den Folgen des demografischen Wandels. Dabei greifen die Unternehmen auf verschiedene Maßnahmen zurück, wie die folgende Abbildung zeigt.

Auf welchen der nachfolgenden Handlungsfelder des »Demografiemanagements« sind Sie aktiv?

	2007	2008
Organisation des Wissenstransfers zwischen älteren und jüngeren Mitarbeitern	35%	36%
Anpassung der Arbeitsbedingungen in den verschiedenen Lebensphasen	28%	34%
Qualifizierung in den unterschiedlichen Lebenszyklen	24%	28%
Rekrutierung und Retention Management	23%	n/a*
Attraktive und finanzierbare Modelle zum Übergang in den Ruhestand	20%	32%

* 2008 nicht als Antwortmöglichkeit vorgegeben

Abb. 1: Angewandte Maßnahmen des »Demografiemanagements« (Quelle: Jäger, W./Hesse, G. 2007 u. 2008)

Was national zu beobachten ist, gilt auch international. Die globale Studie der Boston Consulting Group (BCG) »Creating People Advantage« (2008) kommt zu dem Ergebnis: Demografie- und Talent Management wird eine hohe künftige Bedeutung zugeschrieben, gleichzeitig aber auch konstatiert, dass die bisherigen Fähigkeiten zum Demografie-Management in den Personalorganisationen nur gering vorhanden sind. Diese Erkenntnis der BCG-Researcher gilt auch für weite Teile der Personalarbeit in unserem Land. Darüber können auch die wenigen »Leuchttürme« des Personalmanagements nicht hinwegtäuschen, die das Thema Demografie und in dessen Folge das Gesundheits- und Talent Management nicht nur als strategisch bedeutend erkannt, sondern auch aktive personalpolitische Maßnahmen eingeleitet haben.

Die Begrifflichkeit »Talent« wurde schon vor gut zehn Jahren von McKinsey durch den ausgerufenen »War for talents« stärker in die Fachöffentlichkeit gestellt und hat sich bis heute als personalpolitisches »Buzzword« gehalten. Nach einer »vorübergehenden Abkühlung« des Wettbewerbs um Talente in Folge des Platzens der weltweiten Internetblase im Jahr 2001 und einer Dämpfung der Weltwirtschaft wurde ab Mitte dieses Jahrzehnts der »2. War for talents« ausgerufen. Er hatte schon 2006 für rund 70 % der Unternehmen (weltweit) wieder höchste Priorität (Economist Special Report, The search for talent, 2006) und erreichte Ende 2007/Anfang 2008 seinen vorläufigen Höhepunkt. In der Phase des wirtschaftlichen Aufschwungs stieg die Nachfrage nach qualifizierten Mitarbeitern wieder an. Engpässe auf den Absolventenmärkten, vor allem in bestimmten Studienrichtungen (z. B. bei Informatikern, Ingenieuren oder Naturwissenschaftlern), wurden deutlich sichtbar. Aber auch Fach- und Führungskräfte werden in vielen Branchen knapp.

Die »Vorboten« der »Demografiefalle« zeichnen sich nicht nur bei der Zahl der verfügbaren »Talente«, sondern auch bei deren Qualifikation ab. Wir laufen auch in eine »Qualifikationsfalle«, d. h. wir steuern nicht nur auf ein mittelfristiges quantitatives Arbeitsmarktproblem hin, sondern auch noch auf ein verstärkt qualitatives Problem. Wir merken es jetzt schon an den beiden Enden des beruflichen Lebenszyklusses. Ein größerer Teil eines Ausbildungsjahrgangs bringt oftmals nicht die notwendige Basis-Qualifikation für den Berufseinstieg mit. Nicht weniger ältere Arbeitnehmer haben Schwierigkeiten, ihr berufliches Wissen und Können auf dem notwendigen Niveau zu halten. Ohne auf die zugrunde liegenden gesellschafts-, arbeitsmarkt- und bildungspolitischen Herausforderungen einzugehen: Alle einzelwirtschaftlichen Organisationen müssen sich vor diesem Hintergrund mit den komplexen Herausforderungen des Themas Mitarbeiterbeschaffung und -entwicklung intensiv auseinandersetzen. Hinzu kommt noch das ebenfalls erfolgskritische Thema Mitarbeiterbindung versus Mitarbeiterfreisetzung. Die Probleme der Unternehmen mit dem »Arbeitsmarkt« sind allgegenwärtig. Sie sind bekannt, berechenbar und zeichnen sich regelmäßig längerfristig vorher ab (vgl. von der Oelsnitz et al. 2007).

Umso erstaunlicher ist das oftmals geradezu reflexhaft zu beobachtende Verhalten bei den personalwirtschaftlichen Reaktionen auf Nachfrageschwankungen. »Vollgas« oder »voll auf die Bremse« sind nicht selten zu bemerkende Reaktionsmuster. Im sogenannten »2. War for talents« tobt(e) der Kampf um die Talente noch mehr. Budgets für das Personalmarketing wurden wieder kräftig aufgestockt, vielfältige Aktionen zur Steigerung der Arbeitgeberattraktivität ins Leben gerufen. Mit viel Werbeaufwand wird die Arbeitgebervisibilität im Markt erhöht und die Hebelwirkung von »Arbeitgeber-PR« entdeckt (Jäger/Schön 2008).

Dies alles muss nicht grundlegend falsch sein, insbesondere dann nicht, wenn sich die Aktivitäten auf eine längerfristig erkennbare Strategie begründen und sich »Einstellungsrallyes« nicht mit »Entlassungsrallyes« in direktem Wechsel wiederholen – also frei nach dem Motto »Kaum da – schon wieder weg«. Parallel dazu die »Stimmungslage« vieler HR-Manager: mal himmelhoch jauchzend – dann wieder zu Tode betrübt (Scholz 2008).

Talent Management heute

Nahezu in allen Befragungen und Untersuchungen zum Talent Management messen die Unternehmen dem Thema »Mitarbeiterbindung« zwar meist etwas weniger Relevanz zu als der Mitarbeiterbeschaffung, aber mit deutlich steigender Tendenz. Getreu dem Motto, »die besten Mitarbeiter sind nicht die, von denen man träumt, sondern die, die man hat«, haben die Personalorganisationen begonnen, ein personalpolitisches Aktivitätenbündel zu schnüren, das altbekannte Personalentwicklungskonzepte (Nachfolgeplanung, Skill- und Kompetenzmanagement) mit Themen wie Performancemanagement und Vergütungsstrategien (Rewards) kombiniert. Oftmals wird diesem Aktivitätenbündel das Etikett »Talent Management« aufgeklebt. Kritiker monieren hier zu Recht, dass solcherart Talent Management viel von »altem Wein in neuen Schläuchen« aufweist.

In der Tat zeigt sich aktuell kein einheitliches Bild von einer Funktion Talent Management im Personalmanagement oder ein »ganzheitlicher und nachhaltiger« Talent Management-Ansatz. Auffällig sind das oftmals isolierte Nebeneinander von Rekrutierung und Entwicklung, ein in weiten Teilen nach wie vor fehlender unternehmensweiter Talent Management-Prozess, eine mehrheitlich nicht vorhandene eigenständige Funktion (»Talent Manager«) und schließlich die geringe softwaretechnische Unterstützung (vgl. Abb. 2).

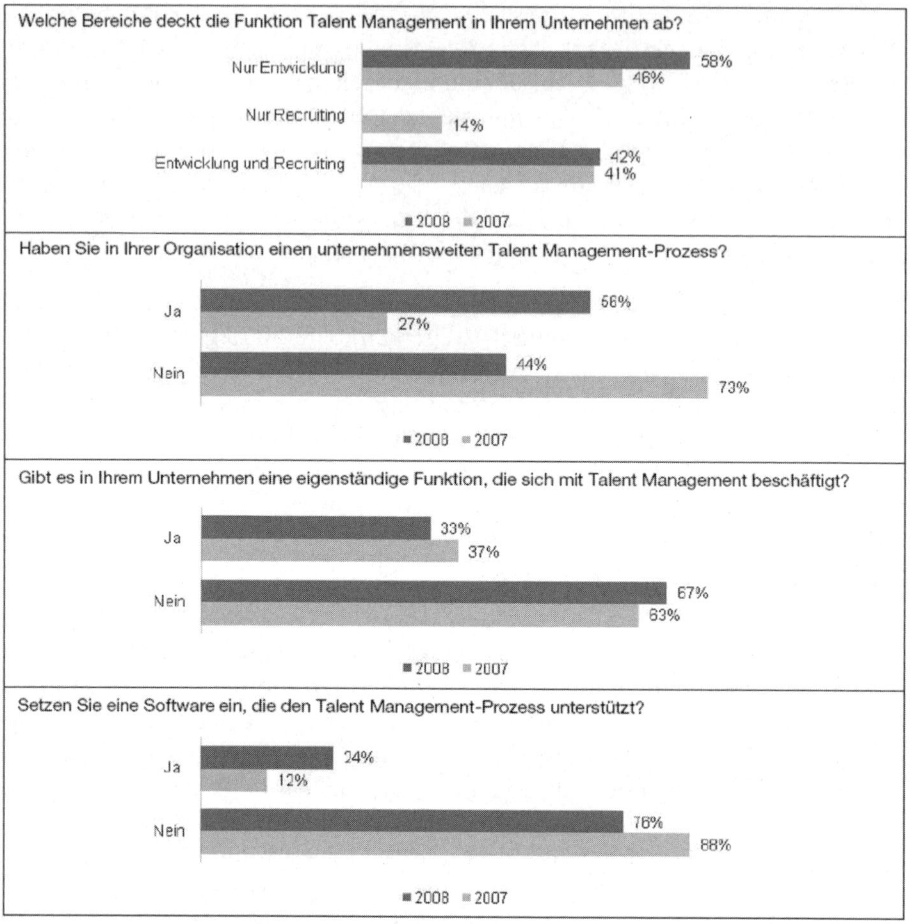

Abb. 2: Status quo des Talent Management
(Quelle: Jäger, W./Hesse, G. 2007 u. 2008)

Talent Management – der neue Kernprozess im Personalmanagement

Seit gut zehn Jahren bestimmt der »frühe« Ansatz von Dave Ulrich (1997) um den Wandel der Funktions- und Rollenverstärkung im HR-Management mit Folgen für das Organisationsverständnis mehrheitlich die Diskussion in den Fachkreisen.

Die strukturellen Entwicklungslinien der HR-Organisation zeichnen in den letzten Jahren ein Bild der HR-Transformation hin zu »Business Partnership« und operativer Exzellenz (Oertig 2006). Aufbauorganisatorisch ist das »Drei-Säulen-Modell« in den organisatorischen Eckpfeilern »Strategie und Governance« einerseits und »Business Partnership« andererseits und dem HR-Service in der Mitte verankert, in dem die administrativen und transaktionellen »Betreuungsprozesse« mehrheitlich gebündelt und im Idealfall »standardisiert« werden. Die Prozessmodelle im Personalmanagement finden ihren Ursprung nach wie vor in der »Porter'schen Wertekette«. Erst in der jüngsten Vergangenheit werden erste »strukturell-normative Alternativszenarien«, etwa in Richtung des »St. Galler Managementmodells«, wieder zur Diskussion gestellt (Jochmann 2008).

Entgegen dem Lehrsatz »Structure follows strategy« finden viele Personalorganisationen ihren personalstrategischen Ansatz erst in der Folge ihrer strukturellen Herausforderungen. Das Ziel »operative Exzellenz« wurde oftmals mit »Kostenführerschaft« gleichgesetzt und für die »Human Capital Drivers« wie etwa Leadership, Engagement und Talent Management als »Qualitätsführerschaft« beansprucht. Das Ergebnis ist eine hybride Personalstrategie, die einerseits auf einen Wertschöpfungs-/Erfolgsbeitrag der Personalorganisation und andererseits auf die kostengünstige Bereitstellung von Serviceprozessen setzt.

In der praktischen Beobachtung der Personalarbeit lässt sich feststellen, dass in der Folge viel über Organisationsansätze wie beispielsweise (Shared) Service Center-Strukturen diskutiert und auf der prozessualen Ebene ein besonderes Augenmerk auf die transaktionalen Serviceprozesse gelegt wurde. Gewissermaßen »notgehorchend« standen auf der qualitativen Seite vor allem die Rekrutierungsprozesse im Vordergrund. Das »klassische« Prozessmodell des Personalmanagements hatte – zumindest mit Blick auf die wesentlichen Teile der Kernprozesse – in den letzten Jahren weitgehend »Ruhe«. Das mag auch damit zusammenhängen, dass erst kürzlich auf Seiten der HR-IT solche Systeme zur Verfügung gestellt wurden, die in der Lage waren, zumindest für Teilfunktionen dem Talent Management als Hebel der Organisationsentwicklung Vorschub zu leisten. Moderne HR-IT-Systeme haben gewissermaßen den »komplexen« Talent Management-Prozess im Blick und bieten den Personalmanagern systemtechnisch Unterstützung an.

Vor dem Hintergrund der zukünftigen Herausforderungen des Personalmanagements muss sich das HR-Prozess- und Geschäftsmodell ändern. Dabei nehmen die Marktdynamik und die damit verbundene notwendige hohe Anpassungsgeschwindigkeit noch zu. So heißt denn nun das neue HR-Paradigma: Es wird immer wichtiger, wie man etwas macht, als was man macht, und das möglichst schnell. Mit anderen Worten: Personaltypische Kernfunktionen und Prozesse wie Personalbeschaffung, -entwicklung, -beurteilung und -betreuung werden nicht obsolet, sondern müssen gegebenenfalls prozessual und strukturell dynamisch weiterentwickelt werden. So stellt sich zum einen die Frage, ob die vielerorts noch vorwiegend organisatorische Trennung zwischen Beschaffung und Entwicklung noch zeitgemäß ist; zum anderen die Frage, mit welchen Hebeln und Treibern die notwendigen Veränderungen unterstützt werden können.

Wenn Talent Management immer wichtiger wird, dann hat es auch einen eigenen Prozess verdient mit der Qualität eines »HR-Kernprozesses«. Nur so kann Talent Management seiner organisatorischen – und auch strukturellen – Verantwortung gerecht werden.

In der strukturellen Umsetzung dieser hybriden Personalstrategie wird aus dem »Drei-Säulen-Modell« ein »Vier-Säulen-Fundament« mit Talent Management als eigenständiger Funktion.

Ein aussagefähiger Indikator für das (neue) Verständnis von Talent Management wäre die Zuordnung aller bisher funktional geleiteten Glieder der Talent Management-Prozesskette in einen ganzheitlichen Talent Management-Prozess von Attraction bis Retention (vgl. Abb. 3).

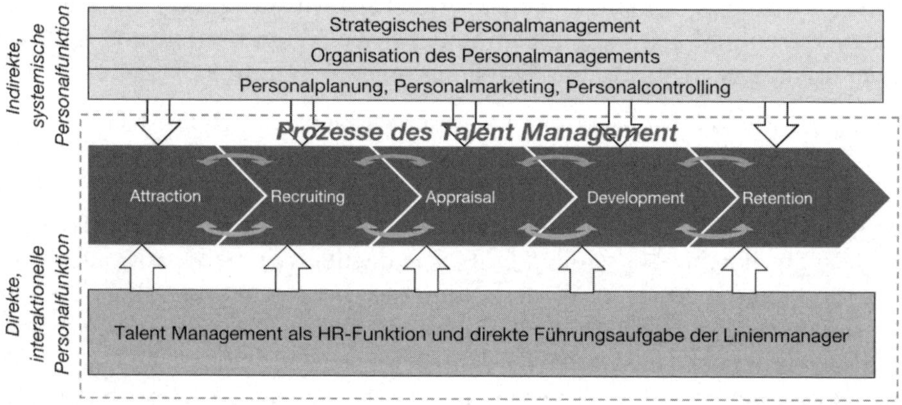

Abb. 3: Talent Management ist der neue übergreifende Kernprozess des Personalmanagements (Quelle: in weiter Anlehnung an Thom/Ritz 2006, S. 319).

Auf Basis eines solchen Prozessverständnisses lassen sich die notwendigen Schritte und Maßnahmen des Talent Management besser steuern. Unter dem Dach einer aus der Personalstrategie abgeleiteten Talent-Strategie arbeiten an deren Umsetzung vermehrt und orchestriert Teilfunktionen wie Personalmarketing, Personalentwicklung und Personalbetreuung in einem durchgängigen und »nachhaltigen« Prozess(modell) zusammen.

Die weiteren – eher vertikalen – organisatorischen Zuschnitte können sich dabei auf einen zielgruppenorientierten und/oder bereichs- oder geschäftsfeldfokussierten Ansatz begründen.

Mit einem solchen Talent Management-Prozessansatz sind nicht nur »Schnittstellen«, sondern auch die Prozessbeteiligten mit ihren jeweiligen Rollen zu definieren. Wie in den meisten HR-Prozessen sind auch hier beim Talent Management neben den »Personalern« insbesondere die Führungskräfte und die Mitarbeiter involviert.

Talent Management – eine neue Rolle und Funktion im Personalmanagement

Eine nicht einfach zu beantwortende Frage ist die nach dem »Prozessowner«. Wer ist denn nun der erste Talent Manager im Unternehmen: die Führungskraft oder der »Personaler«? Ähnlich wie im Profisport – wo gutes Talent Management durchaus Benchmarks setzt – gibt es unterschiedliche Erfolgsstrategien in der Arbeitsteilung zwischen einem Trainer/Coach und einem Manager. Die unmittelbare Talententwicklung, -beurteilung und -bindung obliegt dem Trainer, d. h. der Führungskraft. Für die grundlegende – an den strategischen Zielen orientierte – Zusammenstellung der Mannschaft (des »Kaders«) übernimmt regelmäßig der »Manager«, d. h. der Personaler, die Verantwortung. Trainer und Manager werden in ihrer Arbeit unterstützt von einem »Stab«, bestehend aus Spezialisten für bestimmte Teilfunktionen des Talent Management (vgl. Abb. 4).

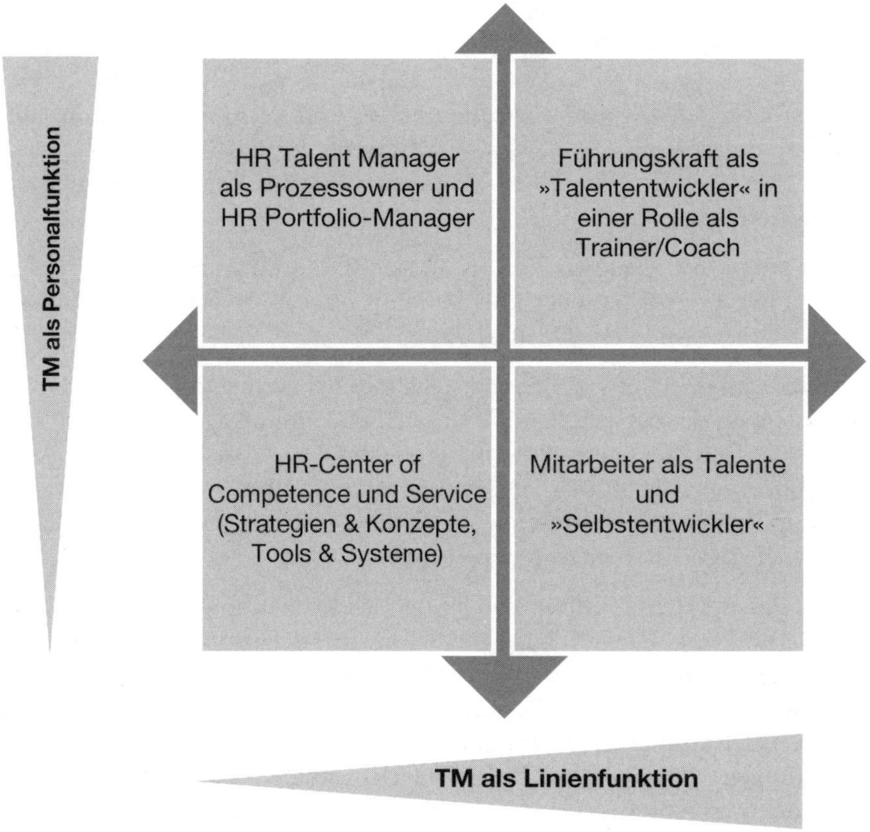

Abb. 4: Verschiedene Rollen und Funktionen im Talent Management

Im Unterschied zum Profisport sind die Führungskräfte als »Trainer/Coaches« nicht den (Personal-)Managern hierarchisch unterstellt. Beide müssen ihre

Talent Management Performance gegenüber ihren jeweiligen Vorgesetzten bzw. der Unternehmensleitung (Vorstand) rechtfertigen.

Die Mitarbeiter als Talente sind im Talent Management-Prozess mehr »Objekt« als »Subjekt«. Wenn auch hier gilt: Mitarbeiter müssen für sich auch die Rolle als »Selbstentwickler« besetzen.

Innerhalb der Personalorganisation sind die Rollen idealerweise klar: Der HR Talent Manager ist Prozessowner und verantwortet gemäß seiner organisatorischen Rolle für bestimmte Zielgruppen und/oder »Bereiche« den gesamten Talent Management-Prozess, d. h. von der Beschaffung über die Entwicklung, Beurteilung und Bindung. Er ist »oberster« Manager »seines« Mitarbeiterportfolios im Sinne eines Human Capital- oder Human Asset-Managements (Jäger 2002).

Seinen strategischen Rahmen findet der HR Talent Manager in der grundlegenden Personalstrategie in Kombination und Abstimmung mit den »operativen« Bereichsstrategien der einzelnen Geschäftsfelder und dem daraus abgeleiteten internen und externen Personalbedarf. Unterstützung findet der HR Talent Manager durch die HR-Strategie und Governance sowie HR-Servicefunktionen. Center of Competence für Personalmarketing und Personalentwicklung oder Vergütungsfragen liefern Strategien und Konzepte für das Talent Management, HR-IT-Services stellen dem Talent Management entsprechende Tools und Systeme zur Verfügung.

Die Führungskraft wiederum ist zuständig für die Entwicklung, Beurteilung und Bindung ihrer Mitarbeiter und ist damit das direkte Bindeglied zwischen den Mitarbeitern und dem Talent Manager.

Um von vornherein ein vielleicht entstehendes Missverständnis zu vermeiden: Das vorstehend skizzierte Rollenbild eines HR Talent Managers entspricht nicht dem »klassischen« Bild eines Personalreferenten. Der typische Personalreferent ist »Vollsortimenter«, oftmals ausgestattet mit einer ihm zuarbeitenden administrativen Unterstützungsfunktion auf Sachbearbeiterebene, und damit funktional in vielfältige Mitarbeiterprozesse involviert.

Der HR Talent Manager ist auf den strategisch bedeutsamen und erfolgskritischen Kernprozess Talent Management fokussiert. Personalmanagement vor dem Hintergrund der demografischen Entwicklung und steigender Anforderungen an die Mitarbeiterqualifikation in einer hochentwickelten Industrie- und Dienstleistungsgesellschaft sowie konjunkturell bedingter Nachfrageschwankungen intelligent zu begegnen, erfordert ein »nachhaltiges« Talent Management im Unternehmen und HR Talent Manager, die sich in Bezug auf ihre Bedeutung nicht vor dem HR Business Partner verstecken müssen, sondern ihre neue Rolle selbstbewusst zum Wohle der Talente und des gesamten Unternehmens interpretieren und gestalten sollen.

Literatur

Althauser, U./Schmitz, M./Venema, C.: Demografie – Engpass Personal. Antworten, Strategien und Konzepte im Umgang mit knappen Ressourcen. Köln 2008.

BCG (Hrsg.): Creating People Advantage, Studie Boston Consulting Group and World Ferderation of Personnel Management Associations, Boston 2008.

Jäger, W./Hesse, G. (Hrsg.): Personalleiterbefragung 2007, Kooperationsprojekt zwischen Bertelsmann Survey Services, Personalwirtschaft und Fachhochschule Wiesbaden, Wiesbaden/Gütersloh 2007.

Jäger, W./Hesse, G. (Hrsg.): Personalleiterbefragung 2008, Kooperationsprojekt zwischen Bertelsmann Survey Services, Personalwirtschaft und Fachhochschule Wiesbaden, Wiesbaden/Gütersloh 2008.

Jäger, W./Hesse, G.: Zwischen Talentemangel und demografischem Wandel. In: Personalwirtschaft 02/2008, S. 46 – 48.

Jäger, W./Schön, M.: Der beste Arbeitgeber: Was Rankings, Wettbewerbe und Preise bringen. In: Wirtschaftspsychologie aktuell, Heft 3/2008, S. 35 – 37.

Jäger, W.: Analysten entdecken das Human Capital. In: Personalwirtschaft 12/2002, S. 16 – 20.

Jochmann, W.: Die Personalfunktion als Werttreiber für das Unternehmen. In: Personalführung 11/2008, S. 22 – 30.

Lawler III, E. E.: Talent. Making People Your Competitive Advantage, 2008.

Oertig, M. (Hrsg.): Neue Geschäftsmodelle für das Personalmanagement. Von der Kostenoptimierung zur nachhaltigen Wertsteigerung. München 2006.

Scholz, C.: HR-Manager: himmelhoch jauchzend – zu Tode betrübt. In: Wirtschaftspsychologie aktuell 03/2008, S. 28 – 31.

Thom, N./Ritz, A.: Public Management. Innovative Konzepte zur Führung im öffentlichen Sektor, 3. Auflage, Bern/Stuttgart/Wien 2006.

Ulrich, D.: Human Resources Champions. The Next Agenda for Adding Value and Delivering Results, Boston 1997.

von der Oelsnitz, D./Stein, V./Hahmann, M.: Der Talente-Krieg. Personalstrategie und Bildung im globalen Kampf um Hochqualifizierte, Bern 2007.

Professor Dr. Wolfgang Jäger, seit 1995 Professor für Betriebswirtschaftslehre, insbesondere Personal- und Unternehmensführung, sowie Medienmanagement am Studiengang Media Management der Fachhochschule Wiesbaden. 1991 bis 1995 Gründungsdekan der Frankfurt School of Finance & Management (vormals Hochschule für Bankwirtschaft). Praktische Erfahrungen sammelte er als leitender Mitarbeiter im Versandhandel in den Bereichen Personal, Marketing und Werbung. Seit 1990 ist er Gesellschafter der Dr. Jäger Management-Beratung und zusätzlich der DJM Consulting GmbH, beide mit Sitz in Königstein im Taunus. Sein Arbeitsschwerpunkt liegt auf der Optimierung personalwirtschaftlicher und kommunikationsbezogener Prozesse und Strukturen. Er führt zu diesen Themen, insbesondere unter Berücksichtigung der neuen Medien, viele Beratungs- und Praxisprojekte durch, leitet regelmäßig Kongresse und Fachtagungen und schreibt zahlreiche Fachartikel und Bücher. Bereits zum dritten Mal wurde Professor Jäger im September 2007 von der Fachzeitschrift »Personalmagazin« zu einem der »40 führenden Köpfe des Personalwesens« in der Kategorie der zehn führenden Berater gewählt.

Kontakt: w.jaeger@djm.de

Talent- und Risikomanagement in unruhigen Zeiten

Rainer Strack und Jens Baier

Einleitung

Als 2001/2002 die Spekulationsblase der »New Economy« platzte, hoch bewertete Unternehmen die Gewinnerwartungen nicht mehr erfüllen konnten und dieser Markt als Folge des Kursverfalls nahezu zusammenbrach, hatte dies massive Auswirkungen auf die Personalbestände und -bedarfe von Unternehmen in direkt, aber auch in indirekt betroffenen Industrien.

In Zeiten wirtschaftlicher Krisen gilt es für das Personalmanagement, zwei entscheidende Fehler zu vermeiden. Erstens: Sich allein auf kurzfristige Maßnahmen zu konzentrieren, es also zu versäumen, den zukünftigen langfristigen Personalbedarf zu antizipieren, und so den Verlust wertvoller Talente und damit unentbehrlichen Know-hows in Kauf zu nehmen. Zweitens: Diese kurzfristigen Maßnahmen, so notwendig sie sein mögen, nach der Rasenmähermethode vorzunehmen, anstatt in differenzierter Weise einzelne Bereiche eines Unternehmens auf den Prüfstand zu stellen. Beide Fehler sind aufgrund mangelnder strategischer und ökonomischer Weitsicht 2001/2002 oftmals und branchenübergreifend gemacht worden.

Brisante Fragen angesichts der derzeitigen Finanzmarktkrise und einer drohenden realwirtschaftlichen Rezession sind daher: Zieht ein verantwortungsvolles Personalmanagement aus der Dotcom-Krise die richtigen Lehren? Oder werden die Fehler von 2001/2002 wiederholt? Welche Folgen würden wiederum diese Fehler vor dem Hintergrund eines kontinuierlich sinkenden Personalbestands, der schwierigen Suche nach den besten Talenten auf dem Arbeitsmarkt und einer zunehmend alternden Erwerbsbevölkerung nach sich ziehen?

Krisenzeiten als besondere Herausforderung für das Personalmanagement

Die Finanzkrise hat fatale Konsequenzen für die Realwirtschaft und stellt damit auch das Personalmanagement der Unternehmen vor neue Herausforderungen. Hoher Kostendruck, die Aufrechterhaltung einer hohen Motivation und guter Leistungen des Personals sowie Change Management gewinnen in solchen Zeiten erheblich an Bedeutung. Krisenzeiten sind aber immer auch Zeiten besonderer Anforderungen an das Talent- und Risikomanagement. Ein vermeintlicher Befreiungsschlag durch pauschalen Personalabbau ohne eine vorhergegangene detaillierte Analyse des Talent- und Personalbestands und -bedarfs kann signifikante Nachwehen für die wirtschaftliche Produktivität in der Zukunft haben. Daher bedarf es eines Kompasses zur strategischen Personal- und Produktivitätssteuerung durch die Krise. Auch die Vorbereitung auf eine künftige wirtschaftliche Erholung darf nicht aus den Augen verloren werden. Also müssen nicht nur kurzfristige, sondern auch mittel- bis langfristige Fragen des strategischen Ressourcenmanagements und der Personalplanung geklärt werden, damit es nicht aufgrund eines temporären und einseitigen Aktionismus zu künftigen Personalunterhängen kommt. Zu berücksichtigen ist dabei auch der faktische demografische Wandel, der für viele Unternehmen aus allen Branchen eine mikroökonomische Herausforderung von hoher, wenngleich oftmals unterschätzter Dringlichkeit darstellt. Es kommt also auf ein vorausblickendes und strategisches HR-Management an, das sowohl in Zeiten des wirtschaftlichen Wachstums als auch gerade in Zeiten des Abschwungs der Unternehmensführung als strategischer Partner zur Seite steht.

Tatsächlich stellen die Themen HR als strategischer Partner und Talent Management sowie die betriebliche Demografie für heutige HR-Manager und -Experten die gewichtigsten Zukunftsaufgaben dar. Diese Einschätzung wird belegt durch die auf einer weltweiten Befragung von 4.741 Führungskräften aus dem HR- und Nicht-HR-Bereich in 83 Ländern basierende, 2008 veröffentlichte HR-Studie der Boston Consulting Group mit dem Titel *Creating People Advantage. How to Address HR Challenges Worldwide Through 2015,* welche gemeinsam von BCG und der World Federation of Personnel Management Associations (WFPMA) durchgeführt wurde. Rechtzeitig Handlungsbedarf in diesen Themenfeldern zu erkennen und entsprechende Maßnahmen sowohl zu definieren als auch umzusetzen, wird zur elementaren Voraussetzung, um die Produktivität und Wettbewerbsfähigkeit des Unternehmens langfristig zu sichern und substanzielle Risiken zu vermeiden.

Strukturierte Analyse statt Rasenmäherprinzip

Nur mit vorausblickenden Maßnahmen lassen sich die in Krisenzeiten auftretenden Risiken bewältigen. Doch jede Definition und Umsetzung von Maßnahmen setzt ein tiefes und standortübergreifendes Verständnis der Mitarbeiterstruktur auf qualitativer wie quantitativer Ebene voraus. Hierzu ist im ersten Schritt zunächst eine strukturierte und detaillierte Analyse der jeweiligen unternehmensspezifischen Situation erforderlich: Eine quantitative Auswertung des Personalbestands und des zukünftigen -bedarfs beugt pauschalen Entlassungswellen nach der Rasenmähermethode oder aber Qualifizierungs- und Recruitingaktivitäten auf der Basis des Gießkannenprinzips vor.

Wie eine Vertriebsstrategie eine Segmentierung der Kunden erfordert, so setzt ein effektives Risikomanagement im HR-Bereich eine detaillierte und differenzierende Betrachtung der Mitarbeiter- und Talentstruktur voraus. Es reicht nicht aus, die Risiken lediglich nach Standorten oder Organisationseinheiten zu unterscheiden. Notwendig ist vielmehr eine qualifikationsbezogene Differenzierung, da die sich daraus ergebenden Implikationen je Qualifikationsgruppe durchaus unterschiedlich sein können.

Im Rahmen eines pragmatischen Ansatzes werden Arbeitnehmer eines Unternehmens in eine mehrstufige »Jobfamilienstruktur« überführt. Mitarbeiter, die Tätigkeiten verrichten, welche ähnliche Kernqualifikationen und Erfahrungen bedingen, werden auf Basis ihrer grundsätzlichen Austauschbarkeit zu Jobfunktionen, Jobfamilien und Jobfamiliengruppen zusammengefasst. Innerhalb einer eng definierten Jobfunktion sind Mitarbeiter im Durchschnitt binnen drei Monaten gegeneinander austauschbar. Arbeitnehmer aus unterschiedlichen Jobfunktionen, die aber zu einer Jobfamilie gehören, sind innerhalb von 18 Monaten und Mitarbeiter, die zu unterschiedlichen Jobfamilien, aber zu einer Jobfamiliengruppe gehören, innerhalb von 36 Monaten austauschbar.

Die durch diese Segmentierung entstandene Struktur ist für Wachstums- wie auch für Restrukturierungsszenarien bedeutsam, um einen strukturierten und standortübergreifenden Überblick über die Zusammensetzung der Belegschaft zu erhalten.

Simulation von Personalbestand und Personalbedarf

Auf der nächsten Stufe des Prozesses eines personalwirtschaftlichen Risikomanagements werden zwei flexible IT-gestützte Simulationsmodelle innerhalb kurzer Zeit aufgebaut, die eine Analyse des kurz-, mittel- und langfristigen Personalbestands und -bedarfs ermöglichen (vgl. Abbildung 1). Analog zum Finanzbereich ist es auch für den HR-Bereich legitim und eklatant wichtig, nicht nur kurz-, sondern auch langfristige, d. h. nachhaltige Zeiträume zu betrachten und mit unterschiedlichen Szenarien einen strategischen Planungszeitraum abzubilden. Auch betriebs- und industriespezifische demografische Risiken müssen in die Simulation integriert werden (siehe *Managing Demographic Risk* von R. Strack, J. Baier und A. Fahlander, *Harvard Business Review*, Februar 2008).

Im Rahmen der Bestandssimulation wird die zukünftige Entwicklung des aktuellen Personalbestands bis auf die Ebene der Jobfunktionen heruntergebrochen und analysiert, wobei Simulationsparameter wie Fluktuations- und Einstellungsquoten oder Rentenabgänge berücksichtigt werden (siehe konkretes Kundenbeispiel in *Demographic Risk Management* von A. Arens, M. Schmitz, J. Baier und R. Strack, *Personalmagazin*, Juni 2007).

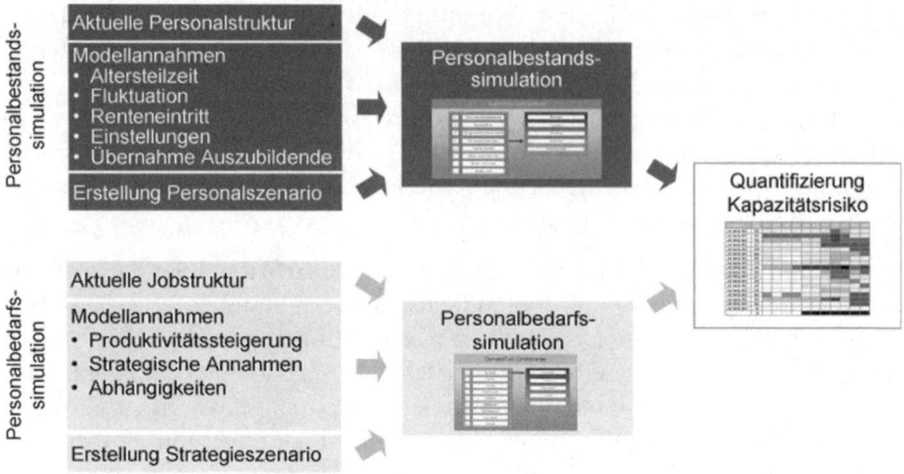

Abb. 1: Simulation des Personalbestands und -bedarfs

Die Bedarfssimulation muss unternehmensspezifischer und zum Teil geschäftsbereichsspezifisch entwickelt werden. Es ist essenziell, zu evaluieren, welchen Bedarf ein Unternehmen an Mitarbeitern und Key-Talents in der Zukunft hat, um Engpässen, d. h. sowohl Über- als auch Unterdeckungen, vorzubeugen. Hierzu sind die wesentlichen Faktoren, die den zukünftigen quantitativen und qualitativen Personalbedarf bestimmen, systematisch aus der aktuellen Unternehmensstrategie abzuleiten und auch Krisenszenarien durchzusimulieren. Zu diesen Faktoren zählen z. B. der An- und Auslauf von Modellen oder die Veränderung von Produktionsmengen und Fertigungszeiten. Aufgrund der ermittelten Bedarfstreiber lassen sich dann direkte und indirekte Wirkungsbeziehungen quantitativ simulieren.

Durch die Variationsmöglichkeit der Simulationsparameter und denkbarer wirtschaftlicher Szenarien des Unternehmens können so die Auswirkungen auf den Personalbedarf und -bestand systematisch evaluiert werden. Entscheidend dabei ist, diese Prognosen bis auf Jobfamilienebene nicht einmalig (statisch) – vom heutigen Zeitpunkt aus – zu formulieren, sondern eine fortlaufende Anpassung zu ermöglichen. Die Modelle fußen daher nicht auf in Stein gemeißelten Daten, sondern sind als lebendiges Instrument nachhaltig in den Planungsprozessen des jeweiligen Unternehmens zu verankern. Werden so der zukünftige Personalbestand und -bedarf bis auf die Ebene der Jobfamilien simuliert, lässt sich eine Gap-Analyse durchführen, die vollständige Transparenz über die nunmehr quantifizierbaren Kapazitätsrisiken schafft (vgl. Abbildung 2). Ein derartiges Steuerungscockpit macht den Blick frei sowohl für den Personalbedarf der nächsten Quartale als auch für langfristige Entwicklungen in den kommenden Jahren.

Illustrativ

Jobfamilien	Q1/09	Q2/09	Q3/09	Q4/09	2010	2011	2012	20[illegible]
Technischer Facharbeiter	18 %	16 %	-12 %	-22 %	-27 %	-29 %	-29 %	-53 %
Logistikplaner	9 %	13 %	12 %	-14 %	-16 %	-22 %	-24 %	-31 %
Arbeiter Maschinenbau	17 %	16 %	19 %	15 %	-25 %	-33 %	-42 %	-42 %
Kaufmännischer Angestellter	15 %	15 %	12 %	-25 %	-23 %	-20 %	-16 %	-15 %
Nacharbeiter	0 %	9 %	8 %	0 %	-9 %	-11 %	-13 %	-15 %
Maschinist Metallbearbeitung	9 %	5 %	0 %	2 %	5 %	9 %	13 %	15 %
Qualitätssicherer	-19 %	-18 %	-19 %	-18 %	-20 %	-21 %	-25 %	-31 %
Technischer Arbeiter	16 %	17 %	18 %	9 %	6 %	3 %	1 %	-4 %
IT-Experte	-23 %	-23 %	-23 %	-23 %	-32 %	-31 %	-31 %	-31 %
Maschinist	-9 %	-14 %	-18 %	-15 %	-12 %	-10 %	-8 %	-6 %
Maschinenführer	-9 %	-9 %	-9 %	-30 %	-44 %	-49 %	-49 %	-62 %
Entwicklungsingenieur	-6 %	-19 %	-24 %	-45 %	-46 %	-52 %	-64 %	-64 %
Entwicklungstechniker	8 %	16 %	16 %	8 %	9 %	15 %	21 %	24 %
...	...	...	...	...	...	...	...	...
FTEs insgesamt	3,1 %	3,4 %	2,5 %	2,5 %				

Überangebot ↔ Mangel

Abb. 2: Simulation des Kapazitätsrisikos auf Jobfamilienebene

Es ergeben sich aus der dargestellten Analyse Überhänge in einigen, Unterdeckungen in anderen Jobfamilien – ein Zeichen dafür, dass ein Vorgehen nach dem Gießkannenprinzip oder der Rasenmähermethode im Sinne unternehmensweit einheitlicher Maßnahmen die Probleme weiter verstärkt hätte, anstatt sie zu beheben.

Simulationsergebnisse als Grundlage für vorausblickendes Kapazitätsmanagement

Die skizzierten Simulationsergebnisse im Hinblick auf verschiedene unternehmensspezifische Szenarien (Umsatzeinbußen, Produktivitätssteigerungen etc.) sind die Grundlage für eine Risikobewertung, die auch externe Faktoren einbezieht und nach einer entsprechenden Auswertung die Entwicklung von gezielten und spezifischen Maßnahmen erlaubt. Aus Kapazitätssicht liegt ein hohes Risiko genau dann vor, wenn bereits kurz- bis mittelfristig entweder eine kritische Lücke zwischen Personalbedarf und verfügbaren Kapazitäten klafft oder ein erhebliches Überangebot an Mitarbeitern bestimmter Jobfamilien vorliegt.

Dabei ist nicht nur zu prüfen, wie die identifizierten Kapazitätsprobleme durch Personalabbau, Outsourcing und angepasste Ausbildungs- und Übernahmequoten zu lösen sind, sondern es sind auch interne Optimierungshebel zu erwägen. Aufgrund der auf Austauschbeziehungen basierenden Jobfamilienstruktur können zwei wesentliche interne Optimierungshebel unmittelbar aus den Analysen abgeleitet werden: räumliche Mitarbeitertransfers zwischen Standorten, an denen Jobfamilien im Überhang sind, und Standorten, an denen sie sich in Unterdeckung befinden; und (Um-)Qualifizierungspotenziale zwischen Jobfunktionen und Jobfamilien, die zu einer Jobfamiliengruppe gehören. Häufig kann bereits durch diese Maßnahmen ein erheblicher Teil der Kapazitätsrisiken eliminiert werden. Dabei hilft der zeitlich gestufte Betrachtungshorizont, der eine Vorbereitung der erforderlichen Maßnahmen und damit eine Steigerung der nachhaltigen Erfolgswahrscheinlichkeit ermöglicht.

Auch das Personalbindungsthema und das daraus resultierende innerbetriebliche Talent Management werden in der Zukunft bei knappen und umworbenen Jobfamilien trotz Krise eine zunehmend wichtigere Rolle spielen (siehe hierzu auch *Talente fördern – Wissen bewahren* von R. Strack, J. Baier und A. Fahlander, *Harvard Business Manager,* März 2008).

Strategische Personalplanung: Ein Paradigmenwechsel ist notwendig

Ein strategisches Fundament ist für die Gestaltung der aktuellen wirtschaftlichen Prozesse im Personalmanagement unabdingbar, um neue und adäquate Zukunftsperspektiven zu eröffnen. Das bedeutet, dass das Management der akuten personalwirtschaftlichen Risiken und die damit einhergehende Neuausrichtung des Talent- und Ressourcenmanagements ein wesentlicher Bestandteil der alljährlichen Strategieentwicklung werden müssen. Eine Personalstrategie kann zwangsläufig nur aus der Unternehmensstrategie abgeleitet sein. Die Voraussetzung dafür ist ein intaktes Zusammenspiel von Unternehmensführung und HR sowohl auf qualitativer wie quantitativer Ebene, in dem sich Personalabteilungen zum strategischen Partner des Topmanagements entwickeln – eine Rolle, die sie eigentlich schon seit Jahren einnehmen sollten. Ein quantitatives wie qualitatives Ressourcenmanagement gleicht dieses Manko aus. Häufig ist das Personalmanagement wenig kennzahlenorientiert und nicht direkt an die Unternehmensstrategie gekoppelt. Nur eine omnipermeable Triade aus HR, Unternehmensstrategie und einer quantitativ fundierten Personalarbeit ermöglicht es dem Personalbereich, die Rolle eines strategischen Businesspartners in Krisen-, aber auch in Aufschwungzeiten einzunehmen (vgl. Abbildung 3).

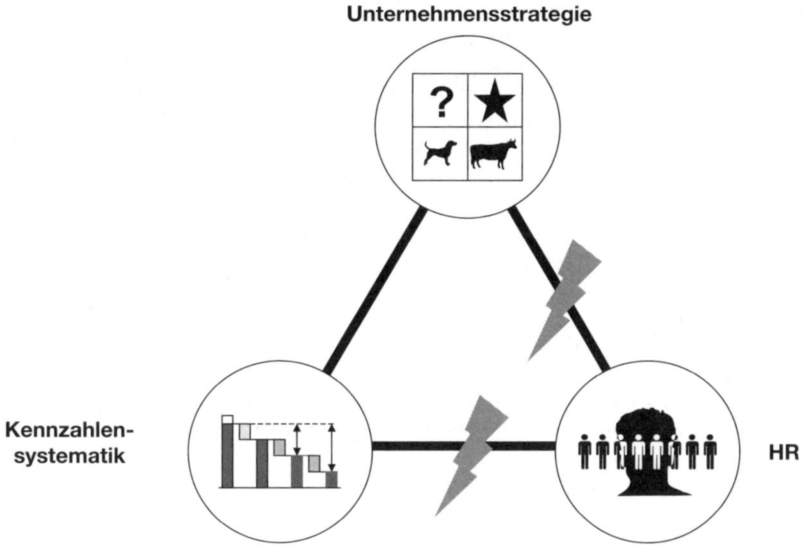

Abb. 3: Triade aus HR, Unternehmensstrategie und Kennzahlensystematik

Dieser Paradigmenwechsel stellt zweifellos eine der größten Anforderungen an ein krisensicheres Personalmanagement. Unternehmen, die diesen Handlungsbedarf erkennen und ihre Organisation entsprechend auf die absehbaren kurz- und langfristigen Veränderungen vorbereiten, brauchen die aktuellen Risiken nicht zu fürchten – sie gewinnen vielmehr wertvolle Zeit, um gezielt gegenzusteuern. Gerade in turbulenten Zeiten gilt es insbesondere auch in der Personalplanung, strategisch und vorausblickend zu agieren. Unternehmen, die rechtzeitig handeln, schaffen sich so einen nachhaltigen Wettbewerbsvorteil, der zu langfristigem Wachstum verhilft.

Literatur

Managing Demographic Risk von R. Strack, J. Baier und A. Fahlander, *Harvard Business Review,* Februar 2008.

Creating People Advantage. How to Address HR Challenges Worldwide Through 2015, herausgegeben von The Boston Consulting Group und World Federation of Personnel Management Associations, 2008.

Talente fördern – Wissen bewahren von R. Strack, J. Baier und A. Fahlander, *Harvard Business Manager,* März 2008.

Demographic Risk Management von A. Arens, M. Schmitz, J. Baier und R. Strack, *Personalmagazin,* Juni 2007.

Professor Dr. Rainer Strack ist Senior Partner und Geschäftsführer im Düsseldorfer Büro der Boston Consulting Group. Seit seinem Start bei BCG 1994 hat Rainer Strack verschiedenste Projekte im Bereich Strategie, Controlling, Restrukturierung, Organisation und HR-Management geleitet. Prof. Dr. Rainer Strack leitet die Praxisgruppe Organisation, Change Management und Human Resources in Deutschland und Europa. Für die Entwicklung neuer Steuerungskonzepte auf der Personal- und Kundenseite und deren Implementierung erhielt er 2001 den Erich-Gutenberg-Preis. Er ist Autor zahlreicher Artikel, die u. a. im Harvard Business Review, in der Zeitschrift für Betriebswirtschaft und in der FAZ erschienen sind, und ist Mitglied des Herausgeberbeirats der Zeitschrift Führung und Organisation (ZFO). Rainer Strack hat Physik und Wirtschaftswissenschaften an der RWTH Aachen studiert und in Physik promoviert. 2008 wurde er zum Honorarprofessor an der Universität Witten Herdecke ernannt.

Kontakt: strack.rainer@bcg.com

Jens Baier ist Principal und seit 2000 im Düsseldorfer Büro der Boston Consulting Group tätig. Er ist Mitglied der BCG-Praxisgruppen Organization/HR, Industrial Goods und Energy. Seine Projekterfahrung liegt neben strategischen Themen vor allem in Organisations- und HR-Fragestellungen sowie in den Bereichen Controlling und Restrukturierung. Er ist Autor diverser Veröffentlichungen zum Thema Strategische Personalplanung und Demographic Risk Management, u. a. im Harvard Business Review Februar 2008. Jens Baier ist Diplom-Kaufmann und hat Betriebswirtschaft an der Wissenschaftlichen Hochschule für Unternehmensführung (WHU), Vallendar, der Ecole Supérieure de Commerce de Reims, Frankreich, und an der University of Michigan – School of Business Administration, Ann Arbor, USA, studiert.

Kontakt: baier.jens@bcg.com

Internationales Talent Management zahlt sich aus

Asmus Komm, Matthew Guthridge und Jasper zu Putlitz

Unternehmen tun sich im internationalen Talent Management besonders schwer, zeigt eine neue Studie von McKinsey. Nach einer Befragung unter Führungskräften bekannter multinationaler Konzerne gibt es erhebliche Barrieren, kulturelle Vielfalt, weltweit einheitliche Personalprozesse und internationale Mobilität zu erreichen. Die Ergebnisse zeigen eine enge Korrelation zwischen finanziellem Erfolg, gemessen am Gewinn pro Mitarbeiter, und Qualität des internationalen Talent Managements.

Talent Management in internationalen Organisationen ist komplexer und anspruchsvoller als in nationalen Unternehmen – aber nur wenige große, internationale Unternehmen werden bislang den Anforderungen gerecht.

McKinsey hat Führungskräfte einiger der bekanntesten multinationalen Unternehmen aus verschiedenen Sektoren und allen wichtigen Regionen zu diesem Thema befragt. Die Ergebnisse zeigen, dass Mitarbeiter noch immer erstaunlich selten ins Ausland gehen und viele, die bereit dazu wären, Karrierenachteile befürchten. Unternehmen jedoch, die ihren internationalen Talentbedarf decken können, weil sie kulturelle Barrieren und Silodenken überwinden, sind auch finanziell erfolgreicher.

Seit langem beobachten wir, dass Talent Management für internationale Unternehmen eine größere Herausforderung darstellt als für nationale – zum Teil, weil sie bereichs- und länderübergreifend einsetzbare Mitarbeiter mit entsprechender Kompetenz benötigen, zum Teil auch, weil die Leitung internationaler Unternehmen eben besonders anspruchsvoll ist. Um genauere Erkenntnisse zu sammeln, haben wir Tiefeninterviews mit Managern aus elf internationalen Großkonzernen geführt und separat Führungskräfte aus 22 internationalen Unternehmen gebeten, an einer Internetbefragung über das Talent Management in ihrem Hause teilzunehmen. Über 450 Personen haben geantwortet – Mitglieder des Topmanagements ebenso wie Personalleiter und andere Mitarbeiter der oberen Führungsebene.

Die Antworten bestätigten den Eindruck aus den Interviews. Unternehmen haben im Talent Management an mehreren Fronten zu kämpfen: Sie müssen eine größere kulturelle Vielfalt erreichen, Hürden für grenzüberschreitende Mobilität beseitigen und einheitliche Personalprozesse in ihren verschiedenen regionalen Einheiten etablieren.

Trotz des Wertes, den Unternehmen internationaler Führungserfahrung angeblich beimessen, konnten die Teilnehmer der Befragung im Durchschnitt nur 1,5 Auslandsaufenthalte in ihrer Karriere vorweisen. Führungskräfte der erfolgreichsten Unternehmen waren dagegen im Schnitt zweimal im Ausland tätig. Interessant ist auch, dass die Antwortenden durchschnittlich 1,7 Mal zwischen verschiedenen Divisionen in der gleichen Region gewechselt hatten, aber nur 1,3 Mal funktionsübergreifend – ein weiteres Zeichen dafür, dass die Mobilität über Silogrenzen hinweg noch immer gering ist.

Die Befragten führten unterschiedliche persönliche Gründe gegen Auslandswechsel an, der wichtigste jedoch war die Erwartung von Karrierenachteilen nach der Rückkehr. »Auslandserfahrung wird nicht ernst genommen und genutzt«, so die Einschätzung eines Teilnehmers. »Viel wertvolle Erfahrung geht verloren«, weil Unternehmen beständig »Erkenntnisse der Rückkehrer ignorieren und viele deshalb gehen«. Ob der Wechsel ins Ausland eine positive Erfahrung oder problematisch ist, hängt auch entscheidend davon ab, wie gut ein Unternehmen seine Mitarbeiter dabei unterstützt (z. B. durch Hilfe bei Wohnungssuche und Umzug).

Das vielleicht beachtenswerteste Ergebnis unserer Studie ist die Beziehung zwischen finanziellem Erfolg, gemessen am Gewinn pro Mitarbeiter[1], und zehn Dimensionen des internationalen Talent Managements. Unternehmen im oberen Drittel der Rangliste (bei Kombination aller Dimensionen) erzielten einen deutlich höheren Gewinn pro Mitarbeiter als solche im unteren Drittel (vgl. Abbildung 1).

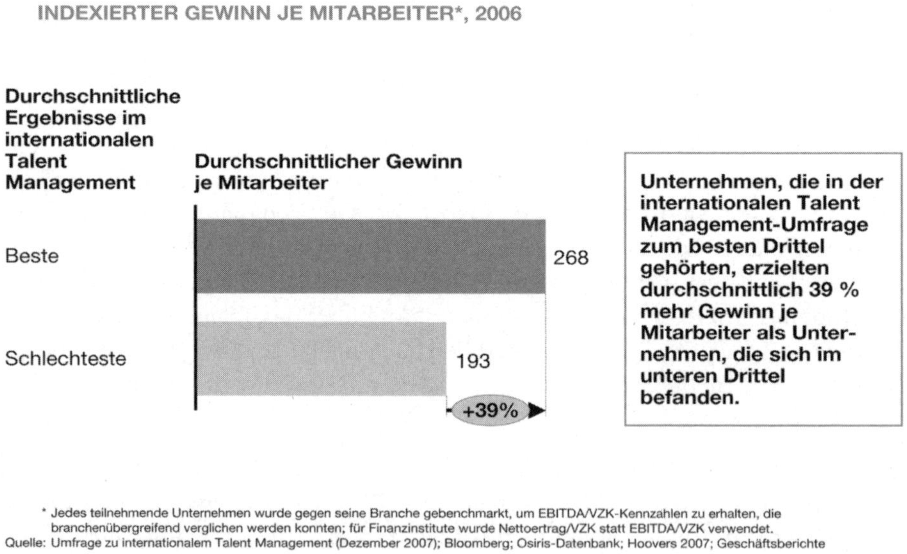

Abb. 1: Unternehmen, die bei der internationalen Talent Management-Umfrage bessere Ergebnisse erzielten, scheinen ihren Wettbewerbern deutlich überlegen zu sein.

1 Siehe Lowell L. Bryan, »The new metrics of corporate performance: Profit per employee,« mckinseyquarterly.com, Februar 2007.

Besonders deutlich war die Korrelation in drei Dimensionen: Förderung und Steuerung internationaler Führungskräfte, Umgang mit kulturellen Unterschieden in einem internationalen Umfeld (Management kultureller Vielfalt) und Gewährleistung internationaler Einheitlichkeit in Beurteilungsprozessen. Unternehmen mit Werten im oberen Drittel in einer der drei Dimensionen landeten zu 70 Prozent auch beim finanziellen Erfolg im oberen Drittel (vgl. Abbildung 2).

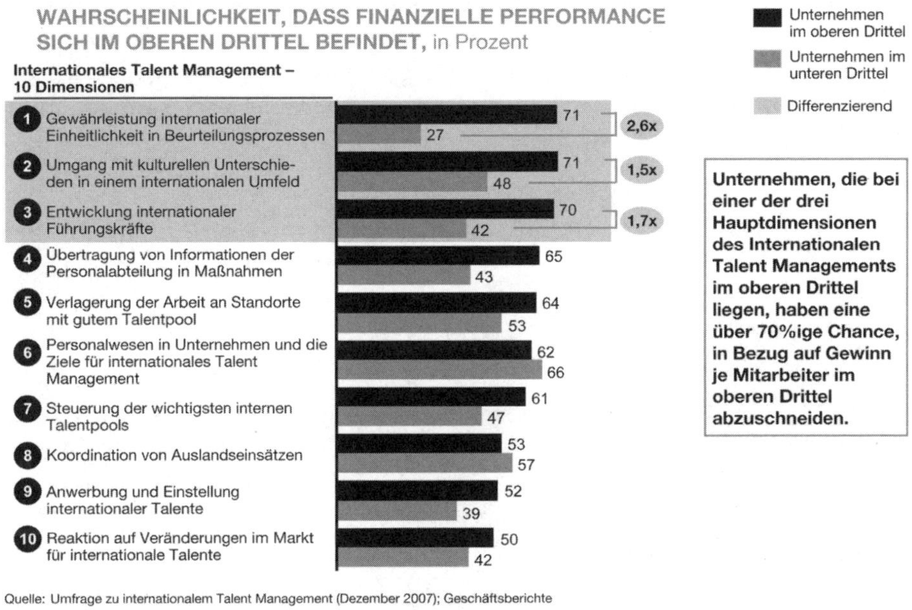

Abb. 2: Gutes internationales Talent Management erhöht die Wahrscheinlichkeit für den Unternehmenserfolg.

Unternehmen mit Werten im unteren Drittel in den drei Dimensionen waren zu einem deutlich geringeren Teil unter den finanziell erfolgreichen, insbesondere, wenn einheitliche Beurteilungsprozesse fehlten. Auch wenn es bislang keine Langzeitbetrachtung gibt, so bestärken uns diese Ergebnisse doch in der Überzeugung, dass Unternehmens- und Personalleiter sich mit hoher Priorität um ihr internationales Talent Management kümmern sollten.

Weltweit einheitliche Beurteilungsprozesse sind wichtig, denn nur dann können Linienmanager sicher sein, dass Mitarbeiter aus anderen Teilen der Organisation den gleichen Standards entsprechen wie ihre eigenen. Und schließlich spielt auch eine große Rolle, ob Unternehmen ihre Mitarbeiter beim Wechsel ins Ausland unterstützen und sie darauf vorbereiten. Personalleiter betonten in der Umfrage, wie wichtig es sei, dass Mitarbeiter sich mit der Kultur des anderen Landes auseinandersetzten und nicht nur die Sprache lernten. »Wenn Sie wählen können«, so ein Personalleiter, »nehmen Sie lieber einen aufgeschlossenen Mitarbeiter als einen, der die Sprache beherrscht.«

Die Kernaussage dieser Untersuchung ist in unseren Augen, dass Unternehmen unbedingt auf eine internationale Rotation ihrer Führungskräfte achten sollten – über Unternehmensbereiche und Regionen hinweg. Damit fördern sie nicht nur die Entwicklung ihrer Mitarbeiter, sondern auch die kulturelle Sensibilität und Vielfalt im Unternehmen.

Wir haben in einem zweiten Schritt genauer untersucht, welche Faktoren im Einzelnen den Erfolg auf diesem Gebiet bestimmen. Unternehmen, deren Topmanagement und Beförderungssysteme Auslandswechsel aktiv förderten, hatten zu einem doppelt so hohen Anteil erfolgreiche internationale Mobilitätsprogramme wie andere. Wichtig für den Erfolg ist auch die Bereitschaft von Führungskräften, Mitarbeiter tatsächlich in andere Bereiche und Funktionen zu transferieren (vgl. Abbildung 3).

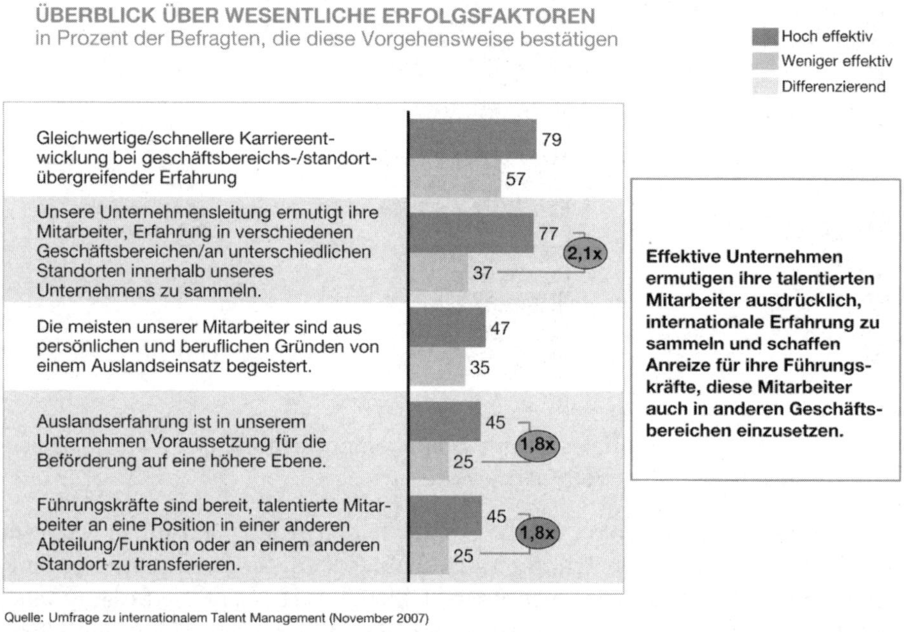

Abb. 3: Internationales Talent Management – Best practices grenzen erfolgreiche Unternehmen ab.

Unsere Ergebnisse zeigen, dass internationale Konzerne mehr Mittel und Zeit darauf verwenden sollten, Führungskräfte aus ihren nationalen Silos zu »befreien« und internationale Mobilitätsprogramme von ganzem Herzen zu unterstützen. Wichtig dafür sind weltweit einheitliche Beurteilungsprozesse – vor allem standardisierte persönliche Leistungsbeuteilungen. Sie werden helfen, das nötige Vertrauen auf der Ebene der Linienmanager zu schaffen.

Mehr und mehr Unternehmen erzielen einen wachsenden Anteil ihrer Erträge mit Kunden und Mitarbeitern im Ausland. Unsere Studie zeigt, dass viele Unternehmen das ihrer geschäftlichen Ausrichtung entsprechende internationale Talent Management mit hoher Priorität angehen sollten.

Dr. Asmus Komm ist Partner im Hamburger Büro von McKinsey & Company. Der Schwerpunkt seiner Arbeit bei McKinsey liegt auf der Beratung von Telekommunikationsunternehmen und zahlreichen weiteren Klienten zu HR-spezifischen Themen. Außerdem leitet er die europäische HR-/Talentmanagementinitiative. Asmus Komm verfügt über ein Diplom in Betriebswirtschaft der Technischen Universität Berlin, einen Master-Abschluss in Management der London School of Economics und promovierte in Betriebswirtschaft an der Universität St. Gallen.

Kontakt: Asmus_Komm@mckinsey.com

Dr. Matthew Guthridge ist Associate Principal im Londoner Büro von McKinsey und Leiter der weltweiten Organisation Practice. Matthew Guthridge trat im Jahr 2000 bei McKinsey ein, zuvor hat er in Organisationspsychologie promoviert. Außerdem war er im Bereich Personalmanagement und Führungskräfteentwicklung tätig. Matthew Guthridge hat bereits Klienten aus den USA, Europa und dem Asien-Pazifik-Raum beraten; Schwerpunkt seiner Tätigkeit: Geschäftstransformationsprogramme, die einen tiefgreifenden Kultur- und Verhaltenswandel erfordern. Er war Co-Leiter der jüngsten Untersuchung von McKinsey zum Thema Talent Management und hat als Autor oder Co-Autor verschiedene Artikel zu diesem Thema für das McKinsey Quarterly verfasst sowie für Fachzeitschriften aus den Bereichen Mitarbeitermanagement, Personalmanagement und Unternehmertum.

Kontakt: Matthew_Guthridge@mckinsey.com

Dr. Jasper zu Putlitz ist Partner bei McKinsey & Company in Berlin. Er leitet die Organization Practice in Deutschland und fokussiert sich in seiner Arbeit mit Klienten auf HR- und Performance-Management-Themen. Er ist promovierter Humanmediziner.

Kontakt: Jasper_Putlitz@mckinsey.com

Talent Management for the Twenty-First Century

Peter Cappelli

Failures in talent management are an ongoing source of pain for executives in modern organizations. Over the past generation, talent management practices, especially in the United States, have by and large been dysfunctional, leading corporations to lurch from surpluses of talent to shortfalls to surpluses and back again.

At its heart, talent management is simply a matter of anticipating the need for human capital and then setting out a plan to meet it. Current responses to this challenge largely fall into two distinct – and equally ineffective – camps. The first, and by far the most common, is to do nothing: anticipate no needs at all; make no plans for addressing them (rendering the term "talent management" meaningless). This reactive approach relies overwhelmingly on outside hiring and has faltered now that the surplus of management talent has eroded. The second, common only among large, older companies, relies on complex and bureaucratic models from the 1950s for forecasting and succession planning – legacy systems that grew up in an era when business was highly predictable and that fail now because they are inaccurate and costly in a more volatile environment.

It's time for a fundamentally new approach to talent management that takes into account the great uncertainty businesses face today. Fortunately, companies already have such a model, one that has been well honed over decades to anticipate and meet demand in uncertain environments – supply chain management. By borrowing lessons from operations and supply chain research, firms can forge a new model of talent management better suited to today's realities. Before getting into the details, let's look at the context in which talent management has evolved over the past few decades and its current state.

How We Got Here

Internal development was the norm back in the 1950s, and every management development practice that seems novel today was commonplace in those years – from executive coaching to 360-degree feedback to job rotation to high-potential programs.

Except at a few very large firms, internal talent development collapsed in the 1970s because it could not address the increasing uncertainties of the marketplace. Business forecasting had failed to predict the economic downturn in that decade, and talent pipelines continued to churn under outdated assumptions of growth. The excess supply of managers, combined with no-layoff policies for white-collar workers, fed corporate bloat. The steep recession of the early 1980s then led to white-collar layoffs and the demise of lifetime employment, as restructuring cut layers of hierarchy and eliminated many practices and staffs that developed talent. After all, if the priority was to cut positions, particularly in middle management, why maintain the programs designed to fill the ranks?

The older companies like PepsiCo and GE that still invested in development became known as "academy companies": breeding grounds for talent simply by maintaining some of the practices that nearly all corporations had followed in the past. A number of such companies managed to ride out the restructurings of the 1980s with their programs intact only to succumb to cost-cutting pressures later on.

The problems faced by Unilever's Indian operations after 2000 are a case in point. Known as a model employer and talent developer since the 1950s, the organization suddenly found itself top-heavy and stuck when business declined after the 2001 recession. Its well-oiled pipeline saddled the company with 1,400 well-trained managers in 2004, up 27% from 2000, despite the fact that the demand for managers had fallen. Unilever's implicit promise to avoid layoffs meant the company had to find places for them in its other international operations or buy them out.

The alternative to traditional development, outside hiring, worked like a charm through the early 1990s, in large measure because organizations were drawing on the big pool of laid-off talent. As the economy continued to grow, however, companies increasingly recruited talent away from their competitors, creating retention problems. Watching the fruits of their labors walk out the door, employers backed even further away from investments in development. I remember a conversation with a CEO in the medical device industry about a management development program proposed by his head of human resources. The CEO dismissed the proposal by saying, "Why should we develop people when our competitors are willing to do it for us?" By the mid-1990s, virtually every major corporation asserted the goal of getting better at recruiting talent away from competitors while also getting better at retaining its own talent – a hopeful dream at the individual level, an impossibility in the aggregate.

Outside hiring hit its inevitable limit by the end of the 1990s, after the longest economic expansion in U.S. history absorbed the supply of available talent. Companies found they were attracting experienced candidates and losing experienced employees to competitors at the same rate. Outside searches became increasingly expensive, particularly when they involved headhunters, and the newcomers blocked prospects for internal promotions, aggravating retention problems. The challenge of attracting and retaining the right people went to the very top of the list of executives' business concerns, where it remains today.

The good news is that most companies are facing the challenge with a pretty clean slate: Little in the way of talent management is actually going on in them. One recent study, for example, reports that two-thirds of U.S. employers are doing no workforce planning of any kind. The bad news is that the advice companies are getting is to return to the practices of the 1950s and create long-term succession plans that attempt to map out careers years into the future – even though the stable business environment and talent pipelines in which such practices were born no longer exist.

That simply won't work. Traditional approaches to succession planning assume a multiyear development process, yet during that period, strategies, org charts, and management teams will certainly change, and the groomed successors may well leave anyway. When an important vacancy occurs, it's not unusual for companies to conclude that the candidates identified by the succession plan no longer meet the needs of the job, and they look outside. Such an outcome is worse in several ways than having no plan. First, the candidates feel betrayed – succession plans create an implicit promise. Second, investments in developing these candidates are essentially wasted. Third, most companies now have to update their succession plans every year as jobs change and individuals leave, wasting tremendous amounts of time and energy. As a practical matter, how useful is a "plan" if it has to be changed every year?

Talent management is not an end in itself. It is not about developing employees or creating succession plans, nor is it about achieving specific turnover rates or any other tactical outcome. It exists to support the organization's overall objectives, which in business essentially amount to making money. Making money requires an understanding of the costs as well as the benefits associated with talent management choices. The costs inherent to the organization-man development model were largely irrelevant in the 1950s because, in an era of lifetime employment and a culture in which job-hopping was considered a sign of failure, companies that did not develop talent in-house would not have any at all. Development practices, such as rotational job assignments, were so deeply embedded that their costs were rarely questioned (though internal accounting systems were so poor that it would have been difficult to assess the costs in any case).

That's no longer true. Today's rapid-fire changes in customers' demands and competitors' offerings, executive turnover that can easily run to 10%, and increased pressure to show a financial return for every set of business practices make the develop-from-within approach too slow and risky. And yet the hire-from-without models are too expensive and disruptive to the organization.

A New Way to Think About Talent Management

Unlike talent development, models of supply chain management have improved radically since the 1950s. No longer do companies own huge warehouses where they stockpile the components needed to assemble years' worth of products they can sell with confidence because competition is muted and demand eminently predictable. Since the 1980s, companies have instituted, and continually refined, just-in-time manufacturing processes and other supply chain innovations that allow them to anticipate shifts in demand and adapt products ever more accurately and quickly. What I am proposing is something akin to just-in-time manufacturing for the development realm: a talent-on-demand framework. If you consider for a moment, you will see how suited this model might be to talent development.

Forecasting product demand is comparable to forecasting talent needs; estimating the cheapest and fastest ways to manufacture products is the equivalent of cost-effectively developing talent; outsourcing certain aspects of manufacturing processes is like hiring outside; ensuring timely delivery relates to planning for succession events. The issues and challenges in managing an internal talent pipeline – how employees advance through development jobs and experiences – are remarkably similar to how products move through a supply chain: reducing bottlenecks that block advancement, speeding up processing time, improving forecasts to avoid mismatches.

The most innovative approaches to managing talent use four particular principles drawn from operations and supply chain management. Two of them address uncertainty on the demand side: how to balance make-versus-buy decisions and how to reduce the risks in forecasting the demand for talent. The other two address uncertainty on the supply side: how to improve the return on investment in development efforts and how to protect that investment by generating internal opportunities that encourage newly trained managers to stick with the firm.

Principle 1: Make *and* Buy to Manage Risk

Just as a lack of parts was the major concern of midcentury manufacturers, a shortfall of talent was the greatest concern of traditional management development systems of the 1950s and 1960s, when all leaders had to be homegrown. If a company did not produce enough skilled project managers, it had to push inexperienced people into new roles or give up on projects and forgo their revenue. Though forecasting was easier than it is today, it wasn't perfect, so the only way to avoid a shortfall was to deliberately overshoot talent demand projections. If the process produced an excess of talent, it was relatively easy to park people on a bench, just as one might put spare parts in a warehouse, until opportunities became available. It may sound absurd to suggest that an organization would maintain the equivalent of a human-capital supply closet, but that was extremely common in the organization-man period.

Today, a deep bench of talent has become expensive inventory. What's more, it's inventory that can walk out the door. Ambitious executives don't want to, and don't have to, sit on the bench. Worse, studies by the consulting firm Watson Wyatt show that people who have recently received training are the most likely to decamp, as they leave for opportunities to make better use of those new skills.

It still makes sense to develop talent internally where we can because it is cheaper and less disruptive. But outside hiring can be faster and more responsive. So an optimal approach would be to use a combination of the two. The challenge is to figure out how much of each to use.

To begin, we should give up on the idea that we can predict talent demand with certainty and instead own up to the fact that our forecasts, especially the long-range ones, will almost never be perfect. With the error rate on a one-year forecast of demand for an individual product hovering around 33%, and with non-stop organizational restructurings and changes in corporate strategy, the idea that we can accurately predict talent demand for an entire company several years out is a myth. Leading corporations like Capital One and Dow Chemical have abandoned long-term talent forecasts and moved toward short-term simulations: Operating executives give talent planners their best guess as to what business demands will be over the next few years; the planners use sophisticated simulation software to tell them what that will require in terms of new talent. Then they repeat the process with different assumptions to get a sense of how robust the talent predictions are. The executives often decide to adjust their business plans if the associated talent requirements are too great.

Operations managers know that an integral part of managing demand uncertainty is understanding the costs involved in over- or underestimation. But what are the costs of developing too much talent versus too little? Traditionally, workforce planners have implicitly assumed that both the costs and the risks even out: that is, if we forecast we'll need 100 computer programmers in our division next year and we end up with 10 too many or 10 too few, the downsides are the same either way.

In practice, however, that's rarely the case. And, contrary to the situation in the 1950s, the risks of overshooting are greater than those of undershooting, now that workers can leave so easily. If we undershoot, we can always hire on the outside market to make up the difference. The cost per hire will be greater, and so will the uncertainty about employees' abilities, but those costs pale in comparison to retention costs. So, given that the big costs are from overshooting, we will want to develop fewer than 100 programmers and expect to fall somewhat short, hiring on the outside market to make up the difference. If we think our estimate of 100 is reasonably accurate, then perhaps we will want to develop only 90 internally, just to make sure we don't overshoot actual demand, and then plan to hire about 10. If we think our estimate is closer to a guess, we will want to develop fewer, say 60 or so, and plan on hiring the rest outside.

Assessing the trade-offs between making and buying include an educated estimation of the following:

- How long will you need the talent? The longer the talent is needed, the easier it is to make investments in internal development pay off.
- How accurate is your forecast of the length of time you will need the talent? The less certainty about the forecast, the greater the risk and cost of internal development – and the greater the appeal of outside hires.
- Is there a hierarchy of skills and jobs that can make it possible for candidates who do not have the requisite competencies to learn them on the job, without resorting to specialized development roles or other costly investments? This is particularly likely in functional areas. The more it is so, the easier it will be to develop talent internally.
- How important is it to maintain the organization's current culture? Especially at the senior level, outside hires introduce different norms and values, changing the culture. If it is important to change the culture, then outside hiring will do that, though sometimes in unpredictable ways.

The answers to these questions may very well be different for different functional areas and jobs within the same company. For instance, lower-level jobs may be easily and cheaply filled by outsiders because the required competencies are readily available, making the costs of undershooting demand relatively modest. For more highly skilled jobs, the costs of undershooting are much higher – requiring the firm to pay for an outside search, a market premium, and perhaps also the costs related to integrating the new hires and absorbing associated risks, such as misfits.

Principle 2: Adapt to the Uncertainty in Talent Demand

If you buy all of your components in bulk and store them away in the warehouse, you are probably buying enough material to produce years of product and therefore have to forecast demand years in advance. But if you bring in small batches of components more often, you don't have to predict demand so far out. The same principle can be applied to shortening the time horizon for talent forecasts in some interesting, and surprisingly simple, ways.

Consider the problem of bringing a new class of candidates into an organization. At companies that hire directly out of college, the entire pool of candidates comes in all at once, typically in June. Let's assume they go through an orientation, spend some time in training classes, and then move into developmental roles. If the new cohort has 100 people, then the organization has to find 100 developmental roles all at once, which can be a challenge for a company under pressure, say, to cut costs or restructure.

But in fact many college graduates don't want to go directly to work after graduation. It's not that difficult to split the new group in half, taking 50 in June and the other 50 in September. Now the program only needs to find 50 roles in June and rotate the new hires through them in three months. The June cohort steps out of those roles when the September cohort steps into them. Then the organization need find only 50 permanent assignments in September for the June hires. More important, having smaller groups of candidates coming through more frequently means that forecasts of demand for these individuals can be made over shorter periods throughout their careers. Not only will those estimates be more accurate but it will be possible to better coordinate the first developmental assignments with subsequent assignments – for instance, from test engineer to engineer to senior engineer to lead engineer.

A different way to take advantage of shorter, more responsive forecasts would be to break up a long training program into discrete parts, each with its own forecast. A good place to start would be with the functionally based internal development programs that some companies still offer. These programs often address common subjects, such as general management or interpersonal skills, along with function-specific material. There is no reason that employees in all the functions couldn't go through the general training together and then specialize. What used to be a three-year functional program could become two 18-month courses. After everyone completed the first course, the organization could reforecast the demand for each functional area and allocate the candidates accordingly. Because the functional programs would be half as long, each forecast would only have to go out half as far and would be correspondingly more accurate. An added advantage is that teaching everyone the general skills together reduces redundancy in training investments.

Another risk reduction strategy that talent managers can borrow from supply chain managers is an application of the principle of portfolios. In finance, the problem with holding only one asset is that its value can fluctuate a great deal, and one's wealth varies a lot as a result, so investment advisers remind us to hold several stocks in the same portfolio. Similarly, in supply chain management it can be risky to rely on just one supplier.

For a talent-management application, consider the situation in many large and especially decentralized organizations where each division is accountable for its own profit and loss, and each maintains its own development programs. The odds that any one division will prepare the right number of managers to meet actual demand are very poor. Some will end up with a surplus, others a shortfall.

If, however, all of these separate programs were consolidated into a single program, the unanticipated demand in one part of the company and an unanticipated shortfall in another would simply cancel out, just as a stock portfolio reduces the volatility of holding individual stocks. Given this, as well as the duplication of tasks and infrastructure required in decentralized programs, it is a mystery why large organizations continue to operate decentralized development programs. Some companies are in fact creating talent pools that span divisions, developing employees with broad and general competencies that could be applied to a range of jobs. The fit may be less than perfect, but these firms are finding that a little just-in-time training and coaching can help close any gaps.

Principle 3: Improve the Return on Investment in Developing Employees

When internal development was the only way to produce management talent, companies might have been forgiven for paying less attention than they should have to its costs. They may even have been right to consider their expensive development programs as an unavoidable cost of doing business. But the same dynamics that are making today's talent pool less loyal are presenting opportunities for companies to lower the costs of training employees and thereby improve the return on their investment of development dollars, as they might from any R&D effort.

Perhaps the most novel approach to this challenge is to get employees to share in the costs. Since they can cash in on their experience on the open market, employees are the main beneficiaries of their development, so it's reasonable to ask them to contribute. In the United States, legislation prevents hourly workers from having to share in the costs of any training required for their current job. There are no restrictions, however, even for hourly workers, on contributing to the costs of developmental experiences that help prepare employees for future roles.

People might share the costs by taking on learning projects voluntarily, which means doing them in addition to their normal work. Assuming that the candidates are more or less contributing their usual amount to their regular job and their pay hasn't increased, they are essentially doing these development projects for free, no small investment on their part. Pittsburgh-based PNC Financial Services is one of several companies that now offer promising employees the opportunity to volunteer for projects done with the leadership team, sometimes restricting them to ones outside their current functional area. They get access to company leaders, a broadening experience, and good professional contacts, all of which will surely help them later. But they pay for it, with their valuable time.

Employers have been more inclined to experiment with ways to improve the payoff from their development investments by retaining employees longer, or at least for some predictable period. About 20% of U.S. employers ask employees who are about to receive training or development experiences to sign a contract specifying that if they leave the business before a certain time, they will have to pay back the cost. As in the market for carbon credits, this has the effect of putting a monetary value on a previously unaccounted for cost. This practice is especially common in countries like Singapore and Malaysia: Employees often leave anyway, but typically the new employer pays off the old one.

A more interesting practice is to attempt to hang on to employees even after they leave, making relatively small investments in maintaining ties. Deloitte, for example, informs qualified former employees of important developments in the firm and pays the cost of keeping their accounting credentials up-to-date. Should these individuals want to switch jobs again, they may well look to the place where they still have ties: Deloitte. And because their skills and company knowledge are current, they will be ready to contribute right away.

Principle 4: Preserve the Investment by Balancing Employee-Employer Interests

The downside of talent portability, of course, is that it makes the fruits of management development perishable in a way they never were in the heyday of the internal development model. It used to be that managers and executives made career decisions for employees, mating individuals and jobs. In the organization-man period, the company would decide which candidates were ready for which experience, in order to meet the longer-term talent needs of the organization. Employees had little or no choice: Refusing to take a new position was a career-ending move.

Today, of course, employees can pick up and leave if they don't get the jobs they want inside – and the most talented among them have the most freedom to do so. In an effort to improve retention, most companies – 80% in a recent survey by applicant-tracking company Taleo – have moved away from the chess-master model to internal job boards that make it easy for employees to apply for openings and so change jobs within the organization. Dow Chemical, for example, cut its turnover rate in half when it moved its vacancies to such internal boards.

These arrangements have effectively turned the problem of career management over to employees. As a result, employers have much less control over their internal talent. Employees' choices may not align with the interests of the employer, and internal conflicts are increasing because half of the employers in the U.S. no longer require that employees seek permission from their supervisors to move to new positions.

So it has become imperative for companies to find more effective ways to preserve their management development investment. The key is to negotiate solutions that balance the interests of all parties. McKinsey's arrangement for associates relies not only on how they rank their preferences for projects posted online but also on how the principals running the projects rank the associates. The final decision allocating resources is made by a senior partner who tries to honor the preferences of both sides while choosing the assignment that will best develop the skill set of each associate. Bear, Stearns established an office of mediation, which negotiates internal disputes between managers when an employee wants to move from one job to another in the firm.

Operations Principles Applied to Talent Management

A supply chain perspective on talent management relies on four principles, two that address the risks in estimating demand and two that address the uncertainty of supply.

Principle 1: Make *and* Buy to Manage Risk

A deep bench of talent is expensive, so companies should undershoot their estimates of what will be needed and plan to hire from outside to make up for any shortfall. Some positions may be easier to fill from outside than others, so firms should be thoughtful about where they put precious resources in development: Talent management is an investment, not an entitlement.

Principle 2: Adapt to the Uncertainty in Talent Demand

Uncertainty in demand is a given, and smart companies find ways to adapt to it. One approach is to break up development programs into shorter units: Rather than put management trainees through a three-year functional program, for instance, bring employees from all the functions together in an 18-month course that teaches general management skills, and then send them back to their functions to specialize. Another option is to create an organization-wide talent pool that can be allocated among business units as the need arises.

Principle 3: Improve the Return on Investment in Developing Employees

One way to improve the payoff is to get employees to share in the costs of development. That might mean asking them to take on additional stretch assignments on a volunteer basis. Another approach is to maintain relationships with former employees in the hope that they may return someday, bringing back your investment in their skills.

Principle 4: Preserve the Investment by Balancing Employee-Employer Interests

Arguably, the main reason good employees leave an organization is that they find better opportunities elsewhere. This makes talent development a perishable commodity. The key to preserving your investment in development efforts as long as possible is to balance the interests of employees and employer by having them share in advancement decisions.

The talent problems of employers, employees, and the broader society are intertwined. Employers want the skills they need when they need them, delivered in a manner they can afford. Employees want prospects for advancement and control over their careers. The societies in which they operate and the economy as a whole need higher levels of skills – particularly deeper competencies in management – which are best developed inside companies.

Those often-conflicting desires aren't addressed by existing development practices. The language and the frameworks of the organization-man model persist despite the fact that few companies actually employ it; there simply aren't any alternatives. The language comes from engineering and is rooted in the idea that we can achieve certainty through planning – an outdated notion. But before an old paradigm can be overthrown there must be an alternative, one that describes new challenges better than the old one can. If the language of the old paradigm was dominated by engineering and planning, the language of the new, talent-on-demand framework is driven by markets and operations-based tools better suited to the challenges of uncertainty. Talent on demand gives employers a way to manage their talent needs and recoup investments in development, a way to balance the interests of employees and employers, and a way to increase the level of skills in society.

Peter Cappelli is the George W. Taylor Professor of Management and the director of the Center for Human Resources at the University of Pennsylvania's Wharton School in Philadelphia. He is also a Research Associate at the National Bureau of Economic Research in Cambridge, MA, served as Senior Advisor to the Kingdom of Bahrain for Employment Policy, and is a Distinguished Scholar of the Ministry of Manpower for Singapore. He has degrees in industrial relations from Cornell University and in labor economics from Oxford where he was a Fulbright Scholar. Professor Cappelli is the author of the book *Talent on Demand* (Harvard Business School Press), which further develops the ideas presented in this article.

Contact: cappelli@wharton.upenn.edu

Talentrisikomanagement

Jean-Marcel Kobi

1 Personalrisiken müssen systematisch erfasst werden

Schneller Wandel birgt Risiken. Es erstaunt deshalb nicht, dass die Sensibilität für Risiken in den letzten Jahren stark zugenommen hat. Eine Gruppe von Risiken blieb allerdings bisher weitgehend unbeachtet: die Personalrisiken.

Die Bedeutung der Human Resources als wertvollste und sensibelste Ressource eines Unternehmens legt es nahe, die Personalrisiken ebenso fundiert anzugehen, wie das für andere Risiken schon lange üblich ist. Einerseits weisen alle Untersuchungen das Humanpotenzial als entscheidenden Erfolgsfaktor von Unternehmen aus. Personalrisiken sagen über die Zukunftsperformance des Unternehmens wesentlich mehr aus als die momentanen finanziellen Ergebnisse. Andererseits gibt es keinen Unternehmensbereich, in dem mit weniger Systematik und Professionalität höhere Risiken eingegangen werden als im HR-Bereich.

Sich mit Personalrisiken beschäftigen, heißt, sich zu fragen, welche Mitarbeitenden man in Zukunft braucht, wie man sie gewinnt, im Unternehmen hält und zu überdurchschnittlicher Leistung motiviert. Es geht darum, die Risiken sichtbar und voraussehbar zu machen, damit sie präventiv angegangen und begrenzt oder vermieden werden können. Added Value wird durch einen ganzheitlichen Ansatz erreicht, der die Personalrisiken im Unternehmen abzuschätzen und zu steuern erlaubt. Als Grundlage der Personalrisikodiskussion hat sich das abgebildete Modell (siehe Abb. 1, Kobi 2002) etabliert. Es ist bewusst einfach gehalten. Für die wichtigsten Personalrisiken genügen vier Felder, die in einen Risikozyklus eingebettet sind und unternehmensspezifisch ergänzt werden können.

1.1 Vier Risikofelder

Wenn Leistungsträger fehlen, entspricht dies einem **Engpassrisiko**. Aufgrund der demografischen Entwicklung dürften in Zukunft vermehrt Leistungsträger fehlen. Damit wird es entscheidender, die »stillen Reserven« an Mitarbeiterpotenzialen im Unternehmen besser zu beachten.

Austritte von Mitarbeitenden stellen ein massiv unterschätztes Risiko dar (**Austrittsrisiko**). Es gilt, die gefährdeten Mitarbeitenden zu erkennen und mit gezielten Retention-Maßnahmen im Unternehmen zu halten.

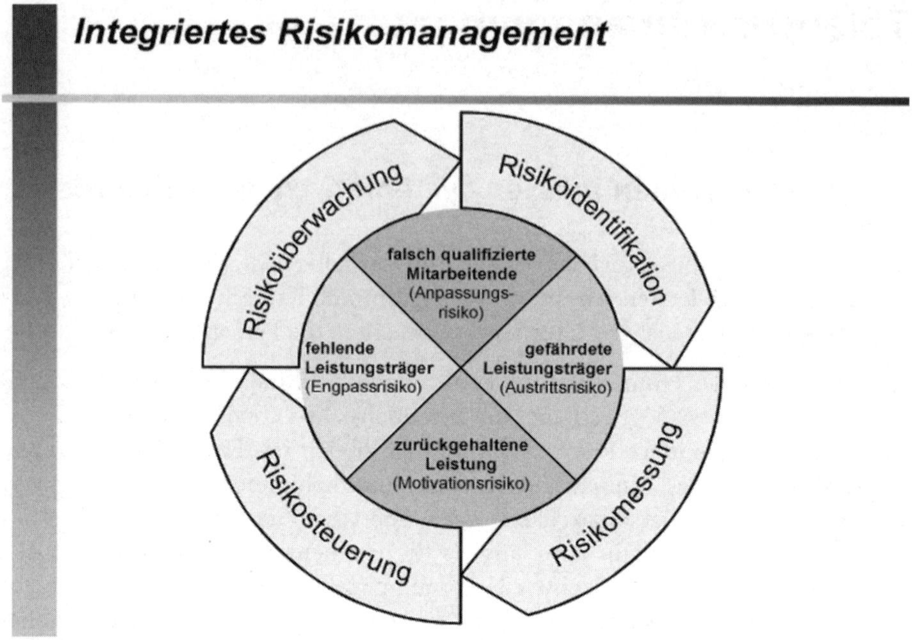

Abb. 1: Integriertes Risikomanagement

Falsch qualifizierte Mitarbeitende sind ein **Anpassungsrisiko**. Ein solches Risiko liegt auch vor, wenn sich die Mitarbeitenden nicht an notwendigen Wandel oder neue kulturelle Anforderungen anpassen können oder wollen.

Schlecht motivierte Mitarbeitende, die innerlich gekündigt haben oder ausgebrannt sind, stellen ein **Motivationsrisiko** dar. Das Commitment wird immer klarer zu einer entscheidenden Messgröße. Das Ausmaß solcher Motivationsrisiken und ihre Auswirkungen auf den Unternehmenserfolg sind erheblich.

1.2 Vier Risikozyklen

Risikoidentifikation heißt, Entstehung und mögliche Auswirkungen der Risiken zu erfassen. Jedes Unternehmen hat andere Schwerpunktrisiken. Unternehmen, die diese Risiken kennen, können ihre Maßnahmen auf die größten Risiken fokussieren.

Risikomessung als zweiter Schritt ist im HR-Bereich nicht immer einfach. Messen ist aber notwendig und, wie Beispiele zeigen, auch möglich. Untersuchungen belegen eine klare Verbesserung, sobald das Risiko quantifiziert wird.

Wenn Bedeutung und Ausfallwahrscheinlichkeit für die verschiedenen Messgrößen festgelegt sind, können die Risiken in einem Risikoportfolio dargestellt werden, das als Grundlage der **Risikosteuerung** dient. Auf dieser Grundlage lassen sich Maßnahmen entwickeln, um Risiken zu verhindern oder zu reduzieren.

2 Talente im Personalrisikomodell

Talent Management bezeichnet die Gesamtheit personalpolitischer Maßnahmen, die sicherstellen sollen, dass jederzeit genügend leistungs- und potenzialstarke Mitarbeitende zur Verfügung stehen. Talente oder Potenziale unterscheiden sich nicht nur durch ihre fachlichen Qualifikationen, sondern noch mehr durch ihre soziale Kompetenz und ihr Engagement.

Im Risikomodell spielen Talente eine besonders wichtige Rolle. Trotzdem kümmern sich noch lange nicht alle Untenehmen intensiv um sie.

Vorab gilt es, sich darüber klar zu werden, warum Talente kommen, bleiben und gehen. Die folgende Abbildung 2 gibt einen Überblick.

Warum MA kommen, bleiben, gehen

	kommen	**bleiben**	**gehen**
Image	1		
Interessante Arbeit	2	1	
Entwicklungsmöglichkeit	3		2
Lohn	4	4	4
Selbständigkeit		2	
Arbeitsumfeld		3	3
Vorgesetzter			1

Abb. 2: Warum Mitarbeitende kommen, bleiben, gehen

Engpass- und Austrittsrisiko spielen bei Talenten eine besondere Rolle. Im Rahmen des **Engpassrisikos** muss es das Ziel sein, die vorhandenen internen Potenziale besser auszuschöpfen als die Konkurrenz. Ein fundiertes Talent- und Nachwuchsmanagement stellt sicher, dass entwicklungsfähige Mitarbeitende frühzeitig erkannt und gefördert werden. Dadurch kann der zukünftige Bedarf an Mitarbeitenden und Führungskräften besser gewährleistet werden.

Eine besondere Herausforderung besteht darin, Talente längerfristig im Unternehmen zu halten und damit dem **Austrittsrisiko** dieser umworbenen Mitarbeitergruppe zu begegnen. Weil in diese Mitarbeitenden besonders viel investiert wurde, ist jeder Weggang schmerzhaft. Talenten müssen deshalb gute Gründe für einen Verbleib in der Unternehmung gegeben werden.

Ein systematisches **Retention Management** umfasst alle Aktivitäten und Maßnahmen, die darauf ausgerichtet sind, strategisch wichtige Mitarbeitende an das Unternehmen zu binden und ihr Commitment zu erhalten.

Die heute unter dem Schlagwort Retention Management angebotenen »Rezepte« vermögen kaum zu genügen. Genau genommen gibt es nur individuelle Retention-Maßnahmen, d. h. die wichtigste Voraussetzung zur Bindung von Mitarbeitenden an das Unternehmen sind eine bessere Kenntnis der Mitarbeitenden und das Eingehen auf sie und Antizipieren ihrer individuellen Bedürfnisse.

Die Besten müssen ihre Perspektiven im Unternehmen kennen. Wenn immer wieder Externe in Schlüsselfunktionen geholt werden, sind diese Perspektiven eingeschränkt. Die meisten Austritte haben mit Führung und Führungsqualität zu tun. Zentrale Retention-Maßnahmen sind deshalb Investitionen in die Führungsqualität, die vermehrt gefördert, gemessen und belohnt werden muss. Zukünftige Talente werden zunehmend nach Unternehmenskultur und Werten fragen. Das Unternehmen muss Klarheit darüber schaffen, welche Werte im Unternehmen wichtig sind, und sie auch leben. Ebenso zentral sind ein positives Unternehmensumfeld und eine breite Förderung. Langfristig dürfte die Arbeit an sich und ihre konsequente Ausrichtung auf die individuellen Bedürfnisse des Mitarbeitenden ein wichtiges Motiv sein, im Unternehmen zu bleiben. Die Bedeutung der materiellen Arbeitgeberleistungen wird hingegen oft überschätzt.

3 Spannungsfelder im Talent Management

Im Talent Management besteht eine ganze Reihe von Spannungsfeldern (siehe Abbildung 3), die nach einer klaren Positionierung rufen. Bei verschiedenen Spannungsfeldern ist klar der eine Pol zu bevorzugen. Immer wieder geht es aber auch darum, eine unternehmensspezifische Balance zu finden und die Extreme zu meiden.

3.1 Einkaufen oder entwickeln?

Unternehmen unterscheiden sich darin, ob sie grundsätzlich eher versuchen, auf das interne Potenzial aufzubauen, indem sie es systematisch erfassen und entwickeln, oder ob sie fehlendes Potenzial in der Regel am Markt einkaufen. 50 % der Unternehmen berücksichtigen primär interne Kandidaten bei der Besetzung von Führungspositionen. Bei Bosch, zum Beispiel, liegt der Anteil interner Kandidaten deutlich höher, nämlich bei 90 %.

Abb. 3: Grundsatzfragen im Talent Management

Die Vorteile einer internen Rekrutierung und Entwicklung liegen auf der Hand: Interne haben bereits einen Leistungsnachweis erbracht, verfügen über ein Netzwerk, sind mit der Unternehmenskultur vertraut und kosten weniger. Interne Entwicklungsmöglichkeiten stellen für Interne Perspektiven dar, die ihnen verbaut werden, wenn ihnen immer wieder Externe vor die Nase gesetzt werden.

Auch hier geht es nicht um ein Entweder-oder. Es braucht sowohl die Entwicklung der internen Potenziale wie auch von Zeit zu Zeit eine »Blutauffrischung« von außen. Priorität sollten aber die Internen haben.

3.2 Punktuell oder systematisch?

Talent Management wird breit diskutiert, aber viel seltener konsequent umgesetzt. Die Ansätze sind oft zu wenig unternehmensspezifisch oder zu punktuell (z. B. Konzentration auf Hochschulmarketing).

Am Anfang steht eine vertiefte Diskussion darüber, wie das Unternehmen langfristig aussehen soll, welche Anforderungen an zukünftige Potenziale zu stellen sind und wo Nachholbedarf besteht.

- Welche Fähigkeiten und Qualifikationen sind aufgrund der zentralen strategischen Herausforderungen in Zukunft wichtig?
- Welche Mitarbeitenden können helfen, Wettbewerbsvorteile zu gewinnen und/oder zu erhalten?

- Wie verändern sich qualitativer Bedarf und qualitative Anforderungen?
- Welche Art Führung ist nötig, um in Zukunft erfolgreich zu sein? Welche Anforderungen an die Führungskräfte sind daraus abzuleiten?

Ähnlich wie im Employer Branding gründet das Talent Management in einer entsprechenden Unternehmenskultur. Die schönsten Video Shows und Imagemaßnahmen stoßen ins Leere, wenn sie ihre Wurzeln nicht in einer gelebten Unternehmenskultur haben.

Bei der Auslese fällt nicht nur die fachliche Kompetenz ins Gewicht, entscheidender ist in der Regel, ob der Bewerber in die Kultur und in das Team passt und ob er die Strategie des Unternehmens mittragen kann. Sonst sind Enttäuschungen vorprogrammiert.

Nicht weniger wichtig als das System der Potenzialerfassung und -entwicklung ist die konsequente Handhabung. Potenzialerfassung und -entwicklung ist kein einmaliger Kraftakt, sondern eine Investition in die Zukunft. Glaubwürdigkeit entsteht durch verbindliche Standards (siehe Abschnitt 3.9), die eingehalten werden. Nur wenn bei Beförderungen und Versetzungen konsequent Bezug auf diese Grundlage genommen wird, lebt das Talent Management.

3.3 Eliten oder breiter Einbezug?

Talent Management fokussiert auf die kleine Gruppe der Besten. So verstanden handelt es sich um einen Elitenansatz.

Talente wollen in Zukunft differenzierter und individueller angesprochen werden. Sie erwarten eine andere Führung sowie individualisierte Personalentwicklung und Arbeitsbedingungen.

Talent Management darf aber nicht einseitig auf Eliten bezogen sein, sonst werden die übrigen Mitarbeitenden demotiviert. Neben der Förderung der Eliten dürfen die übrigen Leistungsträger nicht vernachlässigt werden. Sie geben dem Unternehmen Stabilität, stellen das Gedächtnis des Unternehmens dar und prägen die Unternehmenskultur. Ein Team mit lauter Stars erzielt nicht unbedingt die meisten Tore.

3.4 Traditionelle Laufbahnen oder Talentpools?

Laufbahn- und Karriereplanung, aber auch umfangreiche Skill Inventories haben sich in den meisten Unternehmen als Illusion erwiesen. Das Umfeld wandelt sich zu rasch, als dass noch langfristige Laufbahnpläne aufgestellt werden könnten. Sinnvoll sind Pools von breit qualifizierten Talenten, die aktiv entwickelt und bei Vakanzen herangezogen werden. Der Poolgedanke bedeutet die Abkehr von der Vorstellung einer starren Laufbahnplanung und der Entwicklung auf eine bestimmte Position hin. Die Aufnahme in einen Pool bestätigt lediglich die Absicht, den Potenzialträger zu fördern, zu entwickeln und bei Vakanzen einzubeziehen.

3.5 Instrumente/Systeme oder Gespräche/Haltungen?

Instrumente, Systeme und durch Informationstechnologie unterstützte umfassende Lösungen werden auf dem Markt aggressiv angeboten. Solche aufwendigen Systeme und Datenbanken überfordern im Allgemeinen die Linie, die sich einfache und integrierte Instrumente wünscht. Talent Management ist letztlich keine Frage der Tools und der Software. Entscheidend ist die Ernsthaftigkeit, mit der es gehandhabt wird.

Beispiele einfacher Hilfsmittel sind eine Gesamtunternehmenssicht mit wenigen Kriterien (siehe Abschnitt 3.6) und On-the-Job-AC. Hilfsmittel wie Tests und Assessment/Development Centers werden heute breit eingesetzt. Teilweise haben sie sogar eine zu große Bedeutung gewonnen und ihre Qualität muss hinterfragt werden. Aufwand und Nutzen stimmen oft nicht überein. Außerdem besteht die Gefahr, dass sich aufgrund einer gehäuften Anwendung solcher Hilfsmittel die Entscheidungsträger nicht mehr verantwortlich fühlen. Das Urteil der Linie muss wieder verstärkt zum Tragen kommen. Ein gut strukturiertes Interview ist oft besser als ein schlecht gemachtes AC/DC.

Als Beispiel eines einfachen, noch wenig angewandten Instrumentes kann das On-the-Job-Assessment in Projekten angeführt werden. Im Unterschied zu gängigen ACs/DCs wird die Beurteilung aufgrund eines konkreten Projektes vorgenommen. Projektleitungsaufgaben sind sehr anspruchsvoll und lassen umfassende Beobachtungsmöglichkeiten zu. Insbesondere können auch Persönlichkeits- und Führungskompetenzen gut beobachtet werden. Mit einem On-the-Job-Assessment wird eine Laborsituation vermieden und das Unternehmen hat einen konkreten Nutzen.

3.6 Bereichs- oder Gesamtunternehmenssicht?

Echter Nutzen entsteht erst durch eine gesamtunternehmerische Sicht, die egoistischem Bereichsdenken vorgeht. Gerade im Hinblick auf Job Rotations und Nachfolgeplanung sind eine einheitliche Philosophie und eine bereichsübergreifende Betrachtung unerlässlich.

Potenzial und Bedarf sollten im Sinne einer einfachen Diskussionsgrundlage sichtbar gemacht werden (siehe Abbildung 4). Eine solche Übersicht kann beispielsweise als Organigramm gestaltet werden.

Eine fundierte Management- und Nachfolgeplanung ermöglicht eine ganzheitliche Sicht in Nachfolgefragen und die effektivere Lösung von Nachfolgefällen.

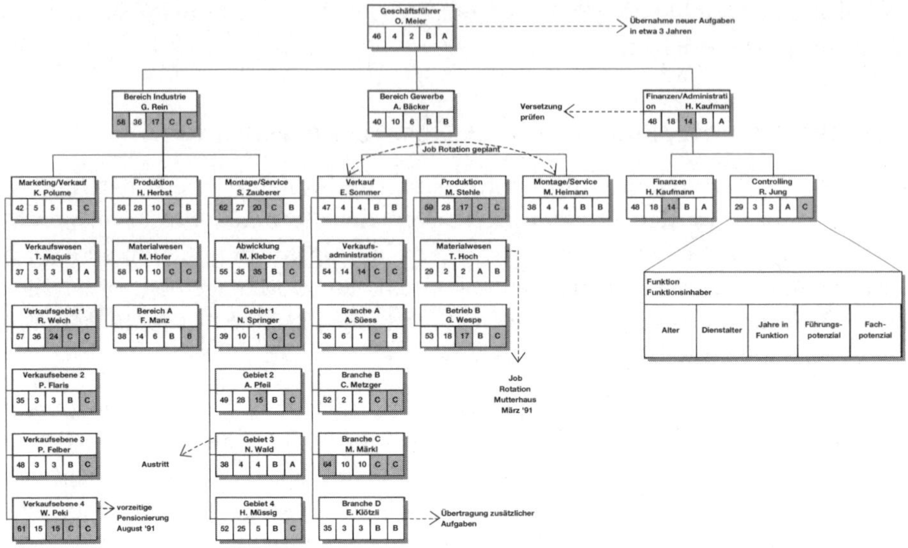

Abb. 4: Management- und Nachfolgeplanung

Mit wenigen Daten zu den einzelnen Funktionsträgern wird eine Übersicht geschaffen, aus der neben Alters- und Dienstaltersstruktur vor allem das fachliche und führungsmäßige Potenzial, Potenziallücken, aber auch brachliegendes Potenzial auf einen Blick ersichtlich werden.

Entscheidend ist, dass sich das Management für die Durchsprache einer solchen Planung Zeit nimmt und einen Quervergleich über die Bereiche hinweg sicherstellt. Gleichzeitig werden Potenzialeinschätzung und Personalplanung miteinander verknüpft.

3.7 Analyse oder Entwicklung?

An die Auswahl der Potenziale schließen sich zwingend Entwicklungsmaßnahmen an. Den Talenten sind die Erfahrungen zu vermitteln, die sie brauchen, um die zukünftigen Herausforderungen zu meistern. Es gilt, sie zu fordern, ohne sie zu überfordern.

Im Vordergrund steht die individuelle Entwicklungsplanung, die durch spezifische Programme für Talente ergänzt wird. Dabei geht es nicht primär um die fachliche Weiterbildung, sondern um die Entwicklung der Persönlichkeit. Die besten Entwicklungsmaßnahmen im Rahmen der bisherigen Funktion sind aber Herausforderungen, Projektarbeit, Lernen durch Lehren, Moderatorenaufgaben usw. Außerdem sollte Talentförderung mittelfristig auch die Übertragung einer neuen Funktion (Job Rotation, Auslandsentsendung usw.) vorsehen. Flankierend können Coaching, Mentoring und regelmäßige Feedbacks dazukommen.

3.8 Verantwortung der Vorgesetzten oder der Mitarbeitenden?

Ohne sichtbare Verpflichtung des Managements lebt ein Talent Management nicht. Es braucht den aktiven Einbezug des Managements, das sich intensiv mit den Talenten auseinandersetzt. Nur dann wirkt eine Nachwuchs- und Managemententwicklung glaubhaft.

Talententwicklung ist primär eine Linienaufgabe. Die Vorgesetzten spielen die Schlüsselrolle. Sie müssen deshalb auf ihre Aufgaben (Potenzialeinschätzung, Entwicklungsgespräche, Talententwicklung) vorbereitet werden. Sie sollten auch daran gemessen werden, wie gut sie diese Aufgaben wahrnehmen. Das HR-Management kann nur einen Rahmen schaffen und koordinieren.

Nur wer eigenverantwortlich sich selber führen kann, entspricht den Anforderung einer höheren Funktion. Echte Talente entwickeln sich in dem vom Unternehmen geschaffenen Rahmen selbst.

3.9 Klare Standards, die ein Controlling erlauben

Damit der Fortschritt im Talent Management gemessen werden kann, braucht es Messgrößen, die den Handlungsbedarf deutlich machen.

Die konsequente Fortschrittskontrolle betreffende definierte Standards sichern eine konsequente Umsetzung. Solche Standards können z. B. sein:

- Mindestens 75 % der Führungskräfte werden intern rekrutiert.
- Bei Beförderungen ins obere Management werden Erfahrungen aus mehreren Bereichen/Projekten sowie Auslandserfahrung vorausgesetzt.
- Schlüsselpersonen verbleiben in der Regel nicht mehr als sieben Jahre in der gleichen Funktion.
- 1/3 des Bonusses wird von der Führungsqualität und insbesondere vom Engagement zur Förderung von Talenten abhängig gemacht.

Literatur

J. M. Kobi, Die Balance im Management, Gabler 2008.
J. M. Kobi, Personalrisikomanagement, 2. Auflage, Gabler 2002.

Dr. Jean-Marcel Kobi berät nach längerer Praxiserfahrung seit 20 Jahren führende Unternehmen aller Branchen im Human Resources-Bereich sowie in Change Management-Fragen. Er hat immer wieder neue Themen als Erster aufgegriffen (z. B. Unternehmenskultur, Change Management, Personalrisikomanagement).

Kontakt: info@kobipartner.ch

Führungskräfte als Talent-Manager

Jasper zu Putlitz, Asmus Komm und Lars Putzer

Talente sind der entscheidende Unterschied im Wettbewerb. Viele Unternehmen tun sich jedoch schwer, ein effektives Talent Management einzuführen – hauptsächlich, weil sich die Führungskräfte zu wenig um die Talentförderung kümmern und die Verantwortung hierfür eher der HR-Abteilung zuschieben.

Talente werden immer wichtiger. Zum einen, weil sich die Entwicklungszyklen bei Innovationen verkürzen und damit die Nachfrage nach wissensbasierter Arbeit steigt; zum anderen, weil Unternehmen, die wachsen und global expandieren, verstärkt Nachwuchskräfte brauchen, um Positionen zu besetzen.

Talente zu gewinnen, wird aber immer schwieriger. Die steigende Nachfrage trifft auf ein rückläufiges Angebot. Ein Grund ist die demografische Entwicklung. In Deutschland nimmt bis 2020 die Generation der 33- bis 44-Jährigen um 27 Prozent ab. Ein zweiter Grund sind die anderen Wertvorstellungen der Generation Y, also der nach 1980 Geborenen: Sie sind selbstbewusst und flexibel, schätzen einen ausgewogenen Lebensstil und zögern nicht, für ihre Weiterentwicklung das Unternehmen schnell wieder zu wechseln.

Angesichts all dessen müssen Unternehmen ein effektives Talent Management etablieren. Gemeint ist damit, Nachwuchskräfte innerhalb und außerhalb des Unternehmens zu gewinnen, zu entwickeln und zu binden, sodass diese in der Lage sind, erfolgskritische Positionen im Management und als Experten zu übernehmen.

Doch viele Unternehmen scheitern an dieser Aufgabe. McKinsey ist der Frage nachgegangen, welche Hindernisse einem effektiven Talent Management im Wege stehen. Für die Studie wurden rund 100 Manager aus 46 Großunternehmen in 14 Ländern befragt; etwa die Hälfte stammt aus Personalabteilungen. Die Firmen repräsentieren die wichtigsten Branchen, darunter Finanzen, Automobilbau, Telekommunikation, Pharma und Energie.

Das Ergebnis ist ernüchternd: Nicht ein einziges Unternehmen ist rundum zufrieden mit seinem Talent Management. Die Ursachen sind aus Sicht der Befragten vielfältig. Unter anderem wird kritisiert, dass sich Führungskräfte zu wenig im Talent Management engagieren, dass Bereichsegoismen eine Zusammenarbeit über Abteilungsgrenzen hinweg verhindern, dass Linienmanager sich nicht genug für die Karriere ihrer Mitarbeiter einsetzen bzw. nicht bereit sind, ihre Mitarbeiter differenziert nach Leistung in Gruppen einzuteilen und dass Vorstand und Topmanager nicht genügend in Konzeption und Umsetzung des Talent Managements eingebunden sind.

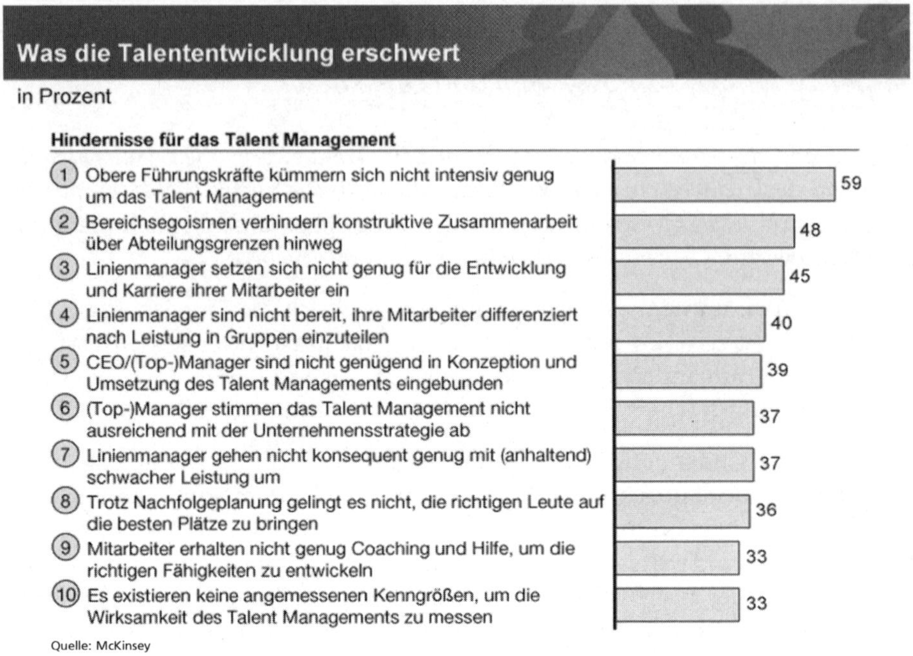

Abb. 1: Hindernisse für das Talent Management

Interessant ist es, die Meinungen der Führungskräfte und der Personaler gegenüberzustellen. Beide Gruppen sind sich einig, dass es zu wenig Interesse und Einsatz für das Talent Management gibt, und zwar bei allen Beteiligten. Dissens gibt es in der Frage, wer wofür Verantwortung trägt: Viele Führungskräfte sehen die Zuständigkeit für das Talent Management bei der HR-Abteilung. Für die Personaler dagegen ist Talent Management eine Führungsaufgabe. Sie sehen ihre Rolle darin, die Vorgesetzten dabei bestmöglich zu unterstützen.

Die Studie macht klar, dass das Talent Management in vielen Unternehmen an der richtigen Einstellung sowie an der klaren Zuordnung der Verantwortlichkeiten und Rollen krankt.

Talent Management mit integriertem Ansatz verbessern

McKinsey hat aus der Erfahrung zahlreicher Klientenprojekte sowie aus den Erkenntnissen weltweiter Studien ein integriertes Talent Management-Konzept entwickelt, um diese Barrieren zu überwinden.

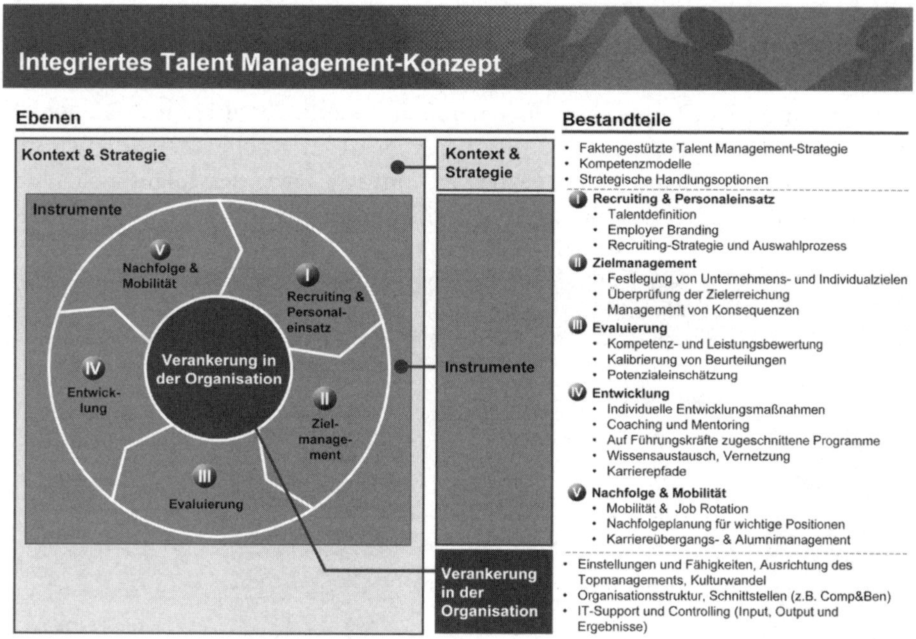

Quelle: McKinsey

Abb. 2: Integriertes Talent Management-Konzept

Demnach vollzieht sich ein erfolgreiches Talent Management auf drei Ebenen: Erstens in der Ableitung der Talentstrategie aus der Unternehmensstrategie, zweitens auf der Ebene der operativen Durchführung einschließlich der Entwicklung von Instrumenten und Prozessen sowie drittens auf der Ebene der Umsetzung und Verankerung in der Organisation.

Talentstrategie entwickeln

Ausgangspunkt für die Entwicklung der Talentstrategie ist eine Analyse des Unternehmenskontextes und der Geschäftsstrategie. Dabei geht es darum, zu klären, wie viele Nachwuchskräfte mit welchen Qualifikationen das Unternehmen braucht. Entscheidet sich ein Unternehmen beispielsweise, in einen neuen Markt wie China zu investieren, benötigt es hierfür Talente mit entsprechenden Sprachkenntnissen sowie unternehmerischen und interkulturellen Fähigkeiten. Die Ableitungen für die Talentstrategie erfordern eine intensive Zusammenarbeit zwischen der HR-Abteilung sowie den Führungsspitzen des Unternehmens und der Geschäftseinheiten.

Aus der strategischen Ausrichtung des Unternehmens ergeben sich auch die Anforderungen an die Talente. Diese münden in ein Kompetenzmodell und dienen als Leitlinie für die Einstellung, Bewertung und Weiterentwicklung.

Für die Fragen auf jeder Prozessstufe gibt es unterschiedliche Handlungsoptionen. HR fungiert hier als Katalysator im Entscheidungsprozess. Im Recruiting etwa ist festzulegen, ob das Unternehmen Talente prinzipiell auf niedrigen Hierarchiestufen einstellt und dann intern aufbaut oder ob es alternativ Talente auf allen Hierarchieebenen einstellt. Ausschlaggebend sind nicht zuletzt die Verfügbarkeit von Talenten am Markt (externer Kontext) sowie der Talentbedarf, der sich aus strategischen Entscheidungen ergibt (interner Kontext).

Talentstrategie – Wesentliche Festlegungen anhand von 10 Kriterien

Kriterien	Zentrale Fragen	Designspektrum		
Recruiting	Wie gewinnen wir die notwendigen Talente?	Intern aufbauen	↔	Extern rekrutieren
	Wie werden Kandidaten ausgewählt?	Potenzial	↔	Tauglichkeit für Position
Evaluierung	Welche Leistungen honorieren wir?	Individuelle Leistung	↔	Team-/Gruppen-leistung
	Wie stark differenzieren wir nach Leistung?	Gering (egalitär)	↔	Stark (leistungs-orientiert)
	Wie gehen wir mit Leistungsdefiziten um?	Perform or Go	↔	Grow or Go
Entwicklung	Wie motivieren wir unsere Talente?	Motivation über sinnvolle Aufgabe	↔	Motivation über Benefits
	Wie aktiv wird die Entwicklung begleitet?	Eigenständige Entwicklung	↔	Stark begleitete Entwicklung
Rotation und Nachfolge	Wie setzten wir unsere Talente ein?	Strukturierte Versetzungen	↔	Offener Markt
	Wie werden Talente zugeordnet?	Konzern-ressource	↔	Bereichs-ressource
	Wie schaffen wir ein Netzwerk unter Talenten?	Formell	↔	Informell

Quelle: McKinsey

Abb. 3: Talentstrategie

Je nach Situation des Unternehmens können mit Hilfe der Kriterien Optionen im Rahmen des Designspektrums bestimmt und die Konturen der Talentstrategie abgesteckt werden.

Effektive Systeme und Prozesse einführen

Operativ vollzieht sich effektives Talent Management in fünf Schritten, die sich am »Lebenszyklus« des Mitarbeiters orientieren: Recruiting und Einsatz von Talenten, Zielmanagement, Evaluierung von Leistung und Potenzial, Entwicklung sowie Nachfolge- und Mobilitätsplanung.

Recruiting und Einsatz zielt auf die Gewinnung neuer Talente. Dabei geht es zunächst darum, genau zu definieren, welche Talente das Unternehmen braucht. Hierfür können Kenntnisse (z. B. Biologen, Juristen, Informatiker,

Wirtschaftswissenschaftler), spezifisches Know-how oder Kompetenzen (z. B. Teamfähigkeit) ausschlaggebend sein. Um die Zielgruppen wirkungsvoll ansprechen zu können, muss das Unternehmen eine attraktive Arbeitgebermarke sowie konkrete Nutzenversprechen entwickeln. Spezifische Recruiting-Formate wie Unternehmenspräsentationen oder Praktika helfen, Kandidaten zu informieren und zu interessieren. Im Auswahlprozess sollten dann die Kenntnisse und Kompetenzen strukturiert geprüft werden.

Das **Zielmanagement** beginnt im Anschluss an den Budgetierungsprozess. Dabei werden zum einen die Unternehmens-/Bereichsziele, zum anderen die Individualziele in einem von oben nach unten abgestuften Prozess festgelegt. Häufig teilen sich der Personal- und der Finanzbereich die Verantwortung für diesen Prozess. Unterjährig werden Ziel-Reviews durchgeführt, die die Zielerreichung sicherstellen sollen. Den Abschluss bilden die Bestandsaufnahme der jeweiligen Zielerreichung und die Auszahlung des Bonus.

Im Mittelpunkt der **Evaluierung** steht die Bewertung der Leistung und des Potenzials jedes Mitarbeiters durch den jeweiligen Vorgesetzten. Sein Urteil wird dann in bereichsübergreifenden Talent Reviews kalibriert. Hier werden auch Entwicklungsmaßnahmen, Karriereschritte und das Gehaltsniveau festgelegt. Ein wichtiger Punkt ist zudem das detaillierte Feedback an den Mitarbeiter.

Die **Entwicklung** der Talente baut auf der Evaluierung auf. Sie sollte sich auf »On-the-Job«-Maßnahmen wie Coaching oder Projekte konzentrieren, da diese am ehesten den Prinzipien des Erwachsenenlernens entsprechen und regelmäßig als am effektivsten bewertet werden.

Beim fünften Schritt, der **Nachfolge- und Mobilitätsplanung**, geht es um die kurzfristige und die strategische Nachfolgeplanung. Bei der ersten wird relativ ad hoc festgelegt, welcher Mitarbeiter im Falle eines überraschenden Ausscheidens einer Führungskraft diese Position übernimmt. Die strategische Nachfolgeplanung dagegen dient dazu, vorausschauend die Besetzung von (Top-) Management-Positionen mit Talenten zu sichern. Das Zeitfenster reicht dabei von einem Jahr bis fünf Jahre. Ein wichtiger Punkt ist ferner die Mobilisierung bzw. Rotation. Dabei wechseln die Talente Aufgaben und Funktionen, entwickeln ihre Erfahrungen und Fähigkeiten weiter, verschaffen sich eine umfassende Perspektive auf das Gesamtunternehmen und werden so auf höhere Führungsaufgaben vorbereitet.

Talent Management in der Organisation verankern

Neue Instrumente und Prozesse einzuführen ist das Eine. Mindestens ebenso wichtig ist es, die richtige Einstellung zum Talent Management zu finden, es also im Denken und Handeln aller Beteiligten zu verankern.

Das geschieht selten im Selbstlauf. Mitarbeiter ändern ihr Verhalten am ehesten, wenn sie über Maßnahmen überzeugend informiert werden und so ihren Sinn verstehen, wenn Vorgesetzte mit gutem Beispiel vorangehen, wenn sie die Fähigkeiten haben, die neuen Aufgaben auch lösen zu können und wenn richtiges Handeln belohnt, falsches hingegen sanktioniert wird. Nur wer diese vier Grundsätze beachtet, wird einen Wandel in der Einstellung und im Verhalten vorantreiben und nachhaltig in der Organisation verankern können.

Talent Management ist Führungsaufgabe

Ein erfolgreiches Talent Management setzt voraus, dass sich jeder seiner Verantwortung und Rolle bewusst ist. Dies gilt für Vorgesetzte sowie für die Mitarbeiter der Personalabteilung, aber auch für die Talente selbst.

Vorgesetzte sind Talent-Manager

Vorgesetzte spielen im Talent Management die Hauptrolle. Sie nehmen entscheidende Funktionen wahr: als Stratege, Recruiter, Evaluator, Coach und Mentor.

Im Einzelnen leiten sie aus den strategischen Vorgaben Schlussfolgerungen für ihre kurz- und mittelfristige Personalplanung ab, engagieren sich bei der Gewinnung von Talenten, managen, bewerten und honorieren deren Leistung, ermuntern durch Feedback und fördern Talente durch herausfordernde Aufgaben. Sie sind interessiert an der Weiterentwicklung ihrer Nachwuchskräfte und unterstützen diese als Coach. Gute Vorgesetzte entsprechen dem Bild eines Meisters, der seinen Schülern Brücken für deren Karriere baut.

HR-Mitarbeiter sind Prozessmanager und Berater

Die Mitarbeiter der HR-Abteilung beraten und unterstützen Vorgesetzte in deren Rolle als Talent-Manager. Sie sind federführend bei der Entwicklung der Instrumente. Analog zu einer Schaltzentrale steuern sie den operativen Prozess und helfen den Vorgesetzten in allen Phasen. Im Zuge des Bewertungsprozesses bereiten sie u. a. die Sitzungen bereichsübergreifender Bewertungsgremien vor, moderieren diese und sorgen für Konsistenz bei Kalibrierungen und Rankings.

Königsdisziplin der HR-Experten ist die Beratung der Vorgesetzten im Entwicklungsprozess. In Absprache mit ihnen entwerfen sie Entwicklungsmaßnahmen für die Nachwuchstalente, stellen externe und interne Entwicklungsangebote bereit und kontrollieren deren Effektivität.

Talente sind für ihre Entwicklung auch selbst verantwortlich

Für jedes Talent gilt der Grundsatz, das Talent Management in all seinen Facetten zu unterstützen. Dazu gehört es, bei Neueinstellung oder Neubesetzung einer Stelle angebotene Einführungs- und Integrationsprogramme zu nutzen und offene Fragen mit Mentoren zu diskutieren. In die Bewertungsgespräche sollten Talente ihre Selbsteinschätzung und Vorschläge für Entwicklungsmaßnahmen einbringen und die Bewertung des Vorgesetzten sowie dessen Anregungen für ihre Entwicklung offen und konstruktiv diskutieren. Für ihre eigene Entwicklung ist es zudem sinnvoll, auch im Tagesgeschäft die Rückmeldung des Vorgesetzten einzufordern. Jede Nachwuchsführungskraft sollte zudem im eigenen und im Unternehmensinteresse alle Möglichkeiten für die Erweiterung ihrer Kompetenzen im Zuge der Rotation nutzen.

Dr. Jasper zu Putlitz ist Partner bei McKinsey & Company in Berlin. Er leitet die Organization Practice in Deutschland und fokussiert sich in seiner Arbeit mit Klienten auf HR- und Performance-Management-Themen. Er ist promovierter Humanmediziner.

Kontakt: Jasper_Putlitz@mckinsey.com

Dr. Asmus Komm ist Partner im Hamburger Büro von McKinsey & Company. Der Schwerpunkt seiner Arbeit bei McKinsey liegt auf der Beratung von Telekommunikationsunternehmen und zahlreichen weiteren Klienten zu HR-spezifischen Themen. Außerdem leitet er die europäische HR-/Talentmanagementinitiative. Asmus Komm verfügt über ein Diplom in Betriebswirtschaft der Technischen Universität Berlin, einen Master-Abschluss in Management der London School of Economics und promovierte in Betriebswirtschaft an der Universität St. Gallen.

Kontakt: Asmus_Komm@mckinsey.com

Lars S. Putzer ist Juniorpartner bei McKinsey & Company in Frankfurt. Er ist führendes Mitglied der Organization Practice in Deutschland und fokussiert sich in seiner Arbeit mit Klienten auf Strategie, HR und Transformationsthemen. Er hat an der Universität Münster Betriebswirtschaftslehre studiert und schließt gerade seine Promotion im Bereich Innovationsmanagement ab.

Kontakt: Lars_Putzer@mckinsey.com

Attraction – Arbeitgeberattraktivität

Christoph Beck

Charles Robert Darwin (1809–1882) vertrat zunächst die Hypothese, dass es keine allgemeinen Beurteilungskriterien für Schönheit gibt, sondern diese ausschließlich im Auge des Betrachters läge. Damit verneinte er die Existenz allgemeiner Maßstäbe der Schönheit in Bezug auf den menschlichen Körper. Spätere kulturvergleichende Untersuchungen widerlegten jedoch die Hypothese und zeigten auf, dass es eine hohe Übereinstimmung in der Bewertung der physischen Attraktivität von Personen gibt und interkulturell die gleichen Standards existieren, um physische Attraktivität zu beschreiben. Es konnte bewiesen werden, dass eine gemeinsame Auffassung des allgemeinen Schönheitsempfindens existiert, zumindest was Gesichter angeht. Dabei, anders als man vielleicht erwarten könnte, wird Schönheit (Attraktivität) mit Durchschnitt oder Mittelmaß gleichgesetzt. Der Grund hierfür ist darin zu sehen, dass die Menschen das vorziehen, was sie gewohnt sind. Sie können nur wenig Veränderung ertragen, aber sie lieben die Abwechslung und bewundern es, wenn ein charakteristischer Punkt bis zu einem mäßigen Extrem geführt wird. Damit scheint das Mittelmaß die Basis für Schönheit, nicht aber die Attraktivität selbst zu sein, weil zu dieser noch etwas Charakteristisches erforderlich wird. Schönheit und Attraktivität bewegen sich somit in einem Spannungsfeld zwischen dem Durchschnitt und extremen Merkmalen.

Attraktivitätsmerkmale dienen im Wettbewerb (= Konkurrenz) zum einen der Abgrenzung (= Differenzierung) und beeinflussen zum anderen direkt oder indirekt die Wahlentscheidungen (Präferenzbildung). Dies gilt sowohl bei der Wahl des Lebenspartners als auch bei der Wahl des beruflichen Partners (= Arbeitgeber) und in beiden Fällen geht es im Wesentlichen um die Sicherung des Fortbestandes (Existenz).

Attraction – Arbeitgeberattraktivität

Der englische Begriff »attraction« lässt sich zum einen ins Deutsche mit den Begriffen wie Attraktion, Anreiz, Anziehung oder Anziehungskraft übersetzen, zum anderen aber auch mit verlockend, begehrenswert, erstrebenswert bzw. attraktiv. Die Arbeitgeberattraktivität beschreibt demzufolge die von einem Unternehmen ausgehende Anziehungskraft, dort überhaupt arbeiten zu wollen (= Akquisitionsfunktion) bzw. dort weiterhin zu arbeiten (= Bindungsfunktion). Sie ist zunächst ein hypothetisches Konstrukt für eine auf die relevanten Zielgruppen bezogene Orientierung oder Einstellung, die durch eine positive Wertigkeit charakterisiert ist, oder anders ausgedrückt, die positive Einstellung eines Individuums gegenüber einem Unternehmen als (potenziellem) Arbeitgeber. Diese positive Einstellung zu einem Unternehmen und die Aufnahme desselben in den persönlichen Präferenzraum des Einzelnen bei seiner Arbeitgeberwahlentscheidung sind jedoch von unterschiedlichen Attraktivitätsdimensionen abhängig. So kann ein Individuum allein schon deshalb ein Unternehmen als attraktiven Arbeitgeber empfinden, weil es ein bestimmtes Produkt herstellt, einer bestimmten Branche angehört, an einem bestimmten Standort tätig ist oder weil die Unternehmensgröße ein bestimmtes Attraktivitätsempfinden auslöst. Folgt man dieser Diskussionslinie, so resultiert hieraus eine etwas differenziertere Betrachtungsweise der Arbeitgeberattraktivität. Im engeren Sinne (i.e.S.) umfasst sie zunächst all jene Einzelmerkmale eines Unternehmens, die das unmittelbare Arbeitsverhältnis zwischen Arbeitgeber und Arbeitnehmer betreffen, während die Arbeitgeberattraktivität im erweiterten Sinne (i.erw.S.) die Dimensionen Unternehmensattraktivität, Produkt-/Dienstleistungsattraktivität, die Branchenattraktivität und die Standortattraktivität mit einbezieht. Diese Unterscheidung erscheint auch deswegen gerechtfertigt, weil beispielsweise bei der konkreten Arbeitgeberwahlentscheidung ein Unternehmen im Hinblick auf seine Arbeitgeberattraktivität i.e.S. zwar dem idealen Vorstellungsbild (= attraktiver Arbeitgeber) eines potenziellen Arbeitnehmers entsprechen kann, es dennoch nicht in den Präferenz-/Entscheidungsraum mit aufgenommen wird, weil eine andere Attraktivitätsdimension das Entscheidungsverhalten (zunächst) dominiert und nicht seiner Vorstellung entspricht, was im Ergebnis das Unternehmen als unattraktiv erscheinen lässt.

Attraktivitätsmerkmale

Die Antwort auf die Frage, welche Merkmale in den Augen der Zielgruppen einen potenziellen Arbeitgeber attraktiv erscheinen lassen, liefern die unterschiedlichsten Studien zu diesem Thema.[1] Nimmt man die Ergebnisse dieser Studien und die dort aufgeführten Attraktivitätsmerkmale, so lässt sich feststellen, dass die überwiegende Anzahl von Einzelmerkmalen das unmittelbare Arbeitsverhältnis zwischen Arbeitgeber und Arbeitnehmer betreffen, also die Arbeitgeberattraktivität i.e.S. Klassifiziert man diese Einzelmerkmale (mit ihren unterschiedlichen Ausprägungsgraden), so zeigt sich, dass sie entweder den Arbeitsinhalt, das Arbeitsklima, die Führung, die Entwicklungsmöglichkeiten und das Arbeitsumfeld (Rahmenbedingungen) charakterisieren (siehe Abbildung 1).

Die übrigen Einzelmerkmale betreffen die vier bereits oben angesprochenen Attraktivitätsdimensionen Unternehmensattraktivität, Produkt-/Dienstleistungsattraktivität, Branchen- und Standortattraktivität, also die Arbeitgeberattrakti-

---

1 Siehe hierzu die Studien u. a. von Towers Perrin, der Bertelsmann Stiftung, vom Trendence Institut, von der HHL – Leipzig Graduate School of Management, von Universum, von den VDI Nachrichten etc.

vität i.erw.S. Sie lassen sich in der Kategorie »Unternehmen« zusammenfassen. Hierbei lässt sich feststellen, dass die allgemeine Unternehmensattraktivität im Wesentlichen immer wieder durch die Einzelmerkmale wie den Ruf eines Unternehmens, die Größe, die Expansions-, Innovations- und Finanzkraft eines Unternehmens sowie durch die Wachstumsdynamik und die internationale Ausrichtung eines Unternehmens beschrieben wird. Vom Grundsatz her würde man die Produkte bzw. Dienstleistungen eines Unternehmens ebenfalls als Attraktivitätsmerkmal der Unternehmensattraktivität zuordnen. Dies wird hier separat herausgestellt, da potenzielle Arbeitnehmer, wie oben bereits angesprochen, nicht selten ein Unternehmen bei ihrer Wahlentscheidung in ihren persönlichen Präferenzraum mit aufnehmen, weil die Produkte und/oder Dienstleistungen eine gewisse Anziehungskraft ausüben. Außerdem erscheint die gesonderte Aufführung der Produkt-/Dienstleistungsattraktivität auch deshalb gerechtfertigt, weil z. B. bestimmte Produktmarken wesentlich stärker (bekannt) sind als die jeweilige Unternehmens- oder gar Arbeitgebermarke. Die Attraktivitätsmerkmale von Produkten und/oder Dienstleistungen reichen von technisch anspruchsvollen und herausfordernden Produkten über den hohen Bekanntheitsgrad bis hin zum Image eines Produktes oder einer Dienstleistung.

Als weitere Einflussfaktoren lassen sich die Branchen- und Standortattraktivität mit ihren Attraktivitätsmerkmalen nennen. Während bei der Branchenattraktivität solche Einzelmerkmale wie Wachstumskraft, Zukunftsfähigkeit, Ökologie, Gesundheit etc. herangezogen werden können, sind es bei der Standortattraktivität solche Merkmale wie Infrastruktur (Verkehrsanbindung, Schulen, Betreuungseinrichtungen etc.) über Sport-/Freizeit- und Kulturangebote bis hin zu Immobilienpreisen und Lebenshaltungskosten.

Attraktivitäts-Standard und Attraktivitäts-Setting

In der Einleitung wurde angesprochen, dass die u. a. im Rahmen der Evolutionstheorie von Charles Robert Darwin aufgestellte Hypothese, dass Schönheit im Auge des Betrachters liegt, im Laufe der Jahre widerlegt werden konnte. Damit ist Schönheit (Attraktivität) nicht in die Beliebigkeit des Einzelnen gestellt, sondern ist abhängig von der Erfüllung eines bestimmten Attraktivitäts-Standards. Überträgt man diese Erkenntnisse auf die Arbeitgeberattraktivität, so bedeutet dies, dass ein Unternehmen von den relevanten Zielgruppen dann als attraktiver Arbeitgeber wahrgenommen wird, wenn es den Attraktivitäts-Standard erfüllt, d. h. über all jene Einzelmerkmale (in den unterschiedlichen Ausprägungsformen) verfügt, die in der Wahrnehmung der potenziellen Arbeitnehmer im Durchschnitt von den Arbeitgebern heutzutage erfüllt werden bzw. erwartet werden (können). Mithilfe der o. g. Attraktivitätsmerkmale lässt sich somit ein Attraktivitäts-Standard entwickeln, der im Hinblick auf die Einzelmerkmale die Ausprägungsgrade wiedergibt und beispielsweise so aussieht, dass ein Arbeitgeber herausfordernde Tätigkeiten in einem interessanten Aufgabenfeld bei überdurchschnittlicher Entlohnung und guten Sozialleistungen etc. bietet. Dieses kurze Beispiel macht bereits deutlich, dass nur wenige Unternehmen entlang aller Attraktivitätsmerkmale optimale Ausprägungsgrade aufweisen (können). So würde sich zum Beispiel eine internationale Wirtschaftsprüfungsgesellschaft mit dem Attraktivitätsmerkmal Work-Life-Balance (bei bestimmten Tätigkeitsbildern) sicherlich in der Umsetzung ebenso sehr schwertun wie ein kleineres mittelständisches Unternehmen mit dem Merkmal der exorbitanten Karrieremöglichkeiten.

Arbeitsinhalt	**Arbeitsklima**	**Führung**
■ Interessantes Aufgabenfeld ■ Arbeit, die Spaß macht und erfüllt ■ Interdisziplinarität ■ Gestaltungsmöglichkeiten ■ Einflussmöglichkeiten ■ …	■ Allgemeine Arbeitsatmosphäre ■ Zusammenarbeit förderndes Klima ■ Teamarbeit ■ …	■ Unternehmenskultur ■ Vorbild- und Leitfunktion der Unternehmensleitung ■ Allgemeiner Führungsstil ■ Vorgesetzter, der unterstützt und begeistert ■ Anerkennung von Leistungen ■ Klare Erwartungshaltungen ■ …

Entwicklungsmöglichkeiten	**Arbeitsumfeld (Rahmenbedingungen)**	**Unternehmen**
■ Weiterbildungsmöglichkeiten ■ Karrieremöglichkeiten ■ Übernahme von Verantwortung ■ Mitarbeiterförderung (allgem.) ■ Einstiegsprogramme ■ Internationaler Arbeitseinsatz ■ Kompetenzentwicklung ■ …	■ Sicherheit der Anstellung ■ Einkommen ■ Neben- und Sozialleistungen ■ Flexible Arbeitszeit ■ Integrationsprogramme ■ Work-Life-Balance ■ Arbeitssicherheit ■ Klare Arbeitsabläufe ■ Moderne Technologien ■ Zugang zu Informationen ■ …	■ Image des Unternehmens ■ Größe des Unternehmens ■ Interessante Produkte ■ Interessante Dienstleistungen ■ Branche und Standort ■ Expansion des Unternehmens ■ Internationale Ausrichtung ■ Innovationskraft ■ Finanzkraft des Unternehmens ■ Wachstumsdynamik ■ …

Abb. 1: Attraktivitätsmerkmale von Arbeitgebern

Somit ist der »Attraktivitäts-Standard« zunächst eher ein idealisiertes Anspruchsprofil mit hohem Orientierungscharakter. Für die Praxis bedeutet dies aber auch, dass das authentische Attraktivitätsprofil eines Arbeitgebers durchaus Abweichungen vom Attraktivitäts-Standard aufweisen kann, ohne gleich als unattraktiv empfunden zu werden. Der Grund hierfür ist darin zu sehen, dass die Zielgruppe i. d. R. das »Attraktivitäts-Set« (= die Summe aller Attraktivitätsmerkmale) eines Arbeitgebers wahrnimmt und somit eine bestimmte Toleranz bei der Bewertung der Ausprägungsgrade einzelner Attraktivitätsmerkmale besitzt. Da nicht ein universeller Attraktivitäts-Treiber existiert, sondern das Attraktivitäts-Set attraktive von weniger attraktiven Unternehmen unterscheidet, ist dem Attraktivitäts-Setting eine besondere Aufmerksamkeit zu schenken. Hierunter wird der Ausgleich bzw. die Kompensation von defizitären Attraktivitätsmerkmalen verstanden. Demnach können Defizite bei der Erfüllung einiger weniger Einzelmerkmale durch die besonders gute Erfüllung im Hinblick auf andere Attraktivitätsmerkmale ausgeglichen werden.

Der Vorteil des Attraktivitäts-Settings besteht dann darin, dass es zum einen die stärkere Differenzierung zum Wettbewerb ermöglicht und zum anderen, dass ein wirklich authentisches Attraktivitätsprofil entsteht, welches der Arbeitgeber auch nachhaltig erfüllen kann. Dass es sich hierbei um einen wirklichen Vorteil handelt, zeigt auch der Tatbestand, dass zunehmend mehr Unternehmen – zumindest in der Außenkommunikation – den Attraktivitäts-(Mindest)-Standard (gutes Gehalt, interessante Aufgabe, teamorientiertes Arbeitsklima etc.) erfüllen, d. h. für die Außenstehenden über ein ähnliches Attraktivitätsprofil verfügen. Dies führt dazu, dass die Vielzahl an Attraktivitätsprofilen aus dem Blickwinkel der Zielgruppen zum einen inflationär ist und zum anderen wenig Differenzierungspotenzial besitzt. Erst die Akzentuierung einzelner weniger Attraktivitätsmerkmale lässt den einzelnen Arbeitgeber aus der »Masse« herausragen. Das Dilemma hierbei wird jedoch sehr deutlich: Je stärker sich die Arbeitgeberattraktivität auf wenige Merkmale konzentriert, desto höher die Wahrscheinlichkeit, dass die Quantitäten an Bewerbungen abnehmen. Auf der anderen Seite werden jedoch die Chancen größer, die *richtigen* Arbeitnehmer zu finden bzw. zu binden. Sicherlich keine leichte (Entscheidungs-)Aufgabe in der Praxis, da es doch verschiedene Prämissen zu beachten gilt. Zum einen hängt das Attraktivitätsprofil eines Arbeitgebers von der Zielsetzung (Mitarbeitergewinnung und Mitarbeiterbindung) ab und zum anderen ist anzunehmen, dass sich die Präferenz hinsichtlich bestimmter Attraktivitätsmerkmale und ihrer einzelnen Ausprägungsgrade von Zielgruppe zu Zielgruppe anders darstellt und diese sich dann im Laufe der Lebens- und Berufsbiografie noch einmal verändert. Nun könnte man die Position der Unmöglichkeit beziehen, weil dieses Unterfangen auf den ersten Blick der Quadratur des Kreises gleichkäme. Man könnte aber auch die Position eines Vorausdenkers beziehen, der darüber nachdenkt, inwieweit mehrere Attraktivitätsprofile eines Arbeitgebers (d. h. je ein Profil für die unterschiedlichen Zielgruppen) zulässig und auch umsetzbar sind und sich die Arbeitgeberidentität dennoch in allen Attraktivitätsprofilen widerspiegelt (Profilschärfe).

Arbeitgeberattraktivität ist relativ

Die vorangegangenen Ausführungen sollen zwar die Notwendigkeit eines unternehmensspezifischen Attraktivitäts-Sets und die Bedeutung eines idealtypischen »allgemeinen« Attraktivitäts-Standards als Handlungs- und Orientierungsrahmen deutlich machen, sie sollen aber auf keinen Fall den Eindruck erwecken, dass die Arbeitgeberattraktivität etwas Objektives ist, was immer und überall zum Erfolg führt. Wäre dem so, dann könnten alle Unternehmen klassifiziert und in attraktive und unattraktive Arbeitgeber unterteilt werden. Arbeitgeberattraktivität ist jedoch stets relativ und insbesondere sehr subjektiv. Das Individuum entscheidet schlussendlich über die Arbeitgeberattraktivität eines Unternehmens. Diese Attraktivitätsentscheidung ist wiederum von den ganz persönlichen Bedingungsgrößen des Einzelnen abhängig, d. h. zum Beispiel von den persönlichen Zielen und Bedürfnissen, der jeweiligen Lebenssituation und Lebensphase, dem Mobilitätsgrad u. v. m. Kurzum, entscheidend für die Arbeitgeberattraktivität ist somit das subjektive Attraktivitätsempfinden des Einzelnen bzw. einer bestimmten Zielgruppe. Je besser das unternehmensspezifische Attraktivitäts-Set die spezifischen Anforderungen, Bedürfnisse und Erwartungen einer Zielgruppe erfüllt, desto höher die Wahrscheinlichkeit, dass das Unternehmen von der relevanten Zielgruppe als attraktiver Arbeitgeber wahrgenommen wird.

Die Wahrnehmung der Arbeitgeberattraktivität

Ein Unternehmen kann die von einer bestimmten Zielgruppe implizit oder explizit geforderten Attraktivitätsmerkmale zu hundert Prozent erfüllen und bezüglich der Mitarbeitergewinnung dennoch keinen Erfolg haben. Dies bedeutet, dass die Arbeitgeberattraktivität zwar eine notwendige, aber noch keine hinreichende Bedingung ist. Sie erfordert zusätzlich einen relativ hohen Bekanntheitsgrad bei den relevanten Zielgruppen und ein positives Image, wobei sich beide gegenseitig bedingen. Der Bekanntheitsgrad sorgt zunächst einmal dafür, überhaupt als potenzieller Arbeitgeber wahrgenommen zu werden, während das Image eines Unternehmens das Attraktivitätsempfinden direkt oder indirekt beeinflusst.

Hierbei ist grundsätzlich einmal in Frage zu stellen, dass ein Individuum (bzw. eine Gruppe) im Rahmen der Arbeitgeber-/Arbeitsplatzwahlentscheidung von Beginn an analytisch und sehr differenzierend vorgeht. Vielmehr ist anzunehmen, dass das Individuum zunächst ein bestimmtes (subjektives) Vorstellungs- und Wahrnehmungsbild von einem Unternehmen hat oder entwickelt, welches sich aus den unterschiedlichen Eigen- und Fremdinformationen, den Erlebnissen und Erfahrungen sowie seinen Erwartungen und Vorurteilen zusammensetzt. Hierdurch wird das Image eines Unternehmens geprägt, was schlussendlich die Arbeitgeber-/Arbeitsplatzwahlentscheidung wesentlich beeinflusst. Dabei wird das individuelle Vorstellungs- und Wahrnehmungsbild eines Unternehmens nicht nur von dem Arbeitgeberimage geprägt, sondern darüber hinaus ebenfalls vom allgemeinen Image des Unternehmens, dem Produkt-/Dienstleistungsimage, dem Branchenimage und ggf. auch dem Standortimage.

Arbeitgeberattraktivität entscheidet sich am »Point of Sale«

Besitzt das Image eines Unternehmens, wie im vorangegangen Abschnitt beschrieben, einen so großen Einfluss auf das Attraktivitätsempfinden der jeweiligen Zielgruppe, so muss im Hinblick auf das Personalmarketing festgehalten werden, dass die Arbeitgeberattraktivität aus der Perspektive der relevanten Zielgruppen am »Point of Sale« entschieden wird. Hierin liegen Chancen und Risiken gleichermaßen verborgen. Sicherlich sind die Informationen zur Arbeitgeberattraktivität in den unterschiedlichen Medien im Hinblick auf die Informations- und Orientierungsfunktion, die Selektions- und Aufmerksamkeitsfunktion unabdingbar, aber erst am »Point of Sale« wird die Arbeitgeberattraktivität für die relevanten Zielgruppen erlebbar. Überall dort, wo seitens der Zielgruppe ein unmittelbarer Kontakt (face-to-face) zum Unternehmen zustande kommt (Vorstellungsgespräch, Gespräche bei Recruiting-Messen oder bei Recruiting-Events, Praktika etc.), wird bewusst und unbewusst die Arbeitgeberattraktivität mit bewertet. Dies bedeutet, dass insbesondere die persönlichen Kontakte zu unterschiedlichen Personen aus dem Unternehmen zu unterschiedlichen Anlässen nicht nur einen Einblick in das Unternehmensgeschehen etc. erlauben, sondern auch immer einen Zugang zur gelebten Arbeitgeberattraktivität bieten. Somit ist grundsätzlich jeder Mitarbeiter eines Unternehmens als »Botschafter in Sachen Arbeitgeberattraktivität« unterwegs, bewusst oder unbewusst.

Die wesentliche Herausforderung

Die wesentliche Herausforderung der Unternehmen im Hinblick auf die Arbeitgeberattraktivität ist neben den oben erwähnten Punkten insbesondere die Auflösung der Informations-Asymmetrie zwischen dem potenziellen Arbeitgeber und den potenziellen Arbeitnehmern. So führt die Informations-Asymmetrie nicht selten zu einem Wahrnehmungs- und Vorstellungsbild eines Arbeitgebers, welches der Realität nicht in jeder Beziehung entspricht. Potenzielle Kandidaten verknüpfen in ihrer Vorstellungswelt z. B. nicht selten Unternehmens- und Produkt-/Dienstleistungsmarken mit bestimmten Berufsbildern. Dies bedeutet, dass beispielsweise potenzielle Arbeitnehmer mit einer Bank häufig Berufs- und

Tätigkeitsbilder wie Bankkaufleute, Financial Planner etc. verbinden. Dass eine Bank jedoch auch interessante Tätigkeitsfelder z. B. im Bereich der Informationstechnologie anzubieten hat, wird zunächst wenig bis gar nicht wahrgenommen.

Überall dort, wo also Informationslücken bestehen, werden diese durch die allgemeine Wahrnehmung (das Image) und durch Informationen von Dritten geschlossen. Grund genug, diese Informationslücken durch den Aufbau und die Positionierung einer starken Arbeitgebermarke (Employer Brand) weitestgehend zu schließen und somit bei den relevanten Zielgruppen ein positives Arbeitgeberimage zu vermitteln bzw. zu hinterlassen. Reflektiert man noch einmal die einleitenden Ausführungen zur menschlichen Schönheit und hier insbesondere, dass ein charakteristischer Punkt, der bis zu einem mäßigen Extrem geführt wird, erst die Attraktivität ausmacht, so lässt sich eine Parallelität zur Arbeitgeberattraktivität nicht leugnen. Erfolgt jedoch im Rahmen des Employer-Branding-Prozesses u. a. die Definition der Markenessenz, d. h. das Einfangen der »Seele einer Arbeitgebermarke« mit nur einem Gedanken, so ist dies der charakteristische Punkt, der einen durchschnittlich attraktiven Arbeitgeber von einem bevorzugten Unternehmen mit hoher Arbeitgeberattraktivität unterscheidet.

Professor Dr. Christoph Beck nahm nach seinem Studium der Wirtschafts- und Organisationswissenschaften und der Promotion unterschiedliche Stabs- und Führungsfunktionen in der Wirtschaft und als Personalberater wahr. Seit 2000 ist er als Professor an der University of Applied Sciences in Koblenz im Fachbereich Betriebswirtschaft für das Lehrgebiet Human Resource Management verantwortlich. Seine Schwerpunkte in der Lehre und Forschung bilden die Themen Employer Branding, Recruitment und E-Recruitment.

Kontakt: beck@hrm-excellence.de

2 Talent Management im Unternehmen – Umsetzungsbeispiele

Gesucht: Querdenker und andere Talente – Die Employer Branding-Strategie der Evonik Industries AG

Alfred Lukasczyk

1 Ausgangssituation: Eine neue Marke wird kreiert

Seit September 2007 präsentiert sich Evonik als der kreative Industriekonzern in der Öffentlichkeit mit einer erfolgreichen Markenkampagne. Klare Unternehmensstrategie und kreative Werbung machen neugierig auf Evonik und tragen auch entsprechend zu ihrer Attraktivität als Arbeitgeber bei. Der Slogan »Wer macht denn so was?« macht nicht nur neugierig auf das Unternehmen, sondern auch auf den Arbeitgeber Evonik. Für den HR-Bereich bedeutet dies, möglichst schnell fundierte und authentische Antworten auf vorgenannte Frage zu finden, auf die sowohl die derzeitigen als auch die potenziellen zukünftigen Mitarbeiterinnen und Mitarbeiter dringend warten.

Die relevanten Zielgruppen brauchen eine klare Orientierung, ein eindeutiges Leistungsversprechen und einen spürbaren Nutzen, den Evonik ihnen liefern kann. Für die eigenen Mitarbeiter besteht die zusätzliche Herausforderung darin, ihnen eine neue Identität zu ermöglichen. Dies ist anspruchsvoll und unumgänglich zugleich, da ein Großteil der Mitarbeiter starke emotionale Bindungen zu Arbeitgebermarken wie Degussa oder RAG mitbringen, die nun in Evonik aufgegangen sind.

Gerade im vergangenen Jahr war eine erhebliche Intensivierung der Diskussionen um den Stellenwert eines professionellen Employer Brandings in Unternehmen zu spüren, beispielsweise erkennbar an einem deutlichen Anstieg entsprechender Fachkongresse und -tagungen. Die besondere unternehmerische Herausforderung, die eine vollständige Neupositionierung eines Unternehmens mit sich bringt, eröffnet zugleich auch eine Riesenchance für ein professionelles Employer Branding. Quasi auf der »grünen Wiese« kann ein umfassendes, integriertes und theoretisch fundiertes Employer Branding betrieben werden. Ein professionelles Employer Branding basiert ganz klar auf der strategischen Ausrichtung des Unternehmens und bedient sich wirksamer und erprobter Instrumente des Marketings, vor allem der Markenführung. So verstanden wird Employer Branding zu einer der wichtigsten und wertschöpfendsten Aufgaben für den HR-Bereich, insbesondere auch für das Talent Management der nächsten Jahre.

2 Darstellung der Employer Branding-Strategie

Employer Branding wird hier als ein strategischer Prozess verstanden, mit dessen Hilfe das Unternehmen als attraktiver Arbeitgeber bei den relevanten Zielgruppen positioniert werden soll. Die Differenzierung zum Wettbewerb erfolgt durch konsequente Fokussierung auf die Besonderheiten des Unternehmens als Arbeitgeber sowie eine unique Kommunikation (vgl. Petkovic, M., Employer Branding, 2007). Strategisches Employer Branding setzt voraus, dass die Planung, Gestaltung, Führung und Kontrolle der Arbeitgebermarke langfristig ausgerichtet ist und Entscheidungen konsequent umgesetzt werden.

Eine umfassende Employer Branding-Strategie adressiert vorrangig drei verschiedene Einzelziele. Zum einen beschreiben konative Ziele das Schaffen von Arbeitgeberpräferenzen, zum anderen werden unter den kognitiven Zielen die Erhöhung des Bekanntheitsgrades und der wahrgenommenen Einzigartigkeit sowie die Steigerung der personalpolitischen Qualität zusammengefasst. Als Drittes bildet die Steigerung des Vertrauens und der Sympathie zum Arbeitgeber die affektiven Ziele. Ausgangspunkt und zugleich zentrales Steuerungsinstrument des Employer Branding bildet der Markenkern, der das Wesen des Arbeitgebers erfasst.

2.1 Strategische Ableitung

Ausgangspunkt des Employer Branding ist die unmittelbar aus der Unternehmensstrategie abgeleitete Konzernpersonalstrategie. Die Attraktivität als Arbeitgeber nach außen und innen zu fördern, stellt eines der zentralen Handlungsfelder dieser Konzernpersonalstrategie dar und bildet somit eine wesentliche Rahmenbedingung für die Employer Branding-Strategie. Das übergeordnete Ziel dieser Strategie ist die Gewinnung, Integration und Bindung der für das Unternehmen erforderlichen Talente. Im nächsten Schritt werden die strategischen Implikationen des konzernweiten Employer Brandings für die wesentlichen Regionen Deutschland, Osteuropa, USA und China formuliert. Dies geschieht im Dialog mit den für das Employer Branding Verantwortlichen in den jeweiligen Regionen. Diese konsequente Top-down-Ableitung der Employer Branding-Strategie stellt sicher, dass alle Handlungsfelder sowie regionale Ausgestaltungen und operative Maßnahmen ausschließlich durch unternehmerische Erfordernisse legitimiert werden. Nicht effiziente oder nicht effektive Aktivitäten des Employer Branding lassen sich auf diese Art und Weise leicht identifizieren und eliminieren.

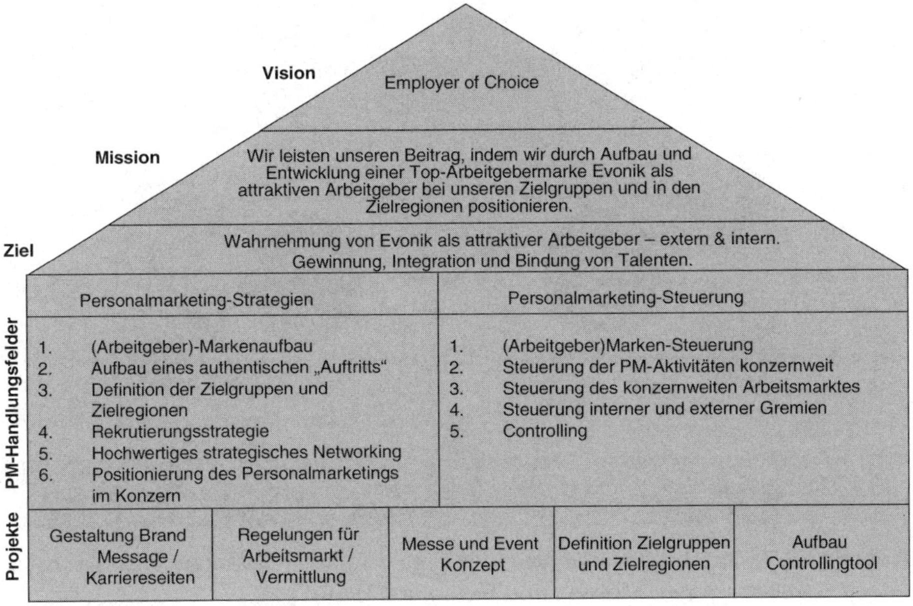

Abb. 1: Personalmarketing-Strategiehaus

2.2 Theoretische Fundierung

Das Verständnis der Arbeitgebermarke ist im Falle von Evonik eng angelehnt an die Markendefinition von Esch. Demnach ist die Arbeitgebermarke ein Vorstellungsbild in den Köpfen der gegenwärtigen und potenziellen Mitarbeiter, das eine Identifikations- und Differenzierungsfunktion übernimmt und das Wahl- und Entscheidungsverhalten prägt. Die Bestimmung und Steuerung der Arbeitgebermarke erfolgt analog zur Unternehmensmarke mittels bewährter Markensteuerungsinstrumente, die konsequent sachlich-rationale und emotionale Markenassets unterscheiden.

Zur Führung und zum Controlling der Arbeitgebermarke wird das umfassende GAP-Modell der identitätsorientierten Markenführung nach Meffert/Burmann (1996) für das Employer Branding adaptiert. Dieses Instrument erfordert einerseits eine differenzierte Betrachtung der Identität und des Images, jeweils aus einer Soll- und Ist-Perspektive, andererseits verdeutlicht es die Wechselwirkung vorgenannter Elemente.

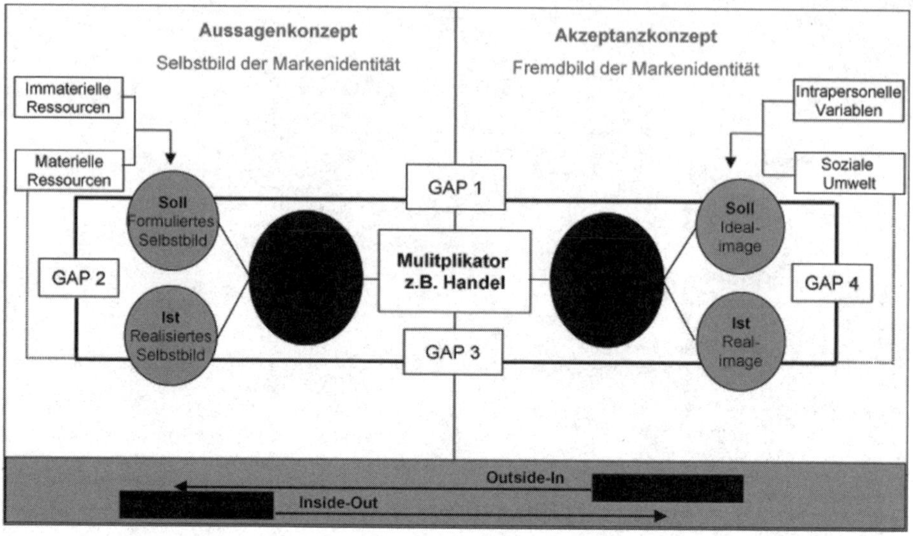

Abb. 2: GAP-Modell der Markenführung und des Markencontrollings in Anlehnung an Meffert und Burmann (1996)

Erläuterung:

GAP 1 = Wahrnehmungs-GAP: Abweichung zwischen Soll-Identität und Soll-Image
GAP 2 = Umsetzungs-GAP: Abweichung zwischen Soll- und Ist-Identität
GAP 3 = Kommunikations-GAP: Abweichung der tatsächlichen von der versprochenen Leistung
GAP 4 = Identifikations-GAP: Abweichung zwischen Ideal-Image und tatsächlichem Image

2.3 Ableitung und Positionierung der Arbeitgebermarke

Positionierung hat stets zum Ziel, durch Herausstellen der Alleinstellungsmerkmale das Wahlverhalten der Zielgruppe positiv zu beeinflussen. Dadurch soll auch eine nachhaltige Differenzierung von Wettbewerbern sichergestellt werden. Ausgangspunkt für diesen Prozess ist die Identifizierung des Markenkerns.

Die Arbeitgebermarke von Evonik leitet sich unmittelbar aus der Unternehmensmarke ab. Querdenken versinnbildlicht zielgruppengerecht Kreativität. Um als Industriekonzern durch Kreativität besonders erfolgreich zu sein, bedarf es Mitarbeiter/-innen im Unternehmen, die diese Fähigkeit in hohem Maße mitbringen. Auf der Suche nach erfolgreichen Lösungen müssen diese Mitarbeiter/-innen auch bereit und gewillt sein, den gewohnten und vertrauten Rahmen zu verlassen. Obwohl diese Denk- und Handlungsweise im Unternehmen bereits sehr stark ausgeprägt ist, erfordert die vorgenannte Positionierung eine weitergehende und intensive Förderung von Kreativität im Unternehmen. Nach innen gerichtet bedeutet es, die querdenkerischen Potenziale sichtbar und nutzbar zu machen. Für die externe Perspektive ist die logische Folge, das Anwerben und Auswählen von Mitarbeitern konsequent an dieser Fähigkeit auszurichten.

Die emotionale Komponente der Arbeitgebermarke appelliert stark an das Gefühl von Freiheit. Bei Evonik wird eindeutig der Freiraum, den der Arbeitgeber seinen Mitarbeitern lässt, salient. Die Idee dieser Freiheit wird ebenfalls von der Personalimagekampagne der Querdenker aufgegriffen und visuell-appellativ umgesetzt (siehe dazu den nächsten Abschnitt). Sie signalisiert, dass den Mitarbeitern der nötige Freiraum für das kreative Denken und Handeln gewährt wird. Nahezu im existenziellen Sinne wird bisweilen gar von den Mitarbeitern eingefordert, diesen Freiraum aktiv zu nutzen. Auf der anderen Seite bietet Evonik aber auch als erfolgreicher Industriekonzern Arbeitsplätze, in denen man sich geborgen und sicher fühlt.

2.4 Ganzheitlich-integrativer Ansatz

Das Employer Branding ist ganzheitlich-integrativ ausgerichtet. Zum einen integrativ im Sinne von nach innen und nach außen gerichteter Kommunikation. Es reicht nicht aus, die Arbeitgebermarke nur nach außen zu vermitteln, die Überzeugung der eigenen Mitarbeiter, die als Markenbotschafter ganz wesentlich das Image prägen, kann als Erfolgsfaktor nicht stark genug betont werden. Zum anderen integrativ im Sinne einer umfassenden Ansprache aller relevanten Zielgruppen – und das weltweit. Die dezidierte Ansprache bezieht sich auf Auszubildende, Studenten, Absolventen, Young Professionals und Professionals aus den Fachbereichen der Naturwissenschaften, des Ingenieurwesens und der Betriebswirtschaft. Konsequent werden hier Alter, Region, Fachrichtung und Berufserfahrung berücksichtigt. Ganzheitlich bedeutet in diesem Zusammenhang, dass die Unternehmensbereiche Personal, Marketing und Kommunikation ihre jeweiligen Bereichsziele in einem abgestimmten Vorgehen verfolgen, z. B. in der Koordination von Mediaplänen oder wechselseitiger Erörterung der Markenführung.

3 Übertragung der Employer Branding-Strategie in eine Personalimagekampagne

Eine Personalimagekampagne hat vorrangig zur Aufgabe, die Kernbotschaft eines Unternehmens als Arbeitgeber nach außen zu transportieren. Damit wird das Arbeitgeberimage eines Unternehmens maßgeblich geprägt und gefestigt. Aber nicht nur die alleinige Prägung des Erscheinungsbildes z. B. hinsichtlich der Bildsprache oder Tonalität sollte Intention sein. Weitaus bedeutsamer für eine erfolgreiche Personalimagekampagne ist die intensive Auseinandersetzung mit der eigenen Identität.

Evonik ist der kreative Industriekonzern aus Deutschland mit Aktivitäten in mehr als 100 Ländern der Welt: Diese zentrale Aussage bestimmt die strategische Positionierung von Evonik am Markt und gilt gleichermaßen für die Positionierung als Arbeitgeber bei den relevanten Zielgruppen. Daraus abgeleitet entstand die Idee der Querdenker, die kreativ sind, zu Lösungen kommen, die keiner erwartet, Denkbrücken zu anderen Wissengebieten schlagen und handfeste Ergebnisse liefern. Diese Fähigkeiten machen gleichermaßen die Definition des Querdenkers aus, die sich eindeutig von dem »Querulanten« und dem »Quertreiber« unterscheidet und distanziert.

Der Claim »Gesucht: Querdenker und andere Talente« versinnbildlicht die ganzheitliche und integrative Employer Branding-Strategie. Ferner spiegelt er komprimiert den Kern der Arbeitgebermarke von Evonik wider, der rational auf Kreativität und emotional auf Freiheit abzielt. Dementsprechend verfolgt die Personalimagekampagne als Ausdruck der Employer Branding-Strategie folgende Teilziele:

- Entwicklung und Formulierung einer konsistenten Arbeitgebermarke,
- eindeutige Positionierung auf Basis des identifizierten EVP,
- Initiierung eines Prozesses zur Identitätsfindung mit der Marke Evonik,
- Kultivierung des Querdenkens im Unternehmen im Sinne einer interdisziplinären und innovativen Handlungsweise,
- konsequente Anwendung von Modellen und Instrumenten des Marketings, insbesondere der Markenführung und deren Übertragung in das Employer Branding.

Das übergeordnete Ziel der Personalimagekampagne ist die Erhöhung der Attraktion, die Fokussierung der Rekrutierung auf Kernkompetenzen und die Förderung von Retention als Teilprozesse eines umfassenden Talent Managements. Ferner soll sie ein authentisches Bild von Evonik als Arbeitgeber nach außen und innen vermitteln und einen identitätsstiftenden Prozess in Gang setzen.

Die Personalimagekampagne »Gesucht: Querdenker und andere Talente« basiert im Wesentlichen auf drei Säulen. Neben der bereits skizzierten Ableitung der Kernbotschaft aus dem Markenkern stellt die dezidierte Ansprache von relevanten Zielgruppen eine zweite wichtige Grundvoraussetzung dar. Entsprechend differenziert nach Fachrichtungen, Alter, Berufserfahrung und Regionen erfolgt die Zielgruppensegmentierung. Die freche und frische, somit aber durchaus provozierende Verpackung der Kernbotschaft in eine schlüssige Text-Bildsprache bildet die dritte Säule.

3.1 Entwicklung

Die Personalimagekampagne im engen Sinne wurde unmittelbar an die Gründung von Evonik im September 2007 gestartet. Im Vorfeld konnte die Kampagne nur in sehr begrenztem Umfang vorbereitet werden, da die Präsentation des Unternehmens im Markt mit einem sensibel inszenierten Spannungsaufbau erfolgte. Folgerichtig war die neue Unternehmensmarke dadurch auch intern nur wenigen Personen bekannt.

Schon zwei Monate nach der Gründung, im November 2007, entstand ein erster »Karriere-Flyer«, der bereits die Themen Kreativität, Freiraum und Querdenkertum adressierte.

Abb. 3: Karriere-Flyer (November 2007)

Parallel dazu wurde in zahlreichen Workshops intensiv an der Identifikation des Alleinstellungsmerkmals von Evonik als Arbeitgeber gearbeitet. Die Grundidee, bestehend aus Kreativität und Freiraum, lag bereits im November vor und wurde in drei alternative Anzeigenmotive umgesetzt. Eines davon war das Bild des Querdenkers, das auf Anhieb die intensivsten Diskussionen auslöste. Die extrem starke Passung zur Marke sowie der leicht provozierende und dadurch auch polarisierende Charakter der Text-Bild-Komposition war unmittelbar erkennbar und für die Umsetzung ausschlaggebend.

Die Inhalte der Personalimagekampagne sowie deren Umsetzung waren Gegenstand einer intensiven Diskussion im Vorstand von Evonik, die im Ergebnis zu einer hohen Identifikation und zur uneingeschränkten Unterstützung der obersten Unternehmensebene führte. Vorstandsmitglieder sind dadurch zu ersten Markenbotschaftern geworden. Noch im Januar 2008 sind die Anzeigenmotive entwickelt worden. Im Anschluss daran begann unmittelbar die Implementierung.

3.2 Implementierung

Ein detaillierter Mediaplan bildete die Grundlage für die interne und externe Veröffentlichung der Personalimagekampagne. Über das Intranet sowie andere etablierte Kommunikationswege im Unternehmen wurde jede externe mediale Präsenz vorab angekündigt. Im ersten Halbjahr 2008 konzentrierte sich die Veröffentlichung auf große überregionale Print- und Onlinemedien wie z. B. FAZ oder Süddeutsche Zeitung. In dieser Phase lag der Zielschwerpunkt in der Attraktion, indem die Arbeitgebermarke einer größeren Zielgruppe präsentiert wurde. Seit Mitte 2008 konzentriert sich die Medienpräsenz auf spezifische Publikationen der relevanten Zielgruppen wie beispielsweise VDI-Nachrichten oder Unicum.

Nach innen gerichtet wird die Veröffentlichung der Kampagne durch begleitende Workshops flankiert, die den Mitarbeitern eine Diskussionsplattform bieten und damit letztlich zu einem vertieften Verständnis von Querdenken verhelfen sollen. Darüber hinaus wird jedwedes Kommunikationsformat genutzt, um alle Führungskräfte und Mitarbeiter zu einem Dialog einzuladen, in dem Befürchtungen, Meinungen und Überzeugungen thematisiert werden können. Diese Einbindung der Mitarbeiter ist essenziell für eine gemeinsame Überzeugung von der Botschaft hinter der Kampagne. Die interne Kommunikation ist nur dann erfolgreich, wenn die eigenen Mitarbeiter zu Markenbotschaftern werden und die Idee nach außen tragen. Ertragreich ist dieses Vorhaben jedoch nur, wenn die Menschen selbst von der Kernaussage überzeugt sind. Genau diese Überzeugung setzt eine gründliche Informierung voraus, die eine Auseinandersetzung mit der Thematik initiiert und letztlich zu einem Bekenntnis führt.

Zur Unterstützung des Identifikationsprozesses wurde eine »Querdenker«-Broschüre entwickelt, die gezielt und gründlich über die Personalimagekampagne informiert. Bereits die aufwendige Aufmachung der Broschüre verdeutlicht allen Mitarbeitern den Stellenwert der Kampagne im Unternehmen.

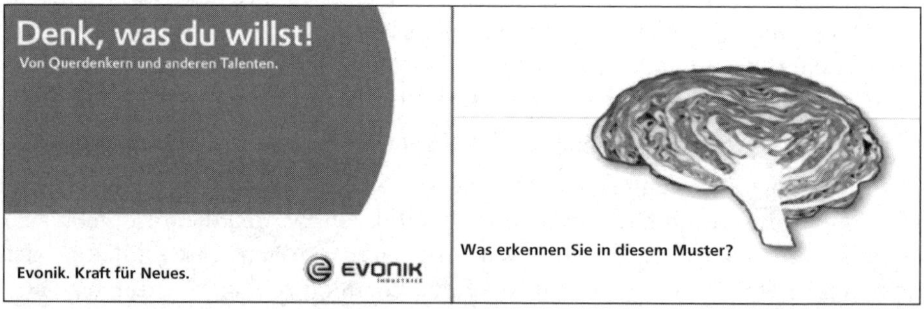

Abb. 4: Mitarbeiter-Broschüre (August 2008)

Thematisiert werden verschiedene Leistungsbeweise des Querdenkens bei Evonik, die beispielhaft verdeutlichen, wo Querdenken zu fruchtbaren und handfesten Ergebnissen geführt hat. Überdies werden Antworten auf Fragen rund um das Querdenken gegeben. Die Intention hinter der Broschüre ist zum einen die Aufklärung der Mitarbeiter über das Thema »Querdenken bei Evonik« und zum anderen dient sie als kleines Handbuch, um den aufkommenden Fragen von außen und auch denen der anderen Mitarbeiter zu begegnen. Diese Aufklärungsarbeit kann man aber nur leisten, wenn man selbst aufgeklärt ist. Diese Voraussetzung wird durch die Broschüre initiiert.

3.3 Weiterentwicklung

Die Personalimagekampagne ist mittel- bis langfristig angelegt. In den kommenden Jahren liegt der Kampagnenschwerpunkt in der Intensivierung des Dialoges innerhalb und außerhalb des Unternehmens mit dem Ziel, »Querdenken bei Evonik« erlebbar zu machen. Entsprechend liegt der Fokus dann auf dem emotionalen Markenasset der Arbeitgebermarke von Evonik. Erfolgen wird dies durch die Integration des Querdenkens in zahlreiche externe und interne Personalmarketingevents wie Messeauftritte, Foren oder Workshops. Flankiert wird diese Aktivität durch eigens hierfür geschaffene Intranet- und Internetplattformen, auf denen Erfahrungen, Ideen usw. ausgetauscht werden. Als Höhepunkt ist ein »Evonik-Querdenkertag« geplant, der interdisziplinär externe wie interne Interessenten vernetzt und ihnen einen Rahmen für kreatives Problemlösen bietet.

Zusätzlich wird das Querdenken weiterhin in das Unternehmen penetriert. Beispielsweise werden Unterlagen für Essenstabletts in der Kantine gedruckt, die das Querdenken zum Thema haben. Dies sind alles Beispiele, die die Botschaft hinter der Kampagne für die Mitarbeiter plastischer und greifbarer machen sollen.

Diese Maßnahmen dienen auf der einen Seite dazu, die eigenen Mitarbeiter mit dem Thema »Querdenken« zu konfrontieren, und auf der anderen Seite, die Signale nach außen zu stärken und aufrechtzuerhalten.

Das langfristige Ziel dieser Personalimagekampagne ist es, die Lücken zwischen Image und Identität bzw. zwischen Soll und Ist, wie in dem GAP-Modell unter Punkt 2.2 skizziert, möglichst gering zu halten.

4 Beurteilung der Ergebnisse

Die unter Punkt 2.1 dargestellten Ziele lassen sich unterteilen in außengerichtete (imagegetriebene) und innengerichtete (identitätsgetriebene).

Der erste Meilenstein der externen Zielsetzung war, hohe Aufmerksamkeit, Attraktivitätssteigerung und Sympathieanstieg zu erreichen. Bereits der von einer externen Marktforschungsagentur durchgeführte Pretest der Anzeigenmotive deutete an, dass vorgenannte Ziele gut bis sehr gut zu realisieren sind. Neben der Prüfung der wahrgenommenen Botschaften wurde auch eine umfassende Benchmark-Analyse mit den wichtigsten Wettbewerbern von Evonik durchgeführt. Im direkten Vergleich mit den Wettbewerbern wurde die Personalimageanzeige am kreativsten und auffälligsten von der Zielgruppe eingestuft. Zudem ist es eine Anzeige mit dem geringsten Wert beim Item »langweilig«. Entscheidend war jedoch, dass diese Anzeige eine emotionale, in der Regel positive Reaktion erzwingt. Damit wirkt sie weitestgehend Sympathie steigernd und löst stets eine persönliche Auseinandersetzung aus.

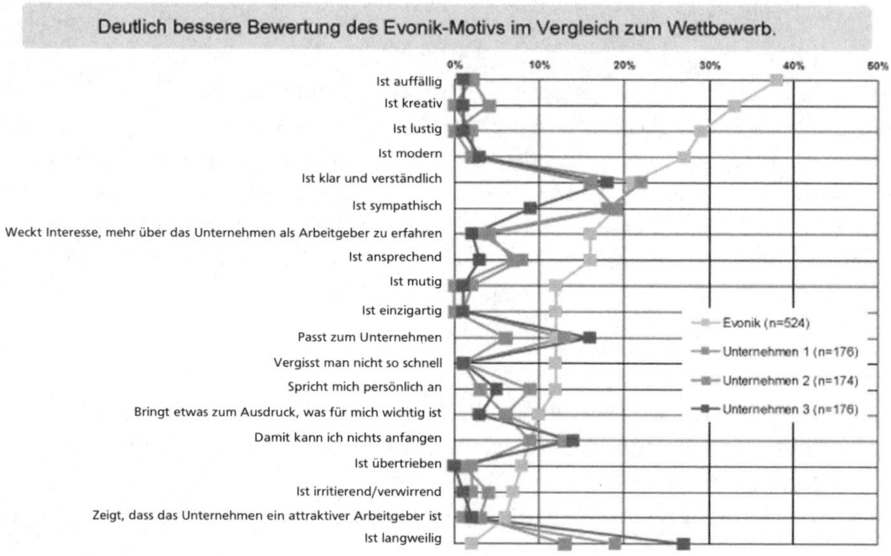

Abb. 5: Benchmark-Analyse

Schon in der ersten Präsenzphase wurden diese Ergebnisse bestätigt bis gar übertroffen. Beispielsweise hat die vierwöchige Internetkampagne durchschnittliche Clickraten von 1,85 Prozent der Internet-User (in einzelnen Medien bis fünf Prozent) erreicht. Der Branchen-Durchschnitt von Internetkampagnen liegt normalerweise bei 0,25 bis 0,65 Prozent. Diese Ergebnisse unterstreicht auch ein Copy-Test, den das Handelsblatt im April 2008 mit der Anzeige durchgeführt hat. Darüber hinaus wurde die Kampagne »Gesucht: Querdenker und andere Talente« in der Mai-Ausgabe 2008 von der Unicum zur Anzeige des Monats gekürt.

Qualitativ ist von besonderer Bedeutung, dass die angesprochenen Zielgruppen Evonik eindeutig mit Querdenken sowie mit Kreativität assoziieren können. Als Messgrößen dienen dazu gezielte Befragungen von Fokusgruppen, die dieses Ergebnis deutlich widerspiegeln.

Die Messung der identitätsgerichteten Ziele mündet final im Commitmentindex, der regelmäßig im Rahmen einer konzernweiten Mitarbeiterbefragung erhoben wird. Aus dieser Indexzahl lässt sich u. a. die Identifikation mit der Unternehmens- und Arbeitgebermarke ableiten. Die nächste Befragung fand im

November 2008 statt. In zahlreichen etablierten Diskussionsforen und Gremien (Managementteams, HR-Kreise, Betriebsrat usw.) führte die Vorstellung der Kampagne neben spontaner Zustimmung auch zu Fragen wie: »Sind wir schon querdenkerisch genug?«, »Sind unsere Strukturen und Rahmenbedingungen geeignet, um kreatives Arbeiten zu fördern?« oder »Was machen wir mit den Querdenkern, nach denen wir jetzt rufen?« Die Erörterung dieser Fragen führt im Ergebnis dazu, dass immer mehr Führungskräfte und Mitarbeiter zu Markenbotschaftern werden. Diese internen Diskussionen verdeutlichen auch, dass für erfolgreiche Personalimagekampagnen persönliche Kommunikation unabdingbar ist. Allein schon, um auf den Umstand zu verweisen, dass trotz der Positionierung als kreatives Unternehmen auch »Nicht-Querdenker« erforderlich und erwünscht sind. Denn gesucht werden Querdenker und *andere Talente.*

Die stetig zunehmende Identifikation mit dem Querdenken bestätigt auch eine hohe Bereitschaft im Konzern, entsprechende Testimonials zu liefern.

Das internationale Roll-out der Personalimagekampagne ist geplant für 2009. Dazu fanden bereits erste Meetings mit den Kollegen aus den USA, China und Osteuropa statt, in denen erarbeitet wurde, wie die Kampagnenidee in die Regionen transferiert und unter Beachtung der kulturellen Besonderheiten adaptiert werden kann. Wichtig hierbei ist, dass man nicht unbedingt das Bild des Querdenkers, sondern in erster Linie die Botschaft, die sich dahinter verbirgt, kommunizieren muss. Auf diese Weise soll eine hundertprozentige Reichweite im Unternehmen sichergestellt werden.

Als Erfolgsgaranten zeigen sich dabei immer wieder eine klare (unternehmens)strategische Ausrichtung, ein enger Schulterschluss mit den Unternehmensbereichen Marketing und Kommunikation sowie eine konsequente Anwendung des bewährten Marketinginstrumentariums. So gelingt es, Employer Branding zum HR-Erfolgsfaktor der Zukunft zu entwickeln und gleichzeitig zu verhindern, dass es als Bündel von vereinzelten Werbemaßnahmen nur einen kurzfristigen Trend erlebt.

Alfred Lukasczyk ist Diplom-Betriebswirt und bei der Evonik Industries AG verantwortlich für das konzernweite strategische Employer Branding. Nach dem Studium der Betriebswirtschaftslehre Einstieg in das Personalmanagement eines großen Energiekonzerns. Seit rund neun Jahren Tätigkeit im strategischen HR-Bereich, insbesondere im Themenfeld Personalentwicklung und Personalmarketing. Im Rahmen dieser Aufgabe Erstellung und Durchführung zahlreicher Präsentationen und Reden im nationalen und internationalem Umfeld. Seit 15 Jahren tätig als Dozent und Lehrbeauftragter an renommierten Hochschulen. Publikation von Artikeln in Fachzeitschriften sowie Mitwirkung bei Buchveröffentlichungen zum Thema HR-Management.

Kontakt: alfred.lukasczyk@evonik.com

Nachwuchskräfte gewinnen, binden und entwickeln – Talent Management bei ThyssenKrupp Steel

Dieter Kroll und Rudolf Carl Meiler

1 Talent Management als unternehmensstrategische Aufgabe

Die viel beachtete Studie der Boston Consulting Group (BCG) »The Future of HR in Europe – Key Challenges Through 2015« aus dem vergangenen Jahr identifiziert die Aufgabe »Managing Talent« als mit Abstand diejenige mit der größten zukünftigen Bedeutung: »If both HR and other executives could have selected just one HR topic to excel at, managing talent would have been their choice« (vgl. Abb. 1).

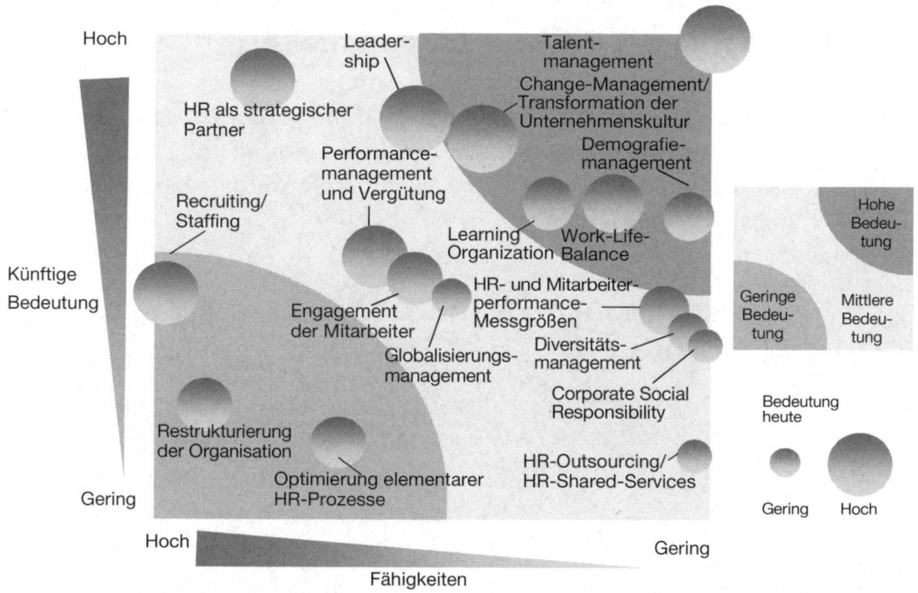

Anmerkung: Künftige Bedeutung, heutige Bedeutung und Fähigkeiten waren Inhalte des Web-Surveys
Quelle: BCG/EAPM-Analyse; Web-Survey in 27 Ländern mit 1.355 Teilnehmern.

Abb. 1: Zukunftsaufgabe Talent Management

Gleichzeitig gestanden die weltweit befragten 1.350 Personalverantwortlichen ein, für diese priorisierte Aufgabe derzeit nur über sehr geringe Fähigkeiten zur Problemlösung zu verfügen.

ThyssenKrupp Steel hat das Talent Management 2006 als eines von vier Kernelementen seines Zukunftsprogrammes definiert: »ProZukunft« ist die strategische Positionierung der Führungsgesellschaft ThyssenKrupp Steel AG (Geschäftsjahr 2006/2007: 19.747 Mitarbeiter) als auch des gesamten Segmentes Steel (Geschäftsjahr 2006/2007: 39.559 Mitarbeiter) gegenüber den Herausforderungen des gesellschaftlichen, demografischen und ökonomischen Wandels (vgl. Körber 2007).

Trost (2007) beschreibt sehr klar die Schritte des Talent Managements vom Employer Branding und der Festlegung von Personalgewinnungsstrategien (Active Sourcing) bis hin zum angezielten Ergebnis der Besetzung von Schlüsselfunktionen im Unternehmen. Eine besondere Rolle spielt in diesem Prozess das Talent Relationship Management, in dem identifizierte Potentials weiter priorisiert und durch Bindungsmaßnahmen stärker an das Unternehmen herangeführt werden. Vereinfacht gestaltet sich die Abfolge des Talent Managements in die Prozessschritte »Gewinnen – Binden – Entwickeln«, die in den nächsten Abschnitten weiter ausgeführt werden.

2 Recruiting an der Schulbank: Die Talent Management-Philosophie der ThyssenKrupp Steel AG

ThyssenKrupp Steel inszeniert das gesamte Portfolio moderner HR-Marketing-Instrumente, um über den Weg der Nachwuchsgewinnung und -förderung die internationale Technologieführerschaft und damit die Wettbewerbsfähigkeit des Unternehmens zu gewährleisten.

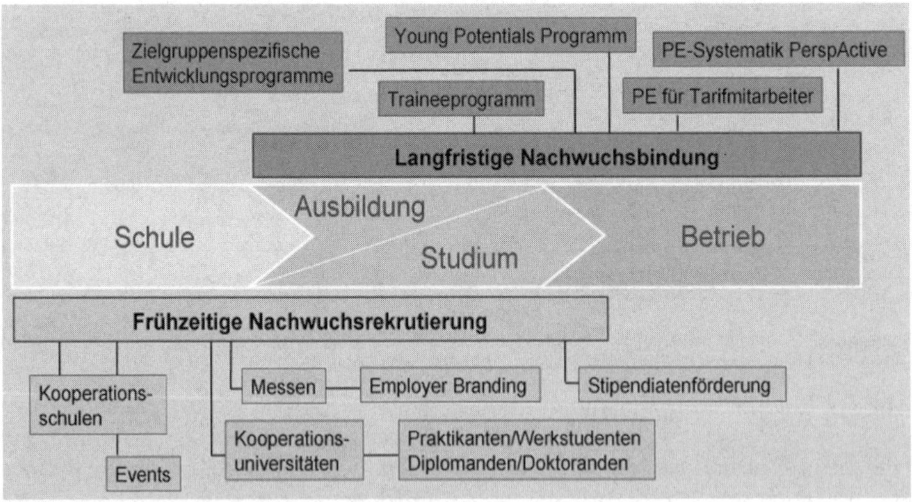

Abb. 2: Von der Schulbank in den Betrieb

Weder gilt in den Augen junger Jobsuchender das Ruhrgebiet, in dem sich aktuell die hauptsächlichen Produktionsstandorte von ThyssenKrupp Steel befinden, als besonders erstrebenswerter Lebensraum in Deutschland noch die Stahlbranche als top-attraktiver Arbeitgeber, nicht zuletzt aufgrund des fehlenden greifbaren Brands. Die Erfahrung zeigt jedoch, dass diese offensichtlichen Vorurteile durch den direkten Kontakt mit dem faszinierenden Werkstoff Stahl und den damit arbeitenden Menschen bei ThyssenKrupp rasch aufzulösen sind. In interaktiven Schülerprojekten ergibt sich dieser Kontakt problemlos.

Daher strebt das Unternehmen seit dem Jahr 2000 den möglichst frühzeitigen Kontakt zu potenziellen Mitarbeiterinnen und Mitarbeitern bereits in der Schule an. Dies geschieht in Form einer langfristigen Kooperation mit ausgewählten Schulen. Trotz des langen Weges bis zum Abschluss des Arbeitsvertrages, auf dem die Talents begleitet und motiviert werden müssen, erweist sich diese Strategie als Erfolgsmodell.

Das Talent Relationship Management forciert den regelmäßigen Kontakt zwischen interessierten und interessanten Schülerinnen und Schülern. Nach der Schulzeit schließen sich im positiven Fall Elemente wie Stipendiatenförderung und Praktikanten- bzw. Werkstudententätigkeiten bei Aufnahme eines Vollzeitstudiums an oder das Angebot einer Ausbildung mit begleitendem und gefördertem Studium als stark praxisbezogene Option.

Junge Menschen frühzeitig für Technik und Stahl zu begeistern und so für das Unternehmen zu gewinnen, ist ein wichtiger Bestandteil der Talent Management-Strategie geworden.

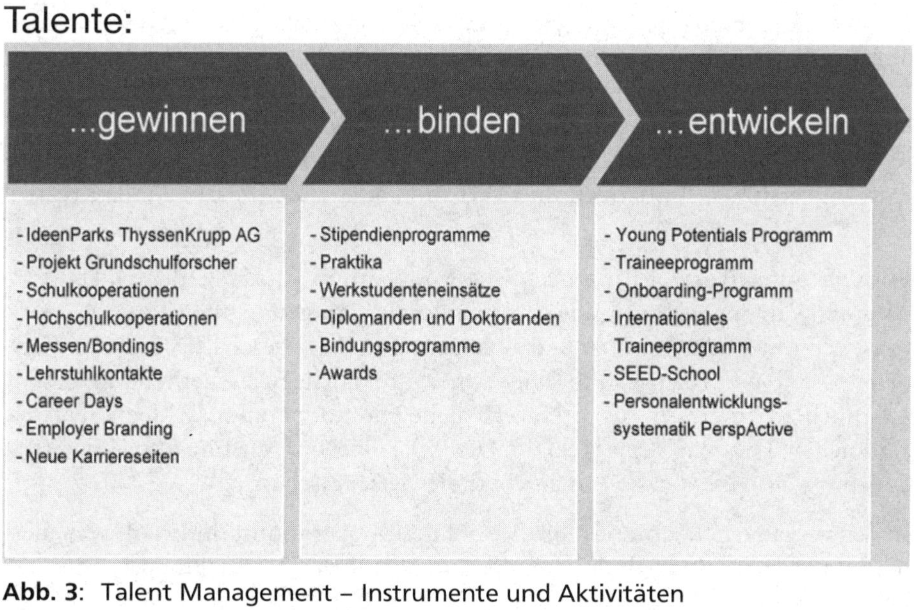

Abb. 3: Talent Management – Instrumente und Aktivitäten

3 Talente gewinnen: Junge Menschen für Technik und Stahl begeistern

Unter dem Motto »Zukunft Technik entdecken« hat die ThyssenKrupp AG 2004 den ersten Ideenpark in Gelsenkirchen mit dem Ziel veranstaltet, dem gesellschaftlichen Trend zur Abkehr von technischen Berufen zu trotzen und junge Leute für technische Inhalte und Lebensperspektiven zu begeistern. Der Ideenpark 2008 in Stuttgart hatte fast 300.000 enthusiastische Besucher und bestätigte mehr als einrucksvoll den Erfolg dieser Strategie. Über 400 Forscher und Ingenieure zeigten, wie Innovationen entstehen und die Welt verändern.

ThyssenKrupp Steel verfolgt diese Strategie in seinem Talent Management. So sollen u. a. mit dem Projekt »Grundschulforscher« bereits Grundschüler auf die Faszination technischer und naturwissenschaftlicher Phänomene spielerisch eingestimmt werden.

Aktuell hat ThyssenKrupp Steel Verträge mit zehn Schulen im Umfeld seiner Produktionsstandorte, in denen die beiderseitigen Verantwortlichkeiten verbindlich festgelegt sind. Der jährliche Kooperationszyklus zwischen Unternehmen und Schulen ist dem Schuljahr angepasst und auf jede Schule individuell zugeschnitten. So wird sichergestellt, dass die gemeinsam durchgeführten Aktivitäten den Unterricht sinnvoll ergänzen und der Schulablauf nicht gestört wird. Im Sinne eines Maßnahmencontrollings kommt dem jährlichen Review eine besondere Bedeutung zu. In Anwesenheit des Personalvorstands der ThyssenKrupp Steel AG und aller Schulleiter werden die durchgeführten Kooperationsmaßnahmen präsentiert und hinsichtlich ihres Erfolgs bewertet.

Diese Maßnahmen gliedern sich in **unterrichtsbezogene Aktivitäten**, die sich auf einzelne Schulklassen und spezielle Unterrichtsinhalte beziehen und in den Lehrplan integriert werden, und **Schwerpunktveranstaltungen**, zu denen Schülerinnen und Schüler unterschiedlicher Kooperationsschulen in das Unternehmen eingeladen werden. Dabei binden wir natürlich auch weitere Partner wie z. B. Universitäten, Initiativen und Verbände oder auch freischaffende Kreative ein.

Ein sehr gutes Beispiel für eine solche Kooperation ist die Schüler-Ingenieur-Akademie, in der Schülerinnen und Schüler der Jahrgangsstufen 12 und 13 sich praktisch mit Themen wie z. B. Halbleitertechnologie beschäftigen. Dabei handelt es sich um ausgewählte Teilnehmer mit nachgewiesenem naturwissenschaftlichem Interesse aus drei verschiedenen Kooperationsschulen. Partner sind neben ThyssenKrupp Steel die Deutsche Telekom Stiftung, die Universität Duisburg-Essen sowie die Fachhochschule Gelsenkirchen.

In den vergangenen Jahren ist die Anzahl der Kooperationsschulen, der beteiligten Schülerinnen und Schüler und der durchgeführten Maßnahmen kontinuierlich gestiegen.

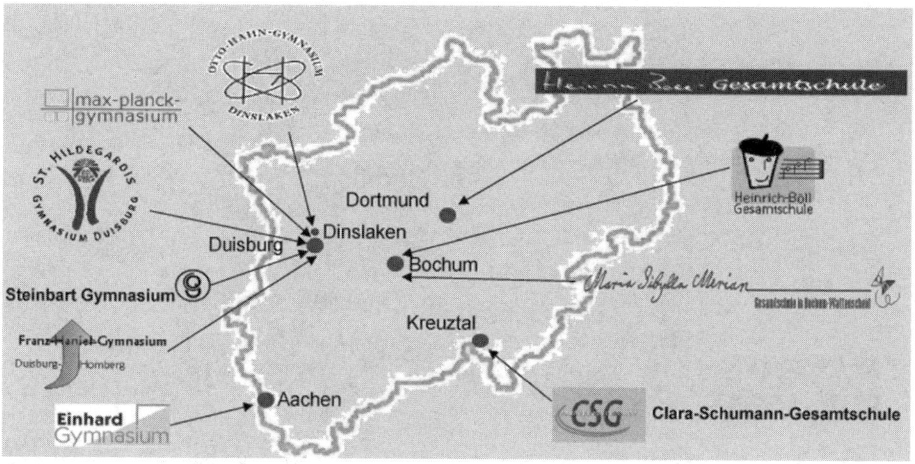

Abb. 4: Talente gewinnen: Kooperation Schule – Wirtschaft

Ebenfalls ständig steigend ist die Zahl eingehender, sehr qualifizierter Bewerbungen von Schülerinnen und Schülern der Kooperationsschulen. Den Prozess einer solchen »Schülerkarriere« zeigt das Beispiel von Svenja Hösel. Der erste Kontakt kam bereits in der neunten Klasse bei der Besichtigung eines Kraftwerkes im Fach Physik zustande. Es folgten Bewerbungstrainings und die Teilnahme am Girls' Day. Aktuell macht sie bei der ThyssenKrupp Steel AG eine Ausbildung zur Fachinformatikerin und studiert berufsbegleitend Web- und Medieninformatik.

Um den angestrebten Rekrutierungserfolg weiter zu steigern und auch ehemalige Kooperationsschüler als Trainees zu gewinnen, die nach dem Abitur ein Vollzeitstudium absolvieren, forciert das Unternehmen derzeit deren Übergang von der Schule an eine der Kooperationsuniversitäten der ThyssenKrupp Steel AG, um so den Kontakt zu den identifizierten Potentials weiter intensivieren zu können. Dieses »Dreiklang« genannte Projekt soll die Rekrutierungsstrategie des Stahlproduzenten, die an der Schulbank ansetzt und mit dem Unterschreiben des Arbeitsvertrages endet, weiter ausbauen. Derzeit verstärkt man mit Schulen und Universitäten in Aachen und Freiberg dieses Schülerbindungsprogramm.

Ebenso wie im Falle der Schulen unterhält ThyssenKrupp Steel – in den meisten Fällen zusammen mit der Holding ThyssenKrupp AG – vertraglich fixierte Kooperationen mit (derzeit acht) Hochschulen, die Hälfte davon standortnah.

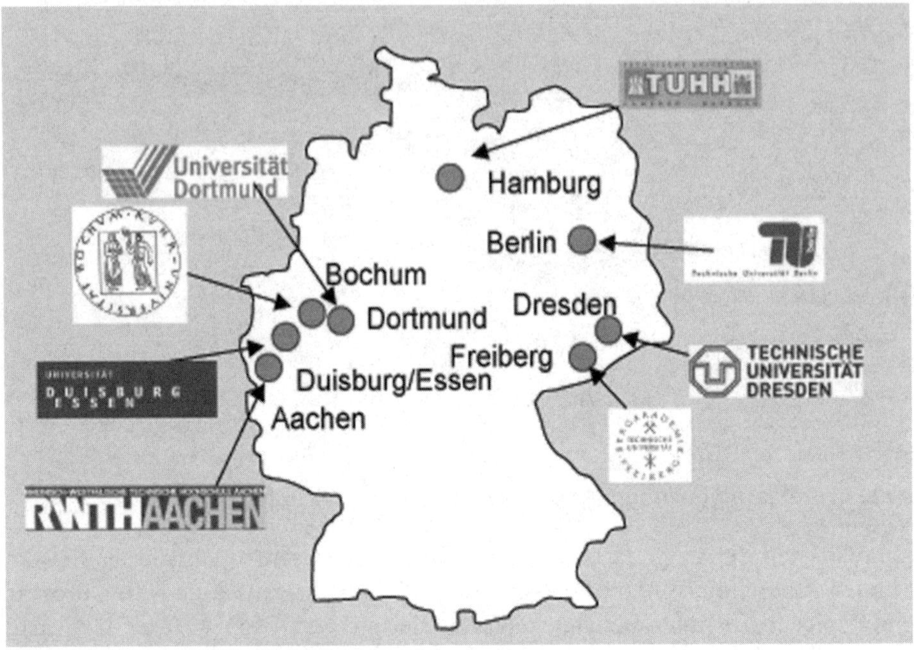

Abb. 5: Talente gewinnen: Hochschulmarketing und -kooperationen

An diesen Universitäten – in Aachen, Bochum, Dortmund und Duisburg-Essen – rekrutiert das Unternehmen besonders erfolgreich. Grund dafür ist, dass die Studierenden dieser Hochschulen während ihres Studiums besonders intensiven Kontakt zu den Betrieben und Produkten von ThyssenKrupp Steel pflegten und so der Weg zur späteren Einstellung vorgezeichnet war.

Trotzdem lohnt sich auch der Einsatz im Hochschulmarketing an anderen Universitäten, da hier häufig besonders qualifizierte Absolventen gewonnen werden können. Neben diesen Hochschulkooperationen, die u. a. durch Präsenz des Unternehmens bei Absolventenmessen, durch Dozententätigkeiten und Forschungsförderung profiliert sind, beteiligt man sich natürlich auch an Messen und Bondings anderer Universitäten. Mit den jährlich stattfindenden zweitägigen ThyssenKrupp Career Days zieht der Konzern Absolventen der Ingenieur- und Wirtschaftswissenschaften und der Informatik aus ganz Deutschland an.

Im Mai 2008 wurden im Rahmen des Ideenparks die neuen Karriereseiten freigeschaltet, die den Erstkontakt mit dem Konzern noch attraktiver gestalten sollen. Diese vielfältigen Bemühungen des Employer Brandings und des Personalmarketings spiegeln sich auch sehr positiv in der Zahl der Bewerbungen aller Zielgruppen wider.

4 Talente binden: Den Kontakt nachhaltig verstärken

Die Flamme der Begeisterung ist oft ein flackerndes Licht. Haben Schüler oder Studenten Interesse für das Unternehmen entwickelt, muss dieser erfolgreiche Kontakt nachhaltig gebunden werden. Zu diesem Zweck existieren die Stipendienprogramme der ThyssenKrupp AG und ThyssenKrupp Steel AG, die sowohl ehemaligen Auszubildenden wie auch Schülerinnen und Schülern der Kooperationsschulen und anderen begabten jungen Leuten den Unterhalt während eines Vollzeitstudiums sichern und den Kontakt zum Unternehmen festigen sollen. Das Angebot von Praktikanten- und Werkstudententätigkeiten sowie die Praktikantenbindungsprogramme für besonders fokussierte Talente unterstützen diesen Weg. Ein weiterer Baustein ist die Zusammenarbeit im Rahmen von Diplom- und Doktorarbeiten. Auszeichnungen und Preisverleihungen für exzellente Studierende festigen den Ruf von ThyssenKrupp als attraktiver Arbeitgeber und ebnen herausragenden Talenten den Weg zum Stahl.

Entscheidend sind dabei die Qualität und auch die Intensität der Bindungsaktivitäten, die in der oben ausgeführten Form zum Rekrutierungs-Portfolio vieler Unternehmen gehören. Bei ThyssenKrupp Steel führt das sehr früh begonnene Talent Relationship Management dazu, dass dann, wenn vor Aufnahme einer Ausbildung oder während des Studiums die Wahl des ersten Arbeitgebers ansteht, ThyssenKrupp Steel schon sehr selbstverständlich als Partner für das künftige Arbeitsleben gesetzt ist. Es wurde sehr frühzeitig eine emotionale Verbindung zu Produkten und Menschen im Unternehmen hergestellt. Wichtig ist dabei aber auch, den Kontakt während der langen Partnerschaft von der Schule bis zur Verleihung des Diploms bzw. der Master-Urkunde nicht abreißen zu lassen, sondern aktiv aufrechtzuerhalten. Das bedeutet auch, nicht auf Bewerbungen von potenziellen Stipendiaten, Praktikanten oder Werkstudenten zu warten, sondern identifizierten Talents aktiv Angebote zu machen. Das Unternehmen bewirbt sich beim Bewerber. ThyssenKrupp Steel hat den eingeläuteten Rollenwandel längst angenommen.

5 Talente entwickeln: Wettbewerbsfähigkeit durch strategische Nachfolgeplanung

Für Auszubildende der ThyssenKrupp Steel AG wurde 2007 das Young Potentials Programm gestartet. Es ermöglicht talentierten jungen Menschen, neben der Ausbildung ein begleitendes Studium der Ingenieur- oder Wirtschaftswissenschaften, aber auch anderer relevanter Studiengänge aufzunehmen. Die Studiengebühren werden für die Teilnehmer des Young Potentials Programms übernommen. Ein begleitendes Trainings- und Seminarprogramm unterstützt die Talente in der Weiterentwicklung persönlicher und sozialer Kompetenzen.

Das für das Unternehmen bereits bestehende breite Angebot interessanter Studiengänge im technischen und kaufmännischen Bereich wird ständig erweitert. Ab 2009 wird an der Technischen Fachhochschule Bochum ein stahlspezifischer Studiengang zum Bachelor der Werkstoffwissenschaften angeboten. Als Äquivalent hierzu gilt für Absolventen von Universitäten und Fachhochschulen, die Vollzeit studiert haben, das Trainee-Programm der ThyssenKrupp Steel AG. Innerhalb von zwölf Monaten findet eine fachübergreifende Einarbeitung für eine definierte Zielfunktion statt. Dabei spielen insbesondere die Entwicklung der internationalen Kompetenz und die Netzwerkbildung eine Rolle. Für alle Direkteinsteiger in das Unternehmen, die vorher bereits in einem anderen Unternehmen berufstätig waren, wurde das neue Onboarding-Programm entwickelt, das eine systematische Betreuung über 18 Monate vorsieht.

Bereits im Unternehmen arbeitenden Potentials bietet die neue Personalentwicklungssystematik »PerspActive« ein regelmäßiges und umfangreiches Feedback ihrer Leistungen im Sinne der ThyssenKrupp Managementkompetenzen und konsequente Entwicklungswege im Unternehmen, Segment und Konzern.

Im zweijährlich stattfindenden Managementpooling werden unter Vorstandsbeteiligung die Perspektiven aller AT-Mitarbeiterinnen und -Mitarbeiter definiert. Doch auch alle Tarifmitarbeiter werden von der Personalentwicklung fokussiert. Von der Potenzialeinschätzung über die betriebliche Qualifizierungsplanung bis hin zur Nachfolgefestlegung greift auch für diese zentrale Mitarbeitergruppe das gesamte Portfolio der Personalentwicklungsinstrumente und fördert die Durchlässigkeit bei den Karrierewegen im Unternehmen.

6 Fazit und Ausblick

Die Rekrutierungsstrategie von ThyssenKrupp Steel lautet: »*Talente frühzeitig für Stahl interessieren, nachhaltig an das Unternehmen binden und kontinuierlich entwickeln und fördern.*«

Vor der »Haustür« des Unternehmens, den Produktionsstandorten von ThyssenKrupp Steel, geht diese Strategie bereits voll auf. Über die Schul- und Hochschulkooperationen werden hervorragende junge Leute gewonnen. Doch durch verstärktes Marketing und Employer Branding, aber auch den anhaltenden Stahl-Boom, finden viele Potentials von standortferneren Schulen und Hochschulen den Weg zu ThyssenKrupp Steel.

In der anfangs zitierten Studie von BCG (2007) bekunden die befragten Personalverantwortlichen, zukünftig Talente stärker weltweit zu rekrutieren. Die derzeit laufenden Auslandsprojekte von ThyssenKrupp Steel, der Bau von Stahlwerken in Brasilien und in den USA, und der daraus resultierende Ausbau heimischer Kapazitäten werden die globalen Aktivitäten ab 2009 nachhaltig intensivieren. Bereits 2008 wurden erste Hochschulkooperationen in Rio de Janeiro und Ouro Preto geschlossen. Drei weitere werden 2009 folgen.

Literatur

The Boston Consulting Group: The Future of HR in Europe, Boston 2007.

Körber, Claudia: Hintergründe, Instrumente und Strategien eines modernen Talent-Management-Konzeptes im Überblick, Norderstedt 2007.

Trost, Armin: Talent Management, Management Circle 2007.

Dieter Kroll, geboren am 17. April 1956 in Duisburg, absolvierte seine Ausbildung zum Hüttenfacharbeiter bei der August-Thyssen-Hütte. Nach vielfältigen Aufgaben als Jugend- und Auszubildendenvertreter, Betriebsrat, Vorsitzender des Gesamt- und Konzernbetriebsrates sowie verschiedenen Aufsichtsratsmandaten bei ThyssenKrupp Stahl und der ThyssenKrupp AG war Dieter Kroll vom 1. Mai 2001 bis zum 31. Dezember 2004 Vorstandsmitglied der Rasselstein GmbH. In seiner Funktion bei der Rasselstein GmbH war er federführend am Erfolg des Modellprojekts »Der gesunderhaltende Betrieb« beteiligt. Im Rahmen des Projektes wurde ein umfassendes Präventions-System des Arbeits- und Gesundheitsschutzes eingeführt, das die Gesundheits- und Leistungsfähigkeit der Mitarbeiter nachhaltig verbessert. Am 1. Januar 2003 übernahm er die Funktion des Vorstandsmitgliedes und Arbeitsdirektors bei der ThyssenKrupp Stahl AG. Im Vorstand der neuen ThyssenKrupp Steel AG ist er als Arbeitsdirektor zuständig für das Ressort Personal/Soziales.

Dieter Kroll hat die Herausforderungen des demografischen Wandels frühzeitig erkannt und gehandelt. Mit »ProZukunft« hat sein Ressort gemeinsam mit der Arbeitnehmerseite ein umfassendes Maßnahmenbündel geschaffen, das die ThyssenKrupp Steel AG mit verschiedenen Bausteinen wie Talent Management, flexible Arbeitszeitgestaltung und Wissenstransfer fit für die Zukunft macht. Ein weiteres wichtiges strategisches Projekt ist die Arbeitsschutzinitiative »Null Unfälle, keine Brände«. Durch sein Engagement in den letzten Jahren wurden bei der Unfallhäufigkeit signifikante Verbesserungen erreicht.

Kontakt: dieter.kroll@thyssenkrupp.com

Dr. Rudolf Carl Meiler ist seit 2003 Leiter des Bereichs Personalstrategie und Personalentwicklung der ThyssenKrupp Steel AG. In dieser Funktion ist er verantwortlich für die Koordination und Umsetzung des Programms ProZukunft der Thyssen Krupp Steel AG und des Segmentes Steel der ThyssenKrupp AG, für die gesamte Aus- und Weiterbildung sowie für die Personalentwicklung und das Recruiting des Unternehmens. Dr. Meiler vertritt die Interessen der Stahlindustrie in den Gremien des BDI, der BDA und der IHK. Auf europäischer Ebene leitet er als Chairman die Arbeitsgruppe »People« der European Steel Technology Platform (ESTEP) der Europäischen Kommission. Außerdem ist er für die internationale Personalentwicklung im Rahmen der globalen Projekte der ThyssenKrupp Steel AG in Brasilien und Amerika zuständig. Vor dieser Aufgabe war Dr. Meiler in identischer Funktion für die ThyssenKrupp Rasselstein GmbH in Andernach tätig. Dr. Meiler studierte Betriebswirtschaftslehre und Psychologie an den Universitäten Erlangen-Nürnberg und Cambridge (Großbritannien). Er promovierte in Wirtschaftswissenschaften an der Wirtschafts- und Sozialwissenschaftlichen Fakultät der Universität Erlangen-Nürnberg. In seiner Dissertation evaluierte er ein Organisationsentwicklungsprojekt mit der Robert Bosch GmbH Stuttgart.

Kontakt: rudolf-carl.meiler@thyssenkrupp.com

Talent Relationship Management – Praxisbeispiel Porsche

Martin Meyer

1 Talent Management und Talent Relationship Management

Der Begriff des Talent Management verzeichnet seit ein paar Jahren einen regelrechten Boom und wird für vielfältige Personalmarketing- und Personalentwicklungsaktivitäten verwendet. Die Gemeinsamkeit besteht darin, dass alle Ziele, Methoden und Instrumente des Talent Management stark auf bestimmte Zielgruppen fokussiert sind, die für ein Unternehmen ein besonders wichtiges Potenzial bilden. Talent Relationship Management (TRM) bezeichnet die frühzeitige und langfristige Bindung vom Interessenten bis zum Mitarbeiter und bildet damit einen wichtigen Bestandteil des Talent Management. Aus Sicht des Personalmarketings bedeutet TRM vor allem ein Umdenken von der klassischen Rekrutierung hin zur Pflege von Kunden(Bewerber-)beziehungen mit dem Ziel der Gewinnung und Bindung von Mitarbeitern mit den gesuchten Kompetenzen und Potenzialen. Im Folgenden soll die Entwicklung von TRM als wichtiger Bestandteil des Talent Management bei Porsche skizziert werden.

2 Rahmenbedingungen für das Personalmarketing bei Porsche

Porsche kann sich seit vielen Jahren als kleiner selbständiger Sportwagenhersteller im globalen Wettbewerb behaupten und zeichnete sich in den vergangenen Jahren immer wieder durch eine Profitabilität aus, die weit über der anderer Automobilhersteller liegt. Auch Absatz, Umsatz und Ertrag konnten in den letzten Jahren stetig gesteigert werden. Maßgeblich hierfür waren u. a. der Aufbau einer neuen bzw. ergänzenden Produktpalette, die Neuausrichtung aller Bereiche und die Optimierung der zentralen Prozesse. Mit dem dynamischen Wachstum des Unternehmens hat Porsche auch seine internationale Präsenz weiter ausgebaut. Porsche beschäftigt zurzeit weltweit über 12.000 Mitarbeiter. Die Porsche AG mit etwa 8.500 Mitarbeitern und dem Kerngeschäft Entwicklung, Produktion und Vertrieb von Sportwagen samt der Zentralfunktionen wie z. B. Finanzen, Personalmanagement und IT steht für die nachfolgenden Betrachtungen im Vordergrund, auch wenn der Personalbedarf der Tochtergesellschaften, v. a. in den Geschäftsfeldern Engineering Services, Consulting und IT-Beratung, inzwischen ebenfalls eine bedeutende Rolle spielt.

Die hervorragende Unternehmensentwicklung der letzten Jahre hat dazu geführt, dass die Zahl der Mitarbeiter stetig angewachsen ist, wenn auch in einem überschaubaren Rahmen und ohne größere Sprünge. Darüber hinaus ist Porsche an den verschiedenen Standorten in und um Stuttgart seit über 60 Jahren kontinuierlich gewachsen, was zu einer relativ ausgewogenen Altersstruktur geführt hat. Die entsprechenden altersbedingten Abgänge – die sonstige Fluktuation liegt deutlich unter dem Branchendurchschnitt – sowie das kontinuierliche Wachstum führen zu einem relativ stabilen Bedarf in der Personalbeschaffung und damit auch zu beständigen Rahmenbedingungen für das Personalmarketing.

Als Hightech-Unternehmen der Automobilbranche liegt der Schwerpunkt der Personalbeschaffung von Porsche naturgemäß im technischen Bereich. Es lassen sich daher für die Porsche AG drei Hauptzielgruppen identifizieren, die zahlenmäßig für den größten Teil der Einstellungen in den vergangenen Jahren maßgeblich waren: Hochschulabsolventen aus den ingenieur- und wirtschaftswissenschaftlichen Studiengängen, berufserfahrene Ingenieure sowie Schüler zur Besetzung der Ausbildungsplätze in den technischen und kaufmännischen dualen Ausbildungsgängen. Die nachfolgenden Ausführungen zum Talent Relationship Management bei Porsche beziehen sich in erster Linie auf die zwei erstgenannten Zielgruppen. Dabei wurde der bestehende Prozess mit Fokus auf die Gewinnung von Hochschulabsolventen entwickelt. Die Übertragung der bestehenden Systeme und Prozesse auf die sogenannten Professionals wird sukzessive vorangetrieben. Die eigenen Analysen und Prognosen zeigen v. a. in diesen beiden Bereichen potenzielle Engpässe für die Zukunft auf, denen rechtzeitig begegnet werden soll.

Für die strategische Ausrichtung des Personalmarketings sind aus Unternehmenssicht vor allem zwei Entwicklungen der externen Umwelt entscheidend: die demografische Entwicklung in den wichtigsten Arbeitsmärkten und die Verfügbarkeit von Nachwuchskräften in den technischen Studiengängen.

Die **demografische Entwicklung** in Deutschland lässt für die kommenden Jahrzehnte eine schrumpfende Bevölkerung und damit auch eine sinkende Zahl von Erwerbstätigen erwarten. Bis zum Jahr 2050 wird die Bevölkerung in Deutschland und damit auch die Anzahl der Erwerbstätigen deutlich abnehmen. Prognosen gehen von einem Rückgang von heute rund 42 Mio. Erwerbstätigen auf etwa 30 Mio. aus. Die Gründe liegen v. a. in der niedrigen Geburtenrate, die nicht durch Zuwanderungen ausgeglichen werden kann. Einerseits könnte dadurch die Rekrutierung hochqualifizierter Mitarbeiter mit ingenieurwissenschaftlichem Hintergrund und spezieller Berufserfahrung aus der Automobilbranche deutlich schwieriger werden. Andererseits ist leicht vorhersehbar, dass die Anzahl der Schüler und Studenten mittelfristig sinken wird.

Hinzu kommt, dass vor dem Hintergrund einer **niedrigen Studienanfängerquote**, einer sehr hohen Abbrecherquote an den Hochschulen und sinkender

Studentenzahlen in den technischen Kerndisziplinen die Anzahl der Hochschulabsolventen in den technischen Kerndisziplinen längerfristig ernste Engpässe erwarten lässt. Dabei liegt Deutschland schon heute mit einer Akademikerquote von 20 % unter dem europäischen Niveau von 30 %. Zusammengefasst zeigt die aktuelle und die zukünftige Entwicklung in Deutschland, aber auch in Europa auf, dass auf Dauer weniger Absolventen aufgrund abnehmender Studienwilligkeit und rückgängiger Bevölkerungszahlen die Hochschulen verlassen werden. Die Absolventenzahlen Anfang der 1990er Jahre werden auf absehbare Zeit nicht wieder erreicht werden können.

Vor dem Hintergrund dieser exemplarisch aufgezeigten Einflussgrößen zeigt sich, dass es mehr denn je notwendig ist, einen **strategisch ausgerichteten Personalmarketingansatz** zu wählen, um auch zukünftig den geeigneten Nachwuchs bzw. die geeigneten Mitarbeiter zu finden und zu binden. Die Aktivitäten des Personalmarketings bei Porsche sind in eine komplette Prozesskette integriert, die alle wichtigen Schritte der Gewinnung, Qualifizierung und Bindung von Potenzialträgern abbildet und in diesem Rahmen eine durchgängige Förderung im Rahmen der entsprechenden Förder- und Entwicklungsprogramme gewährleistet. Für die bereits genannte Zielgruppe der Hochschulabsolventen beginnt dieser Prozess schon mit der ersten Kontaktaufnahme während der Schulzeit oder aber spätestens mit dem erfolgreich absolvierten Praktikum bei Porsche.

Das Personalmarketing verfolgt daher unter anderem folgende Zielsetzungen:

- Positionierung von Porsche als Top-Arbeitgeber,
- Sicherung der Besetzungsqualität, Geschwindigkeit und Flexibilität in der Gewinnung von akademischem Nachwuchs und
- effiziente Anwerbung aller weiteren Zielgruppen bei Nutzung des gesamten Spektrums der Online- und Printmedien.

Das Aufgabenspektrum des Personalmarketings erstreckt sich von der Anwerbung und dem Bewerbungsmanagement aller Zielgruppen bis zum Hochschulmarketing inklusive der Rekrutierung und Betreuung aller Praktikanten und Diplomanden im Hause. Die interne Kommunikation personalpolitisch relevanter Themen ergänzt das Aufgabenspektrum. Im Mittelpunkt steht jedoch die nachhaltige Sicherstellung des Bedarfs an qualifizierten Nachwuchskräften, v. a. aus den technischen Studiengängen. Dies erfolgt im akademischen Bereich durch gezieltes Hochschulmarketing und das Praktikantenprogramm.

3 Talent Relationship Management: From Hunting to Farming

Noch immer ist die Ausrichtung in vielen Unternehmen von einer Transaktionsorientierung geprägt: Eine Vakanz wird ausgeschrieben und beworben, die eingehenden Bewerbungen werden geprüft und priorisiert. Im Anschluss werden einige Bewerber durch Interviews oder Testverfahren ausgewählt. Nach der Besetzung der Position gilt der Prozess als abgeschlossen.

In letzter Zeit ist jedoch Bewegung in die Ausrichtung des Personalmarketings gekommen: Die Rede ist vom Talent Relationship Management. Die Übertragung des Prinzips der durchgängigen Gestaltung sämtlicher Kundenbeziehungen (CRM) auf das Personalmanagement und den Bewerber erfordert ein Umdenken und eine Neuausrichtung der bisher bekannten Maßnahmen unter einem Dach: »From Hunting to Farming«.[1] Potenziale sollen frühzeitig erkannt und gebunden werden. Dazu werden bereits weit vor dem potenziellen Einstieg ins Unternehmen die Bewerberprofile erfasst und kontinuierlich weitergepflegt. Die verschiedensten Zielgruppen werden individuell mit geeigneten Kommunikationsmaßnahmen versorgt, zu Veranstaltungen eingeladen oder regelmäßig aufgefordert, ihre Daten zu aktualisieren. Dabei dominiert das Internet nun als führendes Medium: Der Interessent, Kandidat eines speziellen Förderprogramms oder auch der Bewerber loggt sich im Internet ein und hält sein Profil aktuell. Animiert wird er dazu immer wieder durch eine individuell gesteuerte Kommunikation.

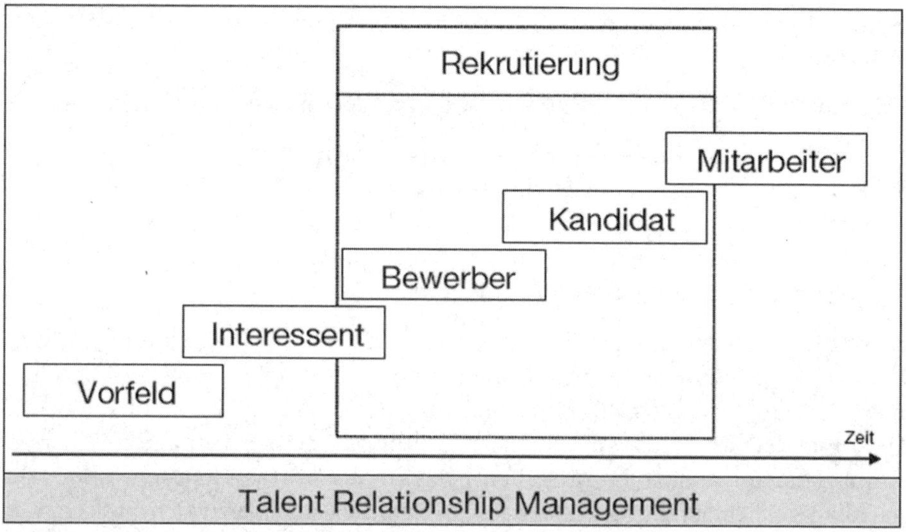

Abb. 1: Talent Relationship Management
Quelle: in Anlehnung an Jäger/Jäger (2004), S. 12

Damit erfolgt nicht nur die Erweiterung des Zielgruppenfokus vom Bewerber hin zum Interessenten, es werden auch flexiblere Anpassungsmöglichkeiten an die Schwankungen des Arbeitsmarktes geschaffen.[2] Denn im Gegensatz zur bis-

1 Vgl. Anderson, K. (2005), S. 39
2 Vgl. Jäger, W., Jäger, M. (2004), S. 12

herigen Philosophie ist Talent Relationship Management ein ständiger Prozess des Sammelns und Pflegens von interessanten und zukünftig benötigten Profilen von potenziellen Mitarbeitern. Die Aufnahme und Pflege der Datensätze orientiert sich an dem mittelfristigen Bedarf und nicht unbedingt ausschließlich an den aktuellen Stellenangeboten. Damit wird eine effektive Ausschöpfung des Arbeitsmarktes auch bei den latent Wechselwilligen erreicht und Bewerberinformationen werden optimal genutzt.

Potenzielle Kandidaten können so zielgenau angesprochen und bei Bedarf schnell kontaktiert werden. Die Pools können in ihrer Zusammensetzung dem zukünftigen Bedarf flexibel angepasst werden. Insgesamt kann so ein Qualitätsvorsprung entstehen und gleichzeitig können Kosten gesenkt werden, da Werbemaßnahmen mit großem Streuverlust vermieden werden. Mit der meist guten Infrastruktur der Bewerbungssysteme werden die Daten dann in entsprechender Form für die Personaler im Unternehmen sichtbar gemacht. Die Aufgabe des Personalmarketings liegt in dem bedarfsgerechten Füllen der Pools mit interessanten Kandidaten und der Steuerung der entsprechenden Event- und Kommunikationsaktivitäten. In den dezentralen Personaleinheiten kann bei Bedarf nach Profilen gesucht werden.

Der Ansatz des Talent oder auch Candidate Relationship Management zeigt auf, wie sich das Personalmarketing auf die Anforderungen einstellen kann, die sich aus dem skizzierten Wandel der Rahmenbedingungen ergeben:

- Die Grundlage bildet eine klare strategische Zielsetzung mit einer eindeutigen Zielgruppendefinition und einem groben Mengengerüst für die nächsten Jahre.
- Den Rahmen gibt das Kompetenzmanagement vor, das die geforderten Kompetenzen und Qualifikationen aufzeigt und messbar macht.
- Talent Relationship Management und die begleitenden Personalmarketingaktivitäten sind Teil eines durchgängigen Prozesses der Nachwuchssicherung vom ersten Kontakt mit Interessenten über die eigentliche Rekrutierung bis hin zur internen Weiterentwicklung zur Fach- oder Führungskraft.

Mit Talent Relationship Management kann es gelingen, noch zielgruppenspezifischer und individueller den zukünftigen Bedarf zu gewinnen, frühzeitig an das Unternehmen zu binden und dann bei geeigneter Vakanz in das Unternehmen zu holen. Endlose Papierschlachten, teure Inserate oder hohe Search-Kosten und eine Flut von Absagen können zum Teil vermieden werden. Ressourcen können auf die Gewinnung der »Right Potentials« konzentriert werden.

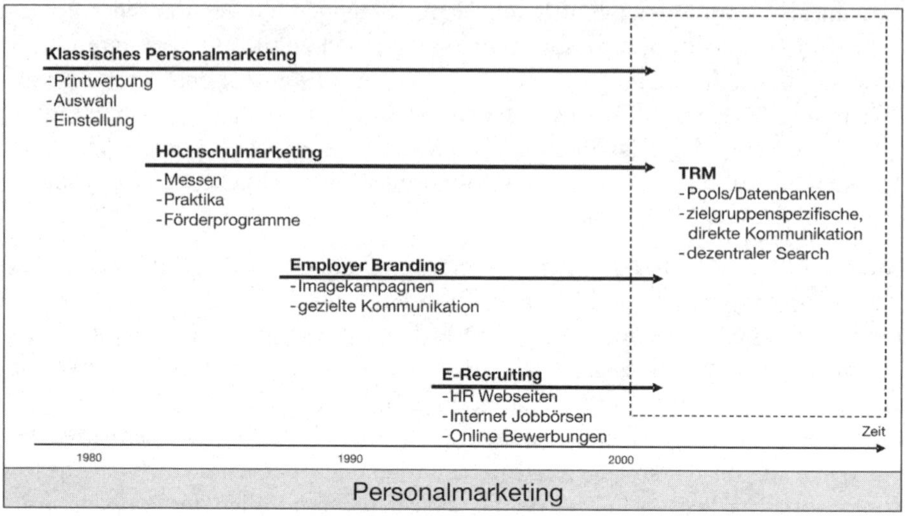

Abb. 2: Trends im Personalmarketing
Quelle: Meyer (2005), S. 231

4 Nachhaltige Gewinnung und Bindung von Hochschulabsolventen – der Einstieg in das Talent Relationship Management

Geprägt von den Erfahrungen des Ingenieur- und Nachwuchsmangels am Ende der 1990er Jahre betreibt Porsche bereits seit vielen Jahren ein konsequentes Hochschulmarketing und Praktikantenförderprogramm zur Sicherung der Qualität bei der Besetzung von Absolventenstellen. Um bereits frühzeitig mit hochkarätigen Nachwuchskräften ins Gespräch zu kommen und diese für Porsche zu begeistern, konzentrieren sich die Aktivitäten im Hochschulmarketing auf ausgewählte Hochschulen und Kooperationen.

Zahlreiche Aktionen an Schulen und die Mitarbeit bei verschiedenen Initiativen zur Förderung von ingenieur- und naturwissenschaftlichen Berufen zielen darauf ab, bereits Schüler auf Porsche als Arbeitgeber aufmerksam zu machen. Die Ausschreibung des Ferry-Porsche-Preises für die besten Abiturienten in Baden-Württemberg in den Fächern Mathematik und Physik/Technik bildet den Höhepunkt dieser Aktivitäten und positioniert Porsche bereits bei interessierten Abiturienten als attraktives Unternehmen, zum Beispiel für ein Praktikum während des Studiums. Darüber hinaus wird das gesamte Spektrum von Hochschulmarketingaktivitäten und Medien genutzt, um den Einstieg bei Porsche bereits im Studium zu kommunizieren.

Abb. 3: Nachwuchsbeschaffung bei Porsche

Das Praktikum bildet damit häufig auch die Grundlage für einen späteren erfolgreichen Start in das Berufsleben bei Porsche. Um die Potenziale bereits während des Praktikums zu erkennen und nutzbar zu machen, erfolgt die Beurteilung bei den Praktikanten anhand des Porsche Kompetenzmodells, das durchgängig für alle Zielgruppen eingesetzt wird. Besonders gut beurteilte und für einen späteren Einstieg geeignet erscheinende Kandidaten werden im Rahmen des Praktikantenprogramms während ihrer verbleibenden Studienzeit durch regelmäßige Informationen, Einladungen zu Events und Seminaren aktiv betreut. Bei der Vergabe von internationalen Praktika, Werkstudententätigkeiten oder Diplomarbeiten werden diese vorrangig berücksichtigt. Hierdurch gelingt es, junge Potenzialträger bereits frühzeitig zu binden und gezielt auf einen möglichen Berufseinstieg vorzubereiten.

Inzwischen werden rund 80 Prozent der vorhandenen Einstiegsfunktionen durch Teilnehmer des Porsche Praktikantenprogramms besetzt. Möglich wurde dies erst durch die systematische Erfassung von Daten und die gezielte Suche in den Datenbeständen. Dazu wurden die ersten Pools mit besonders verheißungsvollen Nachwuchskandidaten angelegt und gepflegt, um die Daten dieser Potenziale für Kommunikationsmaßnahmen zu nutzen oder auch Jobangebote zu versenden. Die Einrichtung dieser Pools mit potenziellen Einstiegskandidaten bildete vor Jahren damit den eigentlichen Einstieg in das TRM, auch wenn die Suche zunächst noch wenig komfortabel und relativ aufwendig war.

Seit einigen Jahren bilden die Pools den Kern der Rekrutierung potenzieller Einsteiger. Selbst wenn für einen Einstieg direkt nach dem Studium kein Angebot gemacht werden konnte, wird der Kontakt zu vielversprechenden Kandidaten weiter aufrechterhalten. Dazu wurde ein weiterer Pool für die sogenannten

Young Professionals eingerichtet, der die bestehenden Pools mit angehenden Absolventen sinnvoll ergänzt. Unterschiedlich gestaffelte Kommunikations- und Informationsaktivitäten sind an die verschiedenen Zielgruppen angepasst worden. Bei Vakanzen ist ein Zugriff durch eine entsprechende Selektion gewährleistet, somit werden Rekrutierungsvorgänge für akademische Ein- und Umsteiger relativ schnell, qualitativ hochwertig und effizient besetzt.

Mit dem Poolmanagement war damit der Einstieg in eine neue Philosophie geschafft: Talent Relationship Management wurde für die erste Zielgruppe erfolgreich eingesetzt. Der logische Schritt der Erweiterung auf andere Zielgruppen war jedoch mit dem bisherigen zentralen und manuellen Prozess und der dazugehörigen IT-Lösung nicht mehr zu bewältigen. Daher wurden sämtliche Anforderungen für die Umsetzung in eine umfassende Lösung zusammengefasst, um die Idee Talent Relationship Management flexibel auf weitere Zielgruppen erweitern zu können.

5 Das Porsche Talent Network

Die bisherigen Erfahrungen aus etwa sechs Jahren Poolmanagement haben die Vorteile von TRM deutlich aufgezeigt. Es konnten Kontakte zu interessanten Bewerbern zur gezielten Ansprache aufgebaut werden. Bei entsprechenden Vakanzen wurden diese bereits bestehenden Quellen anstatt zeit- und kostenraubender Ausschreibungskampagnen genutzt. Schwankende Beschaffungssituationen bei Absolventen konnten ausgeglichen werden.

Bei der Weiterentwicklung der Prozesse und der Skizzierung der zukünftigen IT-Systeme standen folgende Zielsetzungen im Vordergrund:

- Zentrale Verwaltung und Aktualisierung der Daten sollen für eine effiziente und nachhaltige Kommunikation mit interessanten Kandidaten sorgen.
- Zusätzliche Pools für verschiedene Zielgruppen sollen problemlos und schnell eingerichtet werden können.
- Die kurzfristige Erweiterung des Nutzerkreises im gesamten Konzern nach Bedarf sollte ermöglicht werden.
- Die Kandidaten müssen ihre Bewerbungsdaten selbst und komfortabel aktualisieren können.
- Im Falle einer Vakanz soll der schnelle Zugriff auf geeignete Profile durch die Personalreferenten eine effektive Suche ermöglichen.

Diese Zielsetzungen waren in erster Linie auf die Erhöhung von Besetzungsqualität und -geschwindigkeit gerichtet. Darüber hinaus sollten aber auch Kosteneinsparpotenziale gegenüber dem bisherigen Prozess realisiert werden. Zusätzlich gab es weitere Erfolgsfaktoren, die für die Einführung des neuen, umfassenden TRM-Systems im Unternehmen als extrem wichtig angesehen und daher besonders berücksichtigt wurden:

- Unterstützung durch das Top-Management im Personalbereich, das klar hinter der neuen Strategie und dem mit ihr verbundenen Philosophiewandel in der Rekrutierung steht.
- Verfügbarkeit und Aktualität der eingestellten Kandidaten, die den Suchprofilen in definierten Engpassbereichen im Unternehmen entsprechen.
- Ausreichende und umfassende Schulung aller beteiligten HR-Mitarbeiter.
- Integration in bestehende Bewerbermanagementsysteme, um eine effiziente Arbeit mit dem Talent Relationship Management zu gewährleisten.

Auf Basis der bisherigen Erfahrungen, der daraus resultierenden Zielsetzungen und der identifizierten Erfolgsfaktoren wurden ein angepasster **TRM-Prozess** und ein neues **IT-System** skizziert: das **Porsche Talent Network**.

Für den **TRM-Prozess** wurden zunächst die erforderlichen Prozessschritte definiert und in den vorhandenen Beschaffungsprozess integriert:

- Definition der **Zielgruppen und Pools** und Vorgehensweise zur Anpassung der Pools: Die Einrichtung, Auflösung oder Veränderung von Pools wird von einem bestehenden Entscheiderkreis im Personalmanagement festgelegt.
- Festlegung des **Verfahrens und der Kriterien zur Aufnahme** in die diversen Pools und damit in das Porsche Talent Network: Die Erweiterung der Pools über den Absolventenbereich hinaus erforderte auch neue Wege für die Aufnahme von Kandidaten. Es sollen nur bereits aus Interviews persönlich bekannte Kandidaten aufgenommen werden.
- Zuordnung von **Verantwortlichkeiten und Aufgaben:** Es wurden Poolverantwortliche und Administratoren festgelegt sowie Kommunikationsmöglichkeiten, Standardroutinen und Reportings definiert.

Die Entwicklung der **IT-Lösung** erfolgte auf SAP-Basis, das für den Personalbereich bei Porsche führende System. Es erfolgte eine Integration in das Bewerbungsmanagement mit den bereits bestehenden Erweiterungen wie z. B. der Online-Bewerbung. Damit war die Nutzung durch die Mitarbeiter des Personalbereichs im bereits bestehenden EDV-Umfeld leicht und unkompliziert möglich und einer Erweiterung des Nutzerkreises vom Personalmarketing auf alle Personalbereiche stand nichts mehr im Weg.

Die Administration der Pools und das Controlling bilden weiterhin eine zentrale Aufgabe, die Pflege der Pools, die Kommunikation mit den Kandidaten und natürlich die Suche in den Pools können zukünftig dezentral erfolgen.

Für die **Kandidaten** des Porsche Talent Network wurde ein Portal geschaffen, dass zahlreiche Informationen für die Teilnehmer bereithält. Ein Großteil der Inhalte ist nur hier abrufbar und zum Teil speziell auf die verschiedenen Zielgruppen im Porsche Talent Network zugeschnitten, wie z. B. spezielle Stellenangebote oder Ankündigungen von Veranstaltungen.

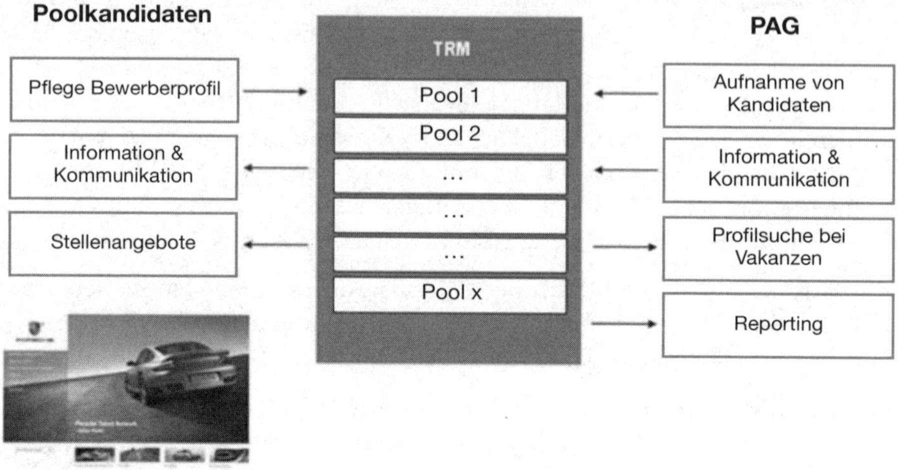

Abb. 4: Aufbau Porsche Talent Network

Wichtigster Punkt ist die Möglichkeit für alle Kandidaten, ihre eigenen Bewerbungsdaten zu aktualisieren, wobei die Eingabemasken denen der Online-Bewerbung entsprechen. Über eine automatische Erinnerung werden alle Mitglieder des Porsche Talent Network regelmäßig aufgefordert, diese zu überprüfen. Damit sollen nur wirkliche Interessenten im Network gehalten werden. Bei nicht erfolgter Aktualisierung oder auf Wunsch des Kandidaten werden alle Daten aus dem Talent Network gelöscht. Selbstverständlich sind auch die Anforderungen an den Datenschutz berücksichtigt worden.

In einem weiteren Menüpunkt werden Events angekündigt bzw. Eindrücke von bereits stattgefundenen Events wiedergegeben. Darüber hinaus werden Stellen hier speziell für die Mitglieder des Porsche Talent Network selektiert oder sogar exklusiv ausgeschrieben – wie z. B. Dissertationen oder Auslandspraktika. Außerdem wird jedem Kandidaten sein persönlicher Ansprechpartner samt der Kontaktdaten vorgestellt. Auch hier bietet das Talent Network einen exklusiven Service für seine Kandidaten an. Weitere Funktionen wie FAQs und ein Download-Bereich runden das Angebot ab.

Den größten Vorteil für die **Mitarbeiter des Personalbereichs** bildet die detaillierte Talentsuche: Erstmals ist eine differenzierte Suche nach den geeigneten Kandidaten jederzeit und problemlos möglich. Die zugehörigen Kurzprofile können als Liste oder einzeln gedruckt oder versendet werden. Hiermit wurde eine wesentliche Anforderung für einen schnellen und unkomplizierten Zugriff bei entsprechenden Vakanzen erfüllt.

Abb. 5: Startseite Porsche Talent Network

Eine weitere wichtige Funktion ist die Möglichkeit zur persönlichen und zielgruppenorientierten Kommunikation, wie z. B. die Versendung von Mails an ausgewählte Gruppen von Kandidaten, die Einladung zu Events oder aber auch die Möglichkeit, Informationen für einzelne Zielgruppen im Portal zur Verfügung zu stellen. Daneben lassen sich einige Features auch automatisiert einstellen, wie z. B. Geburtstagsmails und ähnliche Funktionen.

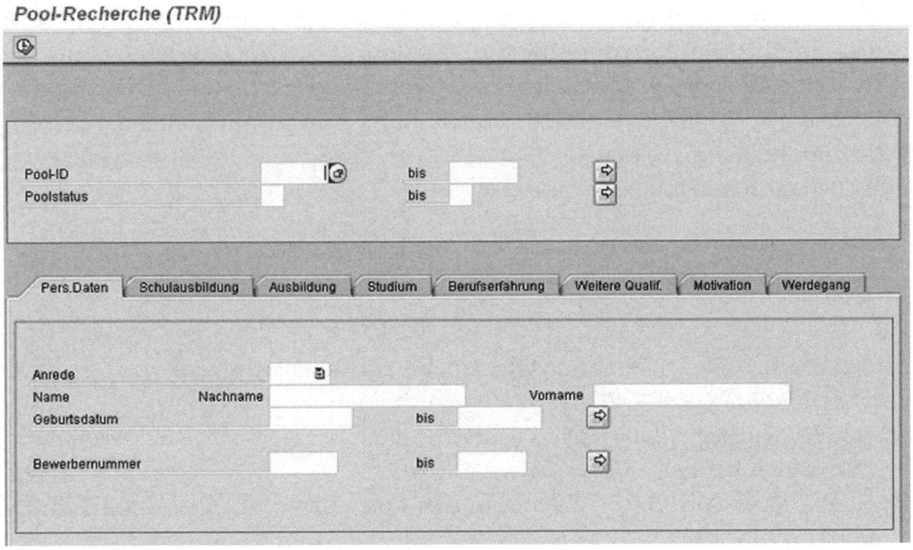

Abb. 6: Talentsuche im Porsche Talent Network

Inzwischen wurde der digitale Beschaffungsprozess rund um TRM weiter ergänzt und ausgebaut, weitere Stufen sind bereits in Planung. Ziel ist es, einen Bewerbungsprozess mit bestmöglicher EDV-Unterstützung zu modellieren, der die Freiräume für eine Konzentration auf die wesentlichen Prozessschritte durch die Mitarbeiter des Personalbereichs für eine bestmögliche Qualität in der Auswahl gewährleistet. Damit soll auch TRM zu einer weiteren Optimierung bei der Besetzung von Vakanzen beitragen – die sorgfältige Vorauswahl und Auswahl in persönlichen Gesprächen darf und kann die EDV jedoch keinesfalls ersetzen.

6 Ausblick

Wenn die Entwicklung zu Engpässen in einzelnen Segmenten anhält, ist es umso wichtiger, die gesamte Ausrichtung der Prozesse zur Beschaffung und Sicherung des entsprechenden Nachwuchses zu gestalten. Durchgängige Prozessketten von der ersten Kontaktaufnahme über die Rekrutierung und Weiterentwicklung in Richtung Management bis hin zu einer systematischen Nachfolgeplanung werden zum entscheidenden Erfolgsfaktor für die Zukunft – die Gestaltung der entsprechenden Rahmenbedingungen vorausgesetzt. Ein zukunftsorientiertes Personalmarketing ist die Grundlage für ein strategisch auf die Sicherung der Managementqualität ausgerichtetes Talent Management. Talent Relationship Management bildet heute sicherlich einen zentralen Baustein zur erfolgreichen, nachhaltigen Rekrutierung.

Auch Porsche wird sein Instrumentarium in diese Richtung kontinuierlich weiter ausbauen, um auch zukünftig seinen Personalbedarf decken zu können. Dabei stehen die Prozesse zur zielgruppengenauen, frühen Bindung und bedarfsorientierten Rekrutierung im Vordergrund. Die EDV-Unterstützung wird kontinuierlich optimiert, um diese Prozesse so qualitativ hochwertig und effizient wie möglich betreiben zu können. Eines wird jedoch immer die persönliche Entscheidung des Managements bleiben: die eigentliche Auswahlentscheidung bei der Besetzung von Vakanzen.

Literatur

Anderson, K. (2005), Von der Talentsuche zur Talentschmiede. In: Personal, Heft 04/2005, S. 38 – 40.

Frosch, M., Trost, A. (2008), Die Trends im Talent Management. In: Personalmagazin, Heft 01/2008, S. 50 – 51.

Jäger, W., Jäger, M. (2004), Talente finden und binden. In: Personal, Heft 02/2004, S. 11 – 15.

Meyer, M. (2005), Personalmanagement im Wandel: Strategien für die Nachwuchsbeschaffung. In: Ackermann, K.-F., Fleig, G. (Hrsg.): Wandel der Arbeit – Arbeit im Wandel, Bonn 2005, S. 223 – 237.

Rust, H., Meyer, M. (2007), Strategieentwicklung im Personalmanagement. In: Schwuchow, K., Gutmann, J. (Hrsg.): Jahrbuch Personalentwicklung, München/Unterschleißheim 2007, S. 25 – 31.

Statistisches Bundesamt (2003), Bevölkerung Deutschlands bis 2050, 10. koordinierte Bevölkerungsvorausberechnung, Wiesbaden 2003.

Dr. Martin Meyer, geboren am 13.02.1966, ist seit 1999 Leiter des Personalmarketings bei der Dr. Ing. h.c. F. Porsche AG und für das Bewerbungsmanagement, das Hochschulmarketing, die Personalwerbung sowie die personalpolitische Kommunikation verantwortlich. Nach seinem Studium der technisch orientierten Betriebwirtschaftslehre mit den Schwerpunkten Personalmanagement, Marketing und Fahrzeugtechnik an der TU Stuttgart arbeitete er als wissenschaftlicher Mitarbeiter am Betriebswirtschaftlichen Institut der Universität Stuttgart. Nach Abschluss der Promotion stieg er 1998 als Referent Grundsatzfragen im Personalbereich bei Porsche ein.

Kontakt: martin.meyer@porsche.de

Talent Management in Engpassbereichen

Michael Christ und Andreas Gärtner

Human Resource Development (HRD) in internationalen Unternehmen

HRD befindet sich heute in internationalen Großkonzernen auf einem professionellen Niveau: Kompetenzmodelle, Karrieremodelle für unterschiedliche, unternehmensspezifische Rahmenbedingungen und Anforderungen sowie systematisches Succession Planning sind häufig als Routineprozesse implementiert. Der Wertbeitrag solcher strukturierten und systematischen Verfahren zur Entwicklung des Managements für den Unternehmenserfolg wurde vielfach dokumentiert, u. a. von Hewitt Associates (2003): Systematische HRD-Prozesse werden bei erfolgreichen Unternehmen deutlich häufiger eingesetzt als bei weniger erfolgreichen Unternehmen.

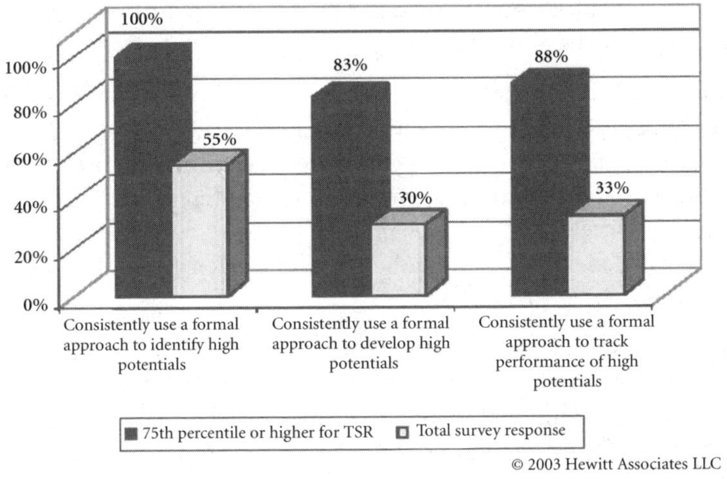

Abb. 1: Einsatz systematischer HRD-Prozesse

Auch eine jüngere Studie der Boston Consulting Group und der European Association for Personnel Management (2007) belegt die anhaltende Relevanz des Themas und gibt deutliche Hinweise auf die »upcoming tasks«. In der Studie wurden mehr als 1.300 Manager aus 27 europäischen Staaten zu den Herausforderungen für HR in den kommenden Jahren befragt (R. Strack, H. Böhm: The Future of HR in Europe, 2007, The Boston Consulting Group / European Association für Personal Management). Die Top-Themen in Deutschland werden die Bewältigung der Veränderungen aufgrund der demografischen Verschiebungen und das Talent Management sein. Diese beiden Themen stehen – mit dem dritten Aspekt »Change Management« – für Gesamteuropa ganz oben auf der Agenda. Das Spannende an diesem Ansatz ist der Versuch, Trends zu identifizieren, die über die reine Extrapolation des Status quo hinaus Orientierung für die übernächsten zu bewältigenden Herausforderungen geben können.

Die Herausforderung: Talent Management im Aviation-Umfeld

HRD muss dem »Geschäft« Antworten geben. Die Business-Fragen sind klar und verständlich gestellt:

- Wo genau haben wir Talentengpässe – weltweit?
- Sollen wir mit Hochschule X oder mit Y im Hochschulmarketing kooperieren, um unsere Talentengpässe anzugehen?
- Was passiert, wenn XYZ plötzlich die Firma verlässt?
- Wie hoch ist das Risiko in unseren Succession Plans?
- Wer geht in das Integrationsprojekt mit der XY-Airline?

Die Antworten darauf müssen ebenso exakt und plausibel sein – was im Aviation-Umfeld nicht einfach ist.

Das Airline-Geschäft ist volatil. Es ist in besonderer Weise geprägt von dynamischen Umfeldbedingungen (man denke an Ölpreisentwicklung und Branchen-Konsolidierung, um nur zwei zentrale Faktoren zu nennen). Hinzu kommt, dass in der Luftfahrt viele spezifische Kompetenzen benötigt werden, die am (Hochschul-)Markt nicht einfach zu beschaffen sind. Der Fokus der internen Talententwicklung ist daher zu einem hohen Maße in den Spezifika der Industrie selbst begründet.

Rein theoretisch sind die Aktivitätsfelder für HRD in solch dynamischen Umgebungen nahezu unendlich vielfältig. In der Unternehmensrealität zwingen jedoch Volatilität, Komplexität und Planungsunsicherheit zur Fokussierung. HRD made by Lufthansa folgt der Maxime, dass Talent Management-Prozesse reagibel, flexibel und einfach sein müssen, damit sie in einem solchen Umfeld angemessen und wirtschaftlich vertretbar umgesetzt werden können. Zudem folgen sie dem Maximalprinzip. Sie müssen fokussiert werden, um mit den gegebenen Ressourcen den maximalen Wertbeitrag leisten zu können. Die Konsequenz: Talent Management in Engpassbereichen wird hier zum Schlüsselfaktor.

Aus diesem Grund wurden bei Lufthansa systematische Prozesse der Performance- und Potenzialeinschätzung etabliert, die ein konzernweites Monitoring der aktuellen Nachfolgesituation ermöglichen. Um gezielt und in der erforderlichen Geschwindigkeit Aktionen zur Optimierung der Humanressourcen starten zu können, muss die Analyse einerseits Handlungsschwerpunkte aufweisen und andererseits über die Momentaufnahme hinausgehen. Sie muss dynamisch angelegt sein und zukünftige Entwicklungen sichtbar machen. Dazu müssen auch externe Faktoren Berücksichtigung finden, um kompensierende oder – noch wichtiger – verschärfende Parameter zu identifizieren und zu quantifizieren.

Das Talent Management bei Lufthansa

Lufthansa hat weltweit kompatible Prozesse zur Identifikation von Talenten implementiert. Diese liefern jedes Jahr Potenzial- und Performancedaten der Führungs- und Führungsnachwuchskräfte, sinnvolle Rotationsoptionen in andere Jobfamilien und Mobilitätsaussagen. Zusammen mit weiteren Analysen zur Demografie und zum Kündigungsverhalten wird damit ein konzernweiter Überblick über die Talentsituation zur strategischen HRD-Steuerung erstellt.

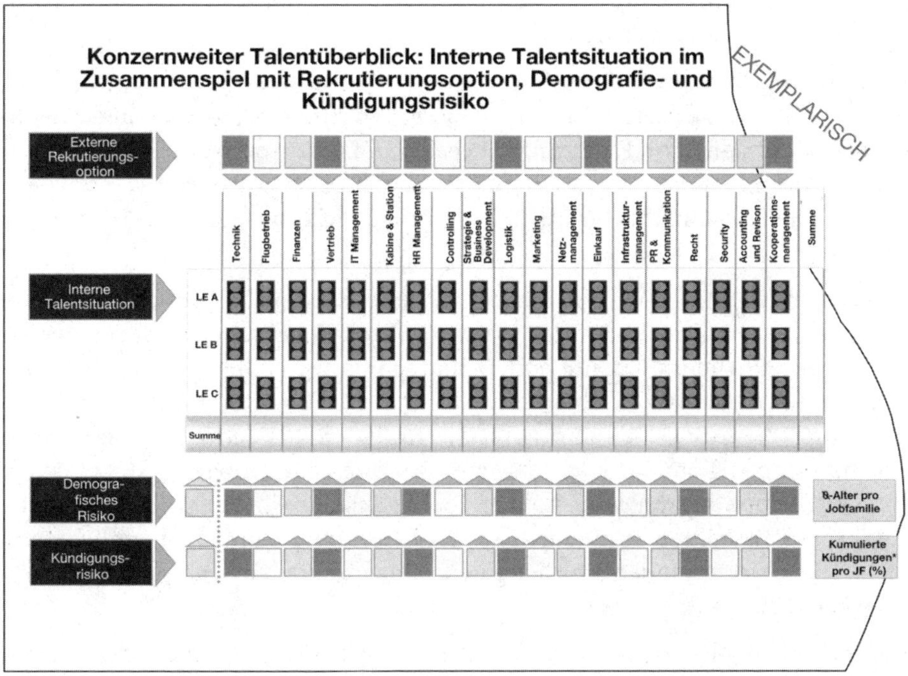

Abb. 2: Konzernweiter Talentüberblick

Im engpassorientierten Talent Management wird besondere Aufmerksamkeit auf die Zielgruppe der Manager gelegt, die in »enge« Jobfamilien wechseln können. »Enge« Jobfamilien sind dadurch gekennzeichnet, dass – im Verhältnis zu den zu besetzenden Positionen – zu wenige Nachfolgekandidaten bereitstehen und hier angesichts der aktuellen demografischen Situation und der enger werdenden Spielräume auf den externen Arbeitsmärkten Nachbesetzungsrisiken minimiert werden müssen. Für das externe Hochschulmarketing ist dies eine wichtige Steuerungsinformation. Die Kooperationen mit Hochschulen werden insbesondere in den Kompetenzbereichen intensiviert, die bei Lufthansa als enge Jobfamilien gelten.

Darüber hinaus setzen Retention-Maßnahmen genau dort an, wo es »eng« wird und wo es gilt, Talente zu binden. Hierfür werden individuell zugeschnittene besondere Bindungs- und Entwicklungsmaßnahmen bereitgestellt. Last but not least bietet die Lufthansa School of Business gezielt Programme an, um einen fachlichen Wechsel in neue Jobfamilien zu erleichtern und somit auch die individuelle Employability nachhaltig zu steigern.

Engpassbereiche werden sichtbar und das Hochschulmarketing sowie die Retention- und Bildungsaktivitäten der LH School of Business erhalten hieraus die erforderlichen Impulse zur Ausgestaltung konkreter Maßnahmen für die nachhaltige Stabilisierung und ggf. Verbesserung des Managementpotenzials. Operativ werden zudem aus den hier gewonnenen Informationen die individuellen Nachfolgeplanungen abgeleitet.

Qualifiziertes Succession Planning ist jedoch sehr aufwendig. Sehr gutes Know-how über die Organisation, die aktuellen Entwicklungen in den unterschiedlichen Business Units und natürlich über die Kompetenzen, kulturellen Prägungen und Motivationen der Manager ist unabdingbar und bedarf eines engen persönlichen Austausches zwischen Personalentwicklung, Führungskräften und Vorgesetzten.

Aus diesem Grund haben wir die »Fokussierte Nachfolgeplanung« entwickelt. Hier werden die Talente auf den oberen Führungsebenen nach drei Kriterien »gefiltert«: Führungskräfte mit hohem und sehr hohem Potenzial, mit einer Verweildauer von mehr als drei Jahren auf der aktuellen Position und hoher Lebenserfahrung. Ziel ist es, die Führungskräfte zu finden, bei denen eine verbesserte Potenzialnutzung auf der nächsthöheren Leitungsebene möglich ist, bei denen die Wechseloption aufgrund höherer Beweglichkeit sinnvoll wird und deren Erfahrungswissen gezielt in einem »End-of-Career-Assignment« – zunehmend auch im Führungstandem mit jüngeren Führungskräften – verstärkt zur Geltung gebracht werden kann.

Für Positionen, die von Managern bekleidet werden, auf die eines der Kriterien zutrifft, erfolgen dann dezidierte Nachfolgeplanungen. Aufgrund der gewählten Kriterien agieren wir effizient: Die zeitaufwendigen und anpassungsbedürftigen individuellen Planungen werden sinnvoll fokussiert. Der hierfür notwendige Planungsprozess erfolgt jährlich, sodass eine ausreichend hohe Frequenz gewährleistet ist. Das darauf aufbauende Finetuning gezielter HRD-Maßnahmen erfolgt zielgerichtet, da nur Planungen erfolgen, die zeitnah umgesetzt werden können und die zugleich dem Ziel der Fokussierung auf die Engpassbereiche dienen.

In diesem Konzept greift Lufthansa unter anderem Ideen von Charan, Drotter und Noel zum Pipeline Management auf (The leadership pipeline: how to build the leadership-powered company, John Wiley & Sons, 2001). Eine zentrale Annahme dieser Idee ist, dass auf unterschiedlichen Management-Ebenen spezifische Lernaufgaben zu bewältigen sind. Hier setzen unsere HRD-Prozesse an und unterstützen die Manager in ihrer Entwicklung. Der Schwerpunkt der Entwicklungschancen liegt hier nicht in isolierten Management-Programmen, sondern in den Lernfeldern, die die »caring community« aus HRD-Professionals und Top-Management innerhalb der Organisation identifiziert. So kristallisieren sich unterschiedliche Schlüsselpositionen als relevante Lernschritte für kritische Lernaufgaben heraus. Diese werden dann vorzugsweise mit solchen Managern besetzt, die nicht nur ihre aktuelle Aufgabe bewältigen könnten, sondern die deutliches Potenzial dokumentiert haben, weitere Karriereschritte unternehmen zu können.

Das Succession Management erstreckt sich für die identifizierten Nachwuchskandidaten also immer über mehr als eine hierarchische Ebene und immer auf mindestens zwei bis drei Anschlusspositionen. Dabei erfolgt die Planung in sogenannten Vektoren, also in Feldern, in denen aus den bisherigen Karriereschritten signifikante Kenntnisse und Werteerfahrungen liegen. Mit diesem Vektoransatz versuchen wir, den Zielkonflikt zwischen Planungsschärfe einerseits und Eintrittswahrscheinlichkeit andererseits auszubalancieren.

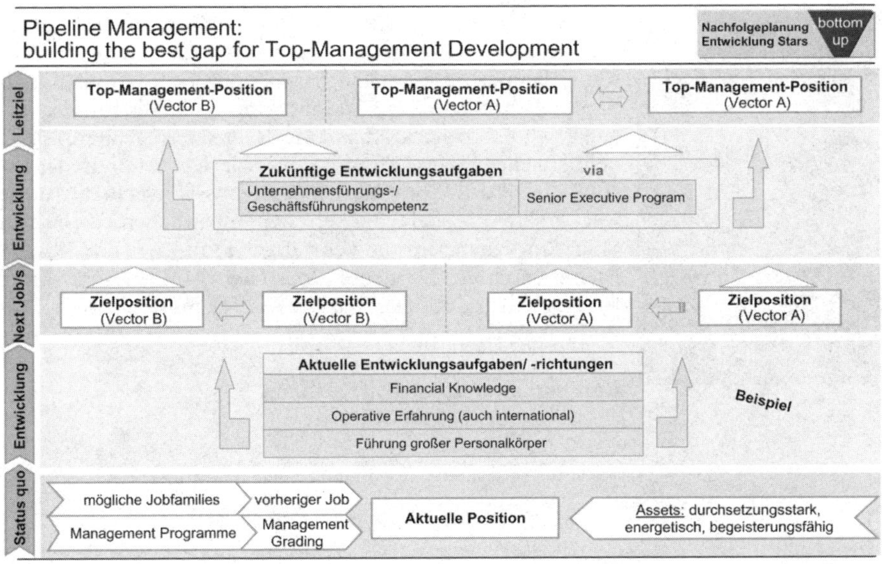

Abb. 3: Pipeline Management

HRD made by Lufthansa bedient auf diese Weise die zwei wesentlichen Zielgruppen: Zum einen erhalten Führungskräfte Orientierung hinsichtlich der Möglichkeiten und Erwartungen an die eigene Karriereentwicklung. Zum anderen ist dies die Grundlage valider Steuerung von Talenten in die Engpassbereiche von Organisationen. Die gezeigte Fokussierung stellt hierfür einen erprobten, wirtschaftlich vertretbaren und erfolgreichen Ansatz dar, der nicht nur retrospektiv, sondern auch zukunftsorientiert ist. Die Begründung hierfür ist auch gleichzeitig die größte Herausforderung: Management in komplexen, volatilen und dynamischen Märkten.

Dr. Michael Christ absolvierte nach dem Abitur und einer Ausbildung zum Bankkaufmann das Studium der Wirtschaftspädagogik. Im Anschluss an seine Promotion arbeitete er zunächst als freier Berater/Trainer und im Bereich Global Learning and Development der Deutschen Bank. Im April 2000 wechselte Dr. Christ zur Deutschen Lufthansa und übernahm dort zunächst die Leitung der Abteilung »Bildungspolitik und Weiterbildungsmanagement Konzern«. Von Februar 2001 bis Januar 2004 hatte Dr. Christ verschiedene Leitungspositionen innerhalb des Aufgabenbereichs eHuman Resources inne. Im Februar 2004 übernahm er die Leitung der Abteilung Führungskräfteentwicklung und Lufthansa School of Business der Deutschen Lufthansa AG. Herr Dr. Christ ist 44 Jahre alt, verheiratet und hat drei Kinder.

Kontakt: michael.christ@dlh.de

Andreas Gärtner ist seit November 2008 verantwortlich für die Führungskräfteentwicklung/Laufbahnberatung der oberen Führungskräfte im Lufthansa Konzern. Stationen in der Eignungsdiagnostik, im Training und schließlich in der strategischen Führungskräfteentwicklung waren frühere Aufgabenbereiche bei der Lufthansa AG. Vor dem Studium der Psychologie an der Westfälischen Wilhelms-Universität Münster war er im sozialen Bereich der öffentlichen Verwaltung tätig. Eine mehrjährige Lehrtätigkeit an der Katholischen Fachhochschule Nordrhein-Westfalen rundet sein Erfahrungsspektrum ab. Herr Gärtner ist 41 Jahre alt, verheiratet und hat einen Sohn.

Kontakt: andreas.gaertner@dlh.de

Talent Management als Instrument der Führungsnachwuchskräfteentwicklung

Ralf Heller und Michael Ruf

1 Einleitung

Talent Management gilt als entscheidender Faktor für die zukünftige Wettbewerbsfähigkeit von Unternehmen. Insbesondere in dynamischen Märkten mit kurzen Produktlebenszyklen entwickelten sich Innovation und Innovationsfähigkeit zu entscheidenden Wettbewerbsvorteilen. Damit einher geht ein besonderer Bedarf an innovationsfähigem Personal. Während damit einerseits die Nachfrage nach Talenten steigt, sehen sich Unternehmen andererseits mit dem Problem einer umgekehrten Alterspyramide konfrontiert. Infolgedessen werden in den kommenden Jahren mehr Arbeitskräfte den Arbeitsmarkt verlassen als beitreten. Aufgrund rückläufiger Absolventenzahlen wird die Zahl hoch qualifizierter Neuzugänge auf den Arbeitsmarkt besonders im naturwissenschaftlich-technischen Bereich abnehmen.[1] Diese Entwicklungen zwingen Unternehmen in den Wettbewerb um die verfügbaren Talente, den die Autoren Michaels et al. im Jahr 2001 mit dem viel zitierten Schlagwort »The War for Talent« bezeichneten. Auch die ZF Friedrichshafen AG hat die Notwendigkeit eines systematischen Talent Managements insbesondere hinsichtlich der Führungsnachwuchskräfte erkannt und in ihrer personalpolitischen Strategie verankert.

Die ZF Friedrichshafen AG (im Folgenden als ZF abgekürzt) ist ein weltweit führender Automobilzulieferer in der Antriebs- und Fahrwerktechnik. Mit ihren weltweit über 60.000 Mitarbeitern und 119 Standorten in 25 Ländern und einem Umsatz von 12,65 Mrd. EUR setzt die ZF im Wettbewerb auf Technologieführerschaft, Innovationskraft und exzellente Qualität ihrer Systeme und Komponenten. Die erfolgreiche Umsetzung der Unternehmensziele und die nachhaltige Sicherung der Wettbewerbsfähigkeit hängen dabei wesentlich von der optimalen und zeitnahen Stellenbesetzung in nationalen und internationalen Bereichen ab. Zudem verweist der Grundsatz, insbesondere Führungspositionen im Konzern vorrangig aus den eigenen Reihen zu besetzen, auf die hohe personalstrategische Bedeutung eines Talent Managements in der ZF. Die Zielsetzung eines systematischen Talent Managements besteht darin, über mehrere Talentpools die »Talent-Pipeline« proaktiv und kontinuierlich zu füllen, damit auch in Zukunft die richtigen Mitarbeiter mit den richtigen Kompetenzen zur richtigen Zeit am richtigen Ort eingesetzt werden können, um für das Geschäft der ZF die gewünschten Ergebnisse zu liefern.

1 Vgl. Sebald/Enneking/Eilinghoff/Wöltje, 2005, S. 4.

In diesem Beitrag wird die Gesamtsystematik des Talent Management bei der ZF skizziert und dabei insbesondere auf die Entwicklungsprogramme für Führungsnachwuchskräfte eingegangen.

2 Talent Management bei der ZF Friedrichshafen AG

»In the most general sense, talent is the sum of a person's abilities – his or her intrinsic gifts, skills, knowledge, experience, intelligence, judgement, attitude, character, and drive. It also includes his or her ability to learn and grow.«[2] Ausgehend von dieser allgemeinen Definition bezieht sich Talent Management bei der ZF auf das (1) Rekrutieren, (2) Identifizieren, (3) Entwickeln, (4) adäquate Einsetzen und Binden von Talenten bzw. Mitarbeitern mit besonderen Fähigkeiten und Begabungen innerhalb des ZF Konzerns.

2.1 Rekrutierung von Talenten

In Zeiten des Fachkräftemangels ist das Image eines Arbeitgebers ein kritischer Erfolgsfaktor, um die besten Talente für sich gewinnen zu können. Für die ZF stellt der »War for Talent« daher eine besondere Herausforderung in Bezug auf den Aufbau und die Etablierung einer zielgruppenorientierten Arbeitgebermarke dar, um von potenziellen Arbeitnehmern als »Employer of Choice« wahrgenommen zu werden. Laut einer Studie von Towers Perrin HR Services hat die Existenz eines systematischen Talent Managements dabei großen Einfluss auf die Attraktivität eines Unternehmens am globalen Arbeitsmarkt. Damit unterstützt ein professionell aufgebautes Talent Management mittel- bis langfristig das Employer Branding, sofern die Programme nach innen und außen klar kommuniziert und transparent gestaltet werden.[3] ZF hat diesbezüglich in den vergangenen Jahren deutliche Anstrengungen unternommen, um die Professionalisierung des Personalmarketings voranzutreiben. Dabei ist es gelungen, die Antwort auf die Frage »Wofür steht ZF als Arbeitgeber?« mit den Alleinstellungsmerkmalen »Innovation und Technologie«, »Unternehmenskultur« und »Zukunftsfähigkeit und Zuverlässigkeit« zu beantworten und somit die Aufmerksamkeit von potenziellen neuen Mitarbeitern zu erlangen. Wie erfolgreich die bisherigen Maßnahmen waren, zeigen die stabilen Platzierungen in den Studien des Berliner Instituts für Personalmarketing Trendence im Bereich der Arbeitgeberwahl und des Absolventenbarometers für Ingenieure.

Neben dem Employer Branding werden mit dem Übergang vom traditionellen Recruitment hin zu einem ganzheitlichen Talent Relationship Management, das von der Vergabe von Diplomarbeiten und Praktika und der regelmäßigen Prä-

2 Michaels/Handfield-Jones/Axelrod, 2001, S. XII.
3 Vgl. Sebald/Enneking/Eilinghoff/Wöltje, 2005, S. 15.

senz auf wichtigen Hochschul- und Rekrutierungsmessen sowie im Internet über diverse Formen des Bildungs- und Hochschulsponsorings bis hin zur Einführung einer Online-Bewerberdatenbank reicht, Maßnahmen ergriffen, um talentierte Hochschulabsolventen und Berufseinsteiger für eine Beschäftigung bei der ZF zu gewinnen.

2.2 Identifikation von Talenten

Kernaufgabe des Talent Management ist es, – neben der externen Rekrutierung – intern für das Unternehmen langfristig vielversprechende Mitarbeiter zu identifizieren und zu entwickeln. Denn: »Winning the war for talent requires more than just winning the recruiting battle. Companies also have to make development a pervasive part of their company."[4] Intern erfolgt die Identifikation von Talenten im Rahmen von Talent Review-Verfahren, in denen Kandidaten durch Führungskräfte bezüglich ihres zukünftigen Potenzials eingeschätzt werden. Daher werden Talente auch als Potenzialträger bezeichnet.

Bei der ZF gilt der Grundsatz: »Personalentwicklung ist Führungsaufgabe«. Dabei ist jeder *Mitarbeiter* selbst für seine Personalentwicklung verantwortlich, zusätzlich wird er durch seine *Führungskraft* bei der Personalentwicklung unterstützt, der *Personalbereich* stellt den organisatorischen Rahmen für Personalentwicklung zur Verfügung und berät die Führungskräfte und Mitarbeiter in allen Personalentwicklungsfragen. Das potenzialorientierte Führungskräfteplanungs- und Führungskräfteentwicklungssystem »proFILE« bildet die Grundlage des Identifikationsprozesses. Dieses System schafft konzernweit einen verbindlichen Orientierungsrahmen, um eine einheitliche Vorgehensweise bei der Identifizierung und Entwicklung von Talenten für unterschiedliche Führungsebenen sicherzustellen.[5]

Das Kernstück von proFILE ist das ZF Kompetenzmodell, das mit den folgenden sechs Kompetenzdimensionen die Basis der Potenzialeinschätzung darstellt:

- Fachkompetenz,
- Sozialkompetenz,
- Führungspotenzial,
- Veränderungskompetenz,
- unternehmerisches Potenzial,
- interkulturelle Kompetenz.

Diese sechs Kompetenzdimensionen verweisen darauf, dass »Talent« bei der ZF nicht auf die formale Fachqualifikation reduziert wird, sondern mehrdimensional definiert und diese Definition in Form des weltweit gültigen proFILE-Systems konsistent zur Anwendung gebracht wird. Damit entspricht das ausge-

4 Michaels/Handfield-Jones/Axelrod, 2001, S. 14.

5 Zur detaillierten Beschreibung des proFILE-Systems vgl. Heller, 2003; Heller/Pfanzelt/Schuhmacher, 2002.

zeichnete proFILE-System der von Towers Perrin formulierten Best-Practice-Handlungsempfehlung, die ein mehrdimensionales Instrument zur Validierung von Potenzialvermutungen und zur Konkretisierung des Entwicklungsbedarfs einfordert.[6]

2.3 Entwicklung von Talenten

Die Programme zur Förderung und Entwicklung von Talenten werden bei der ZF zentral unter dem Dach des ZF Campus gebündelt. Der ZF Campus richtet sich zum einen konzernweit an alle leitenden Führungskräfte, die ihre Funktion schon innehaben oder die das Potenzial für eine solche Führungsaufgabe bzw. -position besitzen. Zum anderen zählen strategische Zielgruppen wie Führungsnachwuchskräfte und Fachexperten zur Zielgruppe.

Entgegen dem empirisch attestierten Trend, dass Unternehmen ihr Talent Management primär auf Führungskräfte konzentrieren,[7] wird bei der ZF ein ganzheitlicher Ansatz der Talententwicklung verfolgt. Dahinter steht die Überzeugung, dass insbesondere die Führungsnachwuchskräfte mit in das Talent Management eingebunden werden müssen. Wie in der nachstehenden Abbildung dargestellt, finden sich daher im Portfolio des ZF Campus neben den Programmen für leitende Führungskräfte (Führungskräftetrainings und Dialogveranstaltungen) sowohl Programme für die Führungskräftepotenzialförderung und die Führungsnachwuchskräfteentwicklung als auch Konzernfachtrainings für Fachexperten.

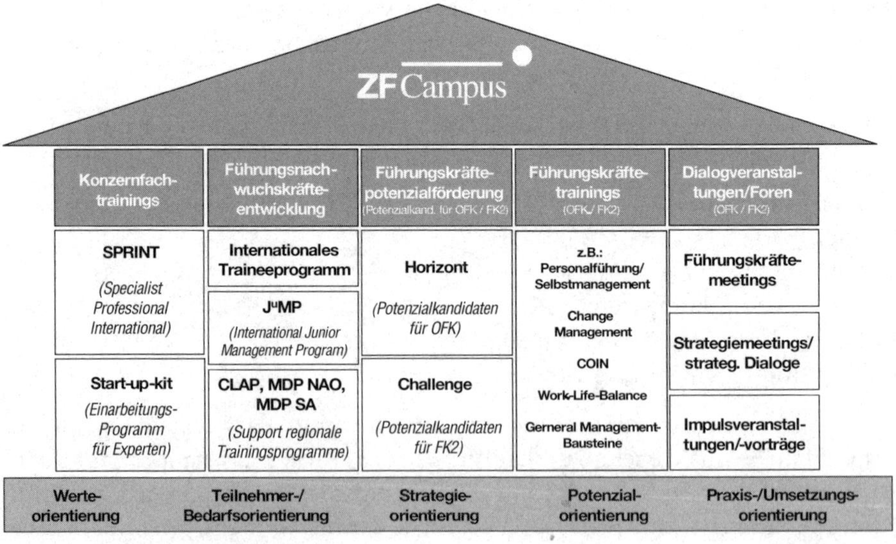

Abb. 1: Portfolio des ZF Campus

6 Vgl. Sebald/Enneking/Eilinghoff/Wöltje, 2005, S. 8 und S. 15.

7 Vgl. Sebald/Enneking/Eilinghoff/Wöltje, 2005, S. 3.

Führungskräftepotenzialförderung:

- Das »Horizont«-Programm wird für Mitarbeiter angeboten, die im Rahmen des proFILE-Prozesses als Potenzialkandidaten für den Oberen Führungskreis (OFK) benannt wurden. Als klassisches »Schwellenprogramm« zur Personalförderung zielt »Horizont« auf die gezielte Potenzialförderung und Weiterentwicklung derjenigen Managementkompetenzen, die in der anvisierten, höheren Führungsfunktion benötigt werden. Die internationale und unternehmensbereichübergreifende Zusammensetzung der Teilnehmergruppe und die innovativen didaktischen Ansätze leisten zudem einen wichtigen Beitrag zur Entwicklung und Stärkung der ZF Führungskultur. Die Teilnehmer werden während des Programms von ausgewählten Mentoren der nächsthöheren Führungsebene begleitet.
- »Challenge« ist ein für das Jahr 2009 geplantes Schwellenprogramm für proFILE-Potenzialkandidaten für die Führungsebene 2.

Führungsnachwuchskräfteentwicklung:

- Das Internationale Traineeprogramm richtet sich an Absolventen aus technischen und betriebswirtschaftlichen Studiengängen, die bereits Auslandserfahrungen vorweisen können. In dem 15 Monate dauernden und international besetzten Programm lernen die Trainees verschiedene Konzernstandorte weltweit und die ZF Produktpalette kennen. Der modulartige Aufbau des Programms sieht die Durchführung von vier interdisziplinär angelegten Projekten vor. Zentralveranstaltungen, die der fachlichen Förderung und persönlichen Entwicklung dienen, runden das Programm ab. Der Slogan des Traineeprogramms »Gestalten. Nicht Konsumieren« verweist bereits auf kreative Freiräume, die der individuellen Entwicklung von Talenten dienen sollen.
- Das Junior Management Programm »JuMP« wurde entwickelt, um talentierte Führungsnachwuchskräfte auf ihre erste Führungsaufgabe in einem internationalen Kontext vorzubereiten und gleichzeitig einen Pool an qualifizierten Kandidaten zu generieren, aus dem internationale Führungspositionen besetzt werden können. »JuMP« ist ein Entwicklungsprogramm für proFILE-Potenzialkandidaten, die von ihren Führungskräften für eine erste Führungsaufgabe identifiziert und vorgeschlagen wurden. Durch die Zusammensetzung der Gruppe (maximal 50 % deutsche Teilnehmer) wird ein internationales und unternehmensbereichübergreifendes Netzwerk von Führungsnachwuchskräften initiiert, wodurch die internationale Zusammenarbeit und Vernetzung systematisch gefördert wird.

Konzernfachtrainings:

- Das Programm »Start-Up-Kit Engineering« ist für akademische Berufsanfänger und Quereinsteiger in den technischen Bereichen der ZF vorgesehen.

Die Zielsetzung des Programms besteht in der Vermittlung von Basiswissen über Arbeitsgebiete und Konzernstrukturen, um die Einarbeitungsphase effizient zu gestalten. Neben Präsenzschulungen kommt ein breites und teilweise verpflichtendes Angebot an ZF-spezifischen Onlineschulungen zum Einsatz.[8]

- »SPRINT«-Programme haben nationale und internationale Fachexperten aus verschiedenen Unternehmensbereichen mit mindestens drei- bis fünfjähriger Berufserfahrung im ZF Konzern als Zielgruppe, die für den Einsatz in Querschnittsprojekten und internationalen Projekten vorgesehen sind. SPRINT-Programme werden derzeit für die Bereiche Controlling/Finanzen, Informationstechnologie und im Qualitätsmanagement durchgeführt.

Allen Programmen gemeinsam ist das Ziel, neben der Vermittlung von Wissen auch die Förderung der internationalen Netzwerkbildung voranzutreiben. Diese »communities of practice« dienen dem Austausch von Erfahrungen, Ideen und Problemlösungen über das Programm hinaus und fördern damit in informeller Art und Weise die individuelle Weiterentwicklung von Talenten.[9]

2.4 Adäquater Einsatz und Bindung von Talenten

Dem letzten Bereich des Talent Management wird die Aufgabe zugerechnet, Talente entsprechend ihren Begabungen im Unternehmen einzusetzen. Hierbei spielen interne Talentmärkte und -pools eine zentrale Rolle. Die bereits zitierte Studie von Towers Perrin HR Services weist die Phasen »Entwickeln« und »Einsetzen« von Potenzialträgern als die zentralen Problemfelder der befragten Unternehmen aus. Zahlreiche Unternehmen sehen großen Verbesserungsbedarf beim adäquaten Einsatz von Talenten in der eigenen Organisation.[10] Idealerweise eröffnet sich für Potenzialträger nach Durchlauf eines Entwicklungsprogramms ein neuer, ihren Fähigkeiten entsprechender Aufgabenbereich. Allerdings ist hierfür eine systematische Nachfolgeplanung auf der Grundlage vordefinierter Karrierepfade eine wichtige Voraussetzung.

Der proFILE-Prozess bei der ZF ist so angelegt, dass Talente bereits bezüglich einer ganz konkreten Zielfunktion identifiziert, ausgewählt und in entsprechenden Programmen entwickelt werden. Damit ist der zukünftige Einsatz der Mitarbeiter bereits im Vorfeld der Entwicklungsmaßnahme weitestgehend definiert, sodass die Vorbereitung zielgerichtet erfolgen kann.

8 Zu den Inhalten des webbased-Trainings bei ZF vgl. Heller et al., 2006.
9 Zur Bedeutung von Netzwerken im Rahmen des Talent Management vgl. Schiedeck/Wygoda/Schwaderer, 2007, S. 11 ff.
10 Vgl. Sebald/Enneking/Eilinghoff/Wöltje, 2005, S. 6 f.

3 Fazit

Talent Management kann schon lange nicht mehr als eine kurzfristige Modeerscheinung bezeichnet werden, sondern muss als »ein sich nachhaltig verstetigender Managementtrend«[11] verstanden werden. Insbesondere zeigt sich, dass Führungskräften eine entscheidende Rolle für den Erfolg von Talent Management attestiert werden muss. Führungskräfte müssen zu »Talent Management-Agents«[12] werden, die die vorhandenen Talente ihrer Mitarbeiter erkennen und deren systematische Weiterentwicklung als Führungsaufgabe begreifen. Hierfür müssen sie ihrerseits durch spezielle Systeme sowie Förder- und Entwicklungsprogramme in die Lage versetzt werden, Mitarbeiter auch im Sinne von Personalentwicklungszielen zu führen und zu entwickeln und nicht nur im Hinblick auf die Sachzielerreichung zu steuern.

Mit der zentralen Bündelung der Talententwicklung im ZF Campus wird die strategische Bedeutung des Talent Managements bei der ZF deutlich unterstrichen. Die ZF hat mit ihrem Ansatz eines breit gefächerten und auf mehrere Talent-Pools bauenden Talent Managements gute Erfahrungen gemacht und wird ihre diesbezüglichen Aktivitäten auch in Zukunft weiterentwickeln und den sich ändernden Anforderungen anpassen. Denn ein strukturiertes und erfolgreiches Talent Management eröffnet dem HR-Bereich eine gute Möglichkeit, dem eigenen Anspruch eines strategischen Business Partners gerecht zu werden.

Literatur

Heller, R. (2003): Systematische Bewertung und Förderung von Potenzialkandidaten, in: Schwuchow, K./Gutmann, J. (Hrsg.), Jahrbuch Personalentwicklung und Weiterbildung. Praxis und Perspektiven, S. 210 – 217.

Heller, R. et al. (2006): Unternehmensreport ZF Friedrichshafen AG, Einsatz neuer Lernmedien in einem Großunternehmen am Beispiel der ZF Friedrichshafen AG, in: Knauth, P./Wollert, A. (Hrsg.), Human Resource Management: Neue Formen betrieblicher Arbeitsorganisation und Mitarbeiterführung; Loseblattsammlung Nr. 9.59, Köln.

Heller, R./Pfanzelt, I./Schuhmacher, H. (2002): Unternehmensreport ZF Sachs AG. proFILE – ein internationales Führungskräfteplanungs- und -entwicklungssystem, in: Knauth, P./Wollert, A. (Hrsg.), Human Resource Management: Neue Formen betrieblicher Arbeitsorganisation und Mitarbeiterführung; Loseblattsammlung Nr. 9.42, Köln.

Michaels, E./Handfield-Jones, H./Axelrod, B. (2001): The War for Talent, Boston (Harvard Business School Press).

11 Sebald/Enneking/Eilinghoff/Wöltje, 2005, S. 6.

12 Schiedeck/Wygoda/Schwaderer, 2007, S. 5.

Schiedeck, B. A./Wygoda, S./Schwaderer, B. (2007): Talent Management. Wie Unternehmen in dynamischen Umfeldern Talente fördern und nutzen, Studie der Detecon Consulting, Eschborn.

Sebald, H./Enneking, A./Eilinghoff, Ch./Wöltje, O. (2005): Talent Management zwischen Anspruch und Wirklichkeit. Towers Perrin Talent Management-Studie 2005, Frankfurt a. M.

Ralf Heller, Leiter Zentrale Personalentwicklung, ZF Friedrichshafen AG, Jahrgang 1962, Diplom-Kaufmann, ist nach Leitungsfunktionen in einem Automobilkonzern und in einem Maschinenbauunternehmen seit September 2004 in der Konzernzentrale der ZF Friedrichshafen AG Leiter des Bereichs Zentrale Personalentwicklung.

Kontakt: Ralf.Heller@zf.com

Dr. rer. pol. Michael Ruf, Zentrale Personalentwicklung, Management Training – Grundlagen und Programmkoordination, ZF Friedrichshafen AG, Jahrgang 1976, Diplom-Handelslehrer / Diplom-Betriebswirt (BA), ist seit Mai 2008 im ZF Konzern verantwortlich für den Bereich Management Training – Grundlagen und Programmkoordination.

Kontakt: Michael.Ruf@zf.com

Talent Management als Förder- und Bindungsinstrument

Oliver Roentgen

Der Transport- und Logistiksektor erlebt einen tiefgreifenden Wandel: Entscheidend sind nicht mehr nur die primären Qualitätsmerkmale. Vielmehr geht es gerade im Premiumsegment darum, Kunden stets aufs Neue zu begeistern. Der auf den Geschäftskundenbereich spezialisierte Express-Dienstleister TNT Express hat deshalb innerhalb seines systematischen Personalentwicklungs-Konzepts ein ebenso offenes wie anspruchsvolles Instrument entwickelt: Talent Management befördert nicht auf bestimmte Positionen, sondern fördert Persönlichkeit. Der folgende Beitrag stellt das Konzept vor.

Anforderungen an die Personalentwicklung

Die Logistik steht heute im Zeichen der weltweiten Verflechtung von Wertschöpfungsketten. Globale Netzwerke werden aufgebaut und verknüpft, »klassische« Produkte stehen nicht mehr allein, sondern werden in immer komplexere Systeme integriert. Die Kunden erwarten von ihren Dienstleistern nicht nur höchste Qualität, sondern auch umfangreiche Mehrwertdienstleistungen (Value Added Services) und Innovationen. Zugleich erreichen die Top-Adressen der Branche ein immenses Qualitätsniveau, sind aber vielleicht gerade deswegen aus Kundensicht austauschbarer geworden – die Kundenbindung gewinnt also immer mehr an Gewicht.

Diese steigenden Anforderungen verlangen auch von den Beschäftigten – und damit der Personalentwicklung – eine erweiterte Perspektive. So müssen Mitarbeiter beispielsweise in der Lage sein, Markttrends frühzeitig zu erkennen und aufzunehmen, um für die Kunden proaktiv innovative – oder »nur« besonders passgenaue – Lösungen zu entwickeln. Zudem benötigen sie Gespür und Sensitivität für Stimmungen und emotionale Bedürfnisse des Kunden.

Die deutsche TNT Express GmbH ist Teil eines weltumspannenden Luft- und Straßenverkehrsnetzwerks. Weltweit beschäftigt der Konzern mehr als 75.000 Mitarbeiter, in Deutschland sind es rund 4.400 Beschäftigte in 31 Niederlassungen.

Die systematische Förderung und Qualifizierung seiner Beschäftigten sieht das Unternehmen als Basis für Kundenorientierung und wirtschaftlichen Erfolg. Die Mitarbeiter verkörpern den gemeinsamen Nenner von Markenversprechen und Kundenerlebnis und sind damit der entscheidende Differenzierungsfaktor. Sie sind diejenigen, die Kundenbindung realisieren und damit für nachhaltiges und profitables Wachstum sorgen. Deshalb gilt Personalentwicklung dezidiert als strategische Aufgabe. HR- und PE-Führungskräfte sind in sämtlichen strategischen Entscheidungsgremien des Unternehmens vertreten.

Konzerneigenes Trainings- und Beratungsinstitut

Eine tragende Säule der systematischen Personalentwicklung ist das unternehmenseigene Trainings- und Beratungsinstitut. Mit der TNT Akademie betreibt der Konzern seit rund 15 Jahren ein eigenes Trainings- und Beratungsinstitut. Dieses tritt seit 2000 organisatorisch eigenständig am Bildungsmarkt auf und bietet seine Leistungen auch externen – in erster Linie mittelständischen – Unternehmen an und erzielt dabei ein kontinuierliches Wachstum. Für 2008 rechnet die Akademie mit einem Wachstum von über 15 Prozent.

Die Trainings und Coachings stehen unter zwei Schlüsselbegriffen: bedarfsgerecht und systematisch. Die TNT Akademie bietet die Möglichkeit, Mitarbeiter gezielter für ihre Aufgaben zu fördern. Für jeden Mitarbeiter ist über das gesamte Arbeitsleben hinweg eine definierte Zielgröße von drei Trainingstagen pro Jahr vorgesehen. In jedem Fall werden aber zunächst Business-Relevanz und konkrete Zielstellung der Entwicklungsmaßnahmen geprüft. Das lebenslange Lernen bleibt also nicht dem Zufall oder der persönlichen Initiative überlassen, sondern ist Ergebnis klar definierter – und gelebter – Prozesse.

Entwicklungsmöglichkeiten

Ein wesentliches Merkmal des Konzerns ist, Mitarbeiter über alle Karrierestufen hinweg und auf allen Hierarchieebenen mit individuellen Entwicklungsmöglichkeiten zu begleiten. So nimmt jeder Neueinsteiger zunächst an einem Willkommens-Seminar teil. Dort erfährt er oder sie nicht bloß Grundlegendes über den neuen Arbeitgeber und die Zusammenhänge innerhalb des Unternehmens. Die dreitägige Veranstaltung gibt auch gleich Gelegenheit, Kollegen kennen zu lernen und erste Netzwerke zu knüpfen.

Während der sechsmonatigen Einarbeitungszeit durchläuft jeder neue Mitarbeiter verschiedene Abteilungen und erhält mehrere Feedbackgespräche mit der Führungskraft und HR. In den Jahresgesprächen definieren Führungskraft und Mitarbeiter ganz konkrete Ziele, vereinbaren eine individuelle Personalentwicklung und bewerten den Erfolg bereits absolvierter Maßnahmen.

Als eine der Kernaufgaben sieht die deutsche TNT Express das Succession Management. Hierbei setzen die HR-Manager ausdrücklich auf die interne Promotion, also die Nachbesetzung anspruchsvoller Positionen mit Kräften aus den eigenen Reihen. Vieles spricht dafür: Interne Beförderungen binden Mitarbeiter mit unternehmensspezifischem Wissen und viel Branchen-Know-how an das

Unternehmen. Zudem werden eine kosten- und zeitintensive externe Rekrutierung, hohe Einarbeitungskosten sowie die Risiken von Fehlbesetzungen minimiert bzw. vermieden. 2007 konnte das Unternehmen in Deutschland bereits knapp 78 Prozent der vakanten Positionen aus eigenen Reihen besetzen.

Entwicklungspipeline

Mit Blick auf künftige Herausforderungen des Gesamtkonzerns, z. B. der Expansion in Wachstumsmärkte wie China, Indien oder Russland, werden auch aus Deutschland zunehmend Top-Talente innerhalb des Konzerns abwandern. Hier muss die deutsche Länderorganisation gezielt die Nachfolge sicherstellen und Mitarbeiter bestmöglich vorbereiten. Zu diesem Zweck entwickelte das Unternehmen bereits 2005 ein dezidiertes Management-Nachwuchsprogramm namens Talent Management (TM). Ziel ist es, Potenzialträger im eigenen Unternehmen zu identifizieren und zu fördern, um freie Stellen bei Bedarf zeitnah und adäquat besetzen zu können.

Auch auf Konzernebene werden hochqualitative Entwicklungsmaßnahmen für Führungskräfte angeboten, die systematisch mit den lokalen Entwicklungsmaßnahmen verzahnt sind, wie z. B. das Management-Training »Gateway to Leadership« in Zusammenarbeit mit der Universität von Warwick. Auch vor dem Hintergrund der demografischen Entwicklung wird es immer wichtiger, einen Pool qualifizierter Mitarbeiter aufzubauen, die künftige Führungspositionen einnehmen können.

Förderprogramme

Das Talent Management (TM) richtet sich an Mitarbeiter aller Hierarchiestufen unterhalb des Senior Managements, die über Potenzial für weiterführende Aufgabenbereiche verfügen, bereits heute überdurchschnittliche Leistungen erzielen und ihre Entwicklung selbstverantwortlich mitgestalten wollen.

Allerdings handelt es sich bei TM um ein Förder- und kein Beförderungsprogramm. Die Teilnahme gibt keine Garantie auf eine bestimmte Karriereentwicklung, eröffnet den Kandidaten jedoch die Möglichkeit einer qualifizierten Persönlichkeitsentwicklung und damit vielfältige Karrierechancen. Durch gezielte Entwicklungsmaßnahmen werden sie auf zukünftige Aufgaben vorbereitet und zugleich an das Unternehmen gebunden. Zu den Ansprüchen an potenzielle Teilnehmer gehören:

- kontinuierliche hervorragende Leistungen,
- überdurchschnittliche Leistungsfähigkeit und Energie,
- ausgesprochene Lernfähigkeit und Lerninteresse,

- sehr hohe Eigeninitiative, Eigenverantwortung und Engagement,
- ausgeprägte Teamorientierung,
- die Fähigkeit, schon heute Aufgaben mühelos zu bewältigen, die charakteristisch für zukünftige Funktionen sind,
- die Bereitschaft, neue weiterführende Aufgaben wahrzunehmen und mehr Verantwortung zu tragen.

Wichtigste formale Kriterien sind eine mindestens zwölfmonatige Betriebszugehörigkeit, abgeschlossene Ausbildung oder Studium sowie mindestens zwei Jahre Berufserfahrung. Dazu kommen bundesweite Mobilität sowie gute bis sehr gute Englisch-Kenntnisse. Von den bisherigen Teilnehmern haben lediglich 40 Prozent ein (Fachhochschul-)Studium absolviert, die restlichen 60 Prozent verfügen über eine Berufsausbildung. Das Mindestalter zur Teilnahme beträgt 25 Jahre, ein Höchstalter ist nicht festgelegt – denn TM soll kein reines Young Talents-Programm sein.

Der Talent Management-Prozess

Am Anfang des TM-Prozesses (vgl. Abb. 1) steht die Selbstnominierung, in der die Bewerber eine Selbsteinschätzung ihrer Person und Kompetenzen abgeben. Ferner legen sie dar, warum sie sich für geeignet halten, welche Ziele sie mit TM verbinden und welche persönlichen und beruflichen Perspektiven sie verfolgen. Die Selbstnominierung bietet für das Unternehmen wichtige Vorteile: Sie schafft Transparenz in Bezug auf die tatsächliche Talentstruktur und Entwicklungsbereitschaft innerhalb der Organisation. Darüber hinaus bricht sie die rein lokal/regional geprägte Beförderungspraxis und Nachfolgestrukturen auf und macht Talente überregional »sichtbar«. Die Selbsteinschätzung als Zugangskriterium stellt eine Besonderheit des TM dar.

Der nächste Schritt besteht in einem Beratungsgespräch mit einem TM-Spezialisten der zentralen PE. Darin werden offene Fragen, der grundsätzliche Anspruch an Talente sowie die individuelle Motivlage geklärt und es wird die Möglichkeit gegeben, ggf. die Bewerbung zurückzuziehen. Hält der Kandidat seine Bewerbung nach dem Beratungsgespräch aufrecht, wird im Anschluss daran der Vorgesetzte um eine Potenzialeinschätzung des Kandidaten mittels Fragebogen gebeten. Dieser beinhaltet dieselben Bewertungskriterien wie bei der Selbstnominierung (z. B. Einsatzbereitschaft, Belastungsfähigkeit und eigenverantwortliches Handeln). Die Entscheidung über die Aufnahme in das Förderprogramm fällt am einmal jährlich veranstalteten Talent Day.

An diesem diskutieren und hinterfragen Entscheidungsträger (Manager, Vertreter von Human Resources und dem Gesamtbetriebsrat) alle vorliegenden Informationen über die einzelnen Bewerber, an erster Stelle die Selbsteinschätzung sowie die Potenzialbeurteilung des Vorgesetzten. Die Entscheidung über die

Aufnahme ins TM erfolgt ausschließlich einstimmig. So ist eine größtmögliche Objektivität gewährleistet. Die Mitarbeiter, die sich selbst nominiert haben, nehmen am Talent Day nicht teil. Erfahrungen zeigen, dass eine fundierte Potenzialeinschätzung aufgrund von geprüften Fragen und sonstigen Angaben durchaus möglich, realistisch und erfolgversprechend ist.

Im Anschluss an den Talent Day erhalten abgelehnte Bewerber ein ausführliches, transparentes und konstruktives Feedback von dem Vorgesetzen und dem zuständigen Personalreferenten. Im Rahmen der systematischen Förderung erhalten sie konkrete Handlungsempfehlungen im Sinne der Persönlichkeitsentwicklung, wie z. B. den Besuch bestimmter Seminare der TNT Akademie, externer Anbieter oder die Nutzung eines individuellen Coachs. So ist selbst eine Ablehnung mit der positiven Konsequenz einer weiteren persönlichen Entwicklung verbunden.

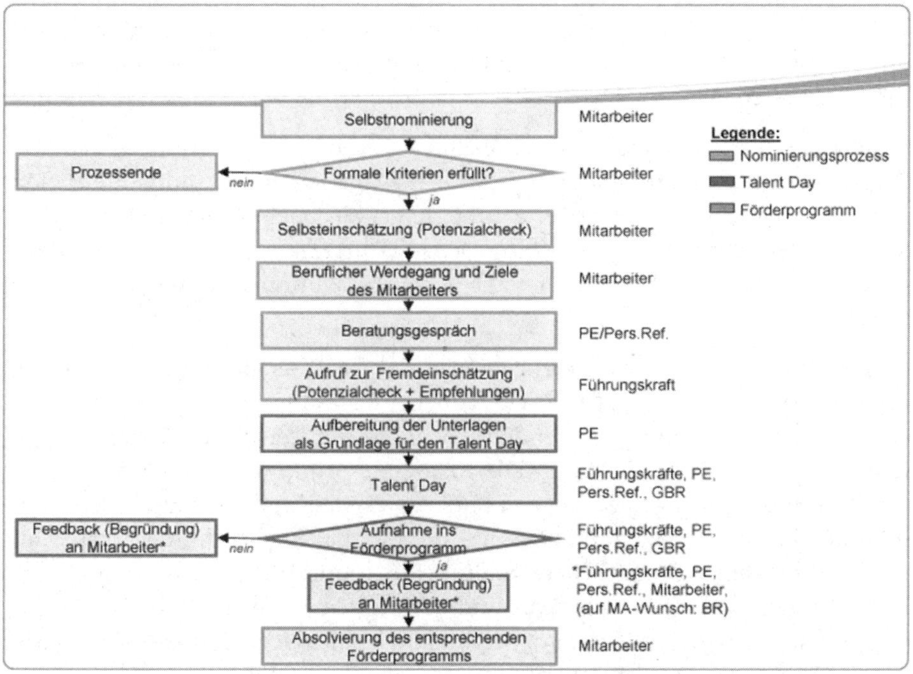

Abb. 1: Der Talent Management-Prozess im Überblick

Individuelle Entwicklungspläne

Für die angenommenen Bewerber beginnt nun ein 18 Monate dauerndes Förderprogramm mit unterschiedlichen Bausteinen. So finden im Schnitt alle zwei Monate modular aufgebaute Trainings statt. Weitere Bausteine sind z. B.:

- individuelle Coachings,
- Projektarbeit,
- kollegiale Beratung,
- Kaminabende mit dem Top-Management,
- systemische Ansätze der Organisationsentwicklung.

Die Module starten mit einem gemeinsamen Kick-off-Workshop. Danach erstellt jeder Kandidat in enger Abstimmung mit der Betreuung von der zentralen PE seinen individuellen Entwicklungsplan. Ausgehend vom persönlichen beruflichen Ziel werden Teilziele, Maßnahmen, Ressourcen und Deadlines festgelegt. Aus den einzelnen Entwicklungsplänen eines Jahrgangs werden die Pflicht- und Wahlmodule sowie die begleitenden Maßnahmen des TM abgeleitet.

Die Trainingsbausteine sind auf den individuellen Bedarf (etwa »Außenwirkung und Persönlichkeit«) der einzelnen Teilnehmer ausgerichtet. Selbstverständlich ist auch zwischen den Trainingsbausteinen persönlicher Einsatz gefragt: Vor- und Nachbereitung der Trainingsinhalte, Lesen von Fachliteratur oder On-the-Job-Aktivitäten etc.

Grundidee des TM ist es, die Persönlichkeit und ihre Entwicklung in den Vordergrund zu stellen. Die Teilnehmer werden zielgerichtet und individuell gefördert, aber nicht notwendigerweise auf eine genaue Zielposition hin. Entscheidend ist vielmehr, ob sie später eine Fach-, Führungs- oder Managementlaufbahn einschlagen möchten und welche persönlichen Kompetenzen hierzu nötig sind.

Die Module werden sowohl von Trainern der TNT Akademie, aber auch von externen Trainern durchgeführt. Der ganzheitliche Ansatz, das unternehmenseigene Trainingsinstitut einzubinden, hat nicht nur den Vorteil einer bedarfs- und fachgerechten Entwicklung. Die Akademie bringt hier verstärkt auch frische Impulse aus ihrem inzwischen breiten externen Kundenstamm in die Organisation ein. Geht es sonst in Führungs- oder Managementtrainings primär um die Schaffung einer einheitlichen Qualifikations- und Wissensgrundlage, stehen hier die individuelle Talentstruktur und Persönlichkeitsentwicklung im Vordergrund. Hierbei wird viel Wert auf Methodenvielfalt gelegt: Fallbeispiele, moderierter Gruppenaustausch, interaktive Übungen, Frontalunterricht, Übungseinheiten mit Videoanalyse und andere werden hier eingesetzt, um unterschiedliche Lerntypen anzusprechen.

Zentrale Bedeutung kommt dem Feedback zu: Im Anschluss an jedes Modul erhält jeder Teilnehmer durch PE ein individuelles, kriterienbezogenes, schriftliches Feedback zu den gezeigten Verhaltensweisen. Zudem wird ein Protokoll erstellt, das die Inhalte vertieft und weitere Impulse gibt.

Im Rahmen des Förderprogramms werden auch die Führungskräfte mit eingebunden. Dies geschieht in Form von sogenannten Review-Gesprächen, in denen der Teilnehmer mit PE und der Führungskraft sowohl über die Betreuung durch beide als auch über seine eigene Entwicklung spricht und ggf. die stärkere Unterstützung der Führungskraft einfordert. Diese Gespräche finden nach einem Drittel, nach zwei Dritteln und am Ende des Förderprogramms statt.

Leitsätze des Talent Management

Von zentraler Bedeutung bei der Konzeption des TM ist die Ausrichtung auf die Markenwerte des Unternehmens. Aus diesen und den Kernkompetenzen des Konzerns sind Bewertungskriterien des TM abgeleitet, die in Leitsätzen beschrieben werden:

- Initiative,
- Eigenverantwortung,
- Engagement,
- unternehmerisches Denken und Handeln,
- Lernbereitschaft,
- Teamfähigkeit,
- Kommunikationsfähigkeit,
- Einfühlungsvermögen,
- Belastbarkeit,
- Konfliktfähigkeit,
- Offenheit,
- Reflexionsfähigkeit.

Die Besonderheiten des TM lassen sich folgendermaßen zusammenfassen:

- Selbstnominierung,
- intensive, individuelle Betreuung durch PE,
- Fokussierung auf Persönlichkeitsentwicklung,
- hohe Eigenverantwortung der Teilnehmer,
- individuelle Anpassung der Module an den jeweiligen Bedarf der Gruppenmitglieder,
- individuelles schriftliches Feedback anhand der Leitsätze des TM nach jedem Modul,
- Einbindung der jeweiligen Führungskräfte.

TM als Instrument der Organisationsentwicklung

Eine weitere Bedeutungsebene des TM kommt der Organisationsentwicklung zu. Durch die bewusst breite Förderung und Fokussierung auf Persönlichkeits- und nicht fachliche Entwicklung sollen Bereichs- und Standortdenken konstruktiv aufgebrochen werden.

Die Einbindung der beteiligten Führungskräfte fordert und fördert sie in ihrer Rolle als Personalentwickler und Succession-Manager vor Ort und sorgt für die Entwicklung eines gemeinsam gelebten Talent- und (eigenen) Rollenverständnisses.

Die Talente werden durch das TM zu Multiplikatoren ausgebildet, die die im TM entwickelten Werte ins Unternehmen tragen. Das TM fördert die Netzwerkbildung und damit die abteilungsübergreifende Zusammenarbeit sowie das Verständnis füreinander. Außerdem wird eine Kultur der Selbstverantwortung sowie des lebenslangen Lernens vorangetrieben.

Fazit und Ausblick

Nach mittlerweile zwei »Jahrgängen« kann als Zwischenbewertung des neuen Talent Managements bei TNT Express festgehalten werden, dass das Talent Management funktioniert. Wenn auch die Messung des Erfolgs aufgrund der Aufgabenstellung herausfordernd ist, so nehmen Organisation und Mitarbeiter das Programm sehr gut an, die Teilnehmer und Führungskräfte geben sehr positive Rückmeldung. Das Programm ist flexibel und anpassungsfähig, da der Schwerpunkt auf der individuellen Förderung liegt.

Die durch das erfolgreiche TM eingesparten Kosten für eine externe Rekrutierung übersteigen bereits heute die Kosten für die Entwicklung und Durchführung des Programms. Zudem wurde das Risiko einer Fehlbesetzung immens reduziert, da über die einzelnen Förderkandidaten über eineinhalb Jahre kontinuierlich erstellte Feedbacks vorliegen bzw. die Vertreter der PE und Akademie eng mit ihnen zusammengearbeitet haben.

Bei Beobachtung der Gruppen fällt bereits nach einigen Monaten eine zunehmende Verzahnung und Übereinstimmung des TM mit der tatsächlichen Nachfolgeplanung auf. Das lässt sich in Einzelfällen bereits an Positionen festmachen – was aber in diesem frühen Stadium nicht einmal erklärtes Ziel war. Vielmehr zeigt sich, dass die Teilnehmer in stärkerem Maße Perspektiven entwickeln und verfolgen. Insgesamt ist das Unternehmen davon überzeugt, dass sich die umfangreichen Investitionen in die Mitarbeiter auszahlen wird und ein weiterer Schritt zur Zukunftssicherung unternommen wurde.

Oliver Roentgen, Senior General Manager People & Organisational Development, ist seit 2003 als Leiter der Abteilung Personalentwicklung für TNT Express tätig. Zuvor unterstützte der 1966 geborene Bonner die TNT Akademie als Trainer und Berater. Seine berufliche Laufbahn begann er nach dem Studium der Psychologie an der Rheinischen Friedrich-Wilhelms-Universität Bonn bei Unternehmensberatungen in Aachen und Koblenz. Oliver Roentgen ist unter anderem für die Entwicklung der Personal- und Organisationsentwicklungsstrategie verantwortlich. Er identifiziert und initiiert Aktivitäten und Prozesse, um die Strategieziele zu erreichen. Zu diesen Maßnahmen zählt auch das Förderprogramm Talent Management, mit dem vakante Managementpositionen bevorzugt aus den eigenen Reihen besetzt werden sollen.

Kontakt: oliver.roentgen@tnt.de

Talent Management im internationalen Konzern unter Berücksichtigung von Demografie und Diversity

Wolfgang Binder

Talent Management, Demografie und Diversity stehen derzeit ganz oben auf der Agenda der personalpolitischen Diskussion. Die aktuelle Diskussion zeigt, dass endlich ein Umdenken in vielen Unternehmen stattfindet. Nach Jahren des Personalabbaus, u. a. durch Frühverrentungsprogramme, und den damit einhergehenden Know-how-Verlust wird man sich wieder bewusst, welche Potenziale hier – teils nicht ganz freiwillig – aufgegeben wurden. Das Gleiche gilt, wenn es um Diversity geht. Hier meine ich aber nicht nur die Diskussionen um Frauen und Männer, sondern die ganze Vielfalt. Ich werde in meinem Beitrag aufzeigen, wie Volvo Trucks sich über die Jahre hinweg mit diesen Themen systematisch befasst hat und wie sie gepflegt und gelebt werden.

Volvo Trucks ist einer der führenden Hersteller von Nutzfahrzeugen. Wir sind ein weltweit tätiges Unternehmen mit über zwanzigtausend Mitarbeiterinnen und Mitarbeitern. Deshalb ist unser Talent Management-Programm auch global ausgerichtet. Es beginnt auf nationaler Ebene in der kleinsten Organisationseinheit, geht über die Landesgesellschaft, die Region, die europäische Gesellschaft bis hin zur Muttergesellschaft Volvo.

Unser Talent Management basiert auf folgenden Grundlagen:

1. den Unternehmenszielen sowohl des Konzerns als auch unserer Landesgesellschaft bzw. unserer Region Central Europe (Deutschland – Österreich – Schweiz),
2. den zukünftigen Anforderungen des Marktes.

Zum Thema Talent Management findet sich in den geschäftspolitischen Zielen von Volvo Trucks, dass wir die besten Mitarbeiter in der Industrie beschäftigen wollen. Die Entwicklung von Talenten im Unternehmen ist aber nicht die alleinige Aufgabe des HR-Bereiches, sondern auch die Verpflichtung eines jeden Managers im Unternehmen. Folgende Faktoren beeinflussen unsere Strategie:

- unterschiedliche Mitarbeitererwartungen,
- Work-Life-Balance,
- Diversity,
- Demografie,
- Globalisierung,
- Einstellung und Bindung von High Potentials,
- Kompetenz- und Performance-Management,
- Attraktive Vergütungssysteme,
- Arbeitgeber-Attraktivität,

- Marktentwicklungen,
- Change Management.

Dabei beziehen wir die strategische Planung, die Nachfolgeplanung und die Effizienz- und Erfolgsmessung mit ein.

1 Personalpolitische Grundsätze

1.1 Der Volvo Way

Grundlage für unser Handeln ist der »Volvo Way«. Er beschreibt unsere zentralen Werte, unsere Unternehmenskultur und unsere Arbeitsmethoden. Der »Volvo Way« zeigt, wofür wir stehen und was wir erreichen wollen. Er basiert auf der Überzeugung, dass jeder Einzelne die Fähigkeiten und den Wunsch hat, unsere Geschäftstätigkeiten zu optimieren und sich dadurch gleichzeitig fachlich weiter zu entwickeln. Er umfasst: Qualität, Sicherheit und Umweltbewusstsein, Energie, Leidenschaft und Respekt, Kundenorientierung, offenen Dialog, den Volvo-Teamgeist, Teamarbeit und unsere Führungsphilosophie. *Leadership* bei Volvo ist stark werteorientiert. Die Kompetenzen spiegeln dabei die Werte bei Volvo wider und stellen die Grundlage für die Rekrutierung, Entwicklung und Anerkennung unserer Führungskräfte dar. *Kompetenz* bei Volvo ist in vier Hauptbereiche untergliedert:

1. strategische Ausrichtung,
2. Struktur, Energie und Engagement,
3. Ergebnisse und Veränderungen,
4. Networking.

Abb. 1: Volvo Leadership Kompetenzrahmen

Um ein einheitliches Verständnis der Inhalte des Kompetenzrahmens bei allen Beteiligten zu erzielen, wurden die einzelnen Führungseigenschaften in allen Kompetenzbereichen und in nahezu allen Positionen beschrieben. Da sie konzerneinheitlich gelten, haben wir gewährleistet, dass alle Positionen und Stelleninhaber im Unternehmen nach den gleichen Maßstäben beurteilt und eingestuft werden.

Unser Talent Management-System ist aus der Volvo-Geschäftsstrategie abgeleitet und setzt sich wie folgt zusammen:

- Human Capital/People Management,
- Personalbeschaffung,
- Organisationsentwicklung/Veränderungsmanagement,
- Performance Management,
- Vergütungssysteme,
- Talentanalyse und Nachverfolgung,
- Training und Entwicklung.

Abb. 2: Volvo Talent Management-Rahmen

1.2 Der Volvo Code of Conduct

Unser Code of Conduct lautet:

»Wir rekrutieren und behandeln unsere Mitarbeiterinnen und Mitarbeiter in einer Form, die weder in Bezug auf Geschlecht, Rasse, Alter, Behinderung, sexuelle Orientierung, Nationalität, politische Gesinnung, Gewerkschaftszugehörigkeit, soziale oder ethnische Herkunft diskriminierend ist. Dabei werden abwechslungsreiche Arbeitsbedingungen auf allen Ebenen angestrebt.«

1.3 Volvos Diversity Policy

Volvos Vision für alle Mitarbeiterinnen und Mitarbeiter in der Volvo Gruppe ist es, dass sie ihre Werte teilen und in die Praxis umsetzen und dass sie, unabhängig von Geschlecht, Alter und Erfahrung, Respekt und Verständnis für andere zeigen. Jeder im Unternehmen soll die Vorteile verstehen, die durch eine von Diversity bestimmte Belegschaft entstehen. Wir sind fest davon überzeugt, dass Diversity ein Katalysator für neue Wege des Denkens und des Arbeitens ist und eine Quelle internationaler Wettbewerbsfähigkeit und Profitabilität.

1.4 HR-Prioritäten

Unsere HR-Prioritäten sind unter folgender Maxime zusammengefasst: »**Securing the right people for the future**«.

Dies beinhaltet:

→ die Verbesserung von Führung,
→ die Entwicklung der erforderlichen Kompetenz,
→ die Schaffung einer exzellenten HR-Plattform für die gesamte Volvo Gruppe,
→ die Einstellung von Männern und Frauen in unterschiedlichen Berufen mit verschiedenem Ausbildungs- und kulturellem Background,
→ die Erhaltung einer ausgewogenen Personalstruktur.

Diversity ist für uns aber nicht Quote, – auch wenn wir Vielfalt messen – sondern Verpflichtung. Da die Steigerung von Diversity nicht automatisch zu einer Steigerung der Business Performance führt, entwickeln und fördern wir die Fähigkeiten, die dazu beitragen, dass Diversity eine Kulturveränderung bewirkt. Dies setzt auch eine neue Denkweise, Qualität und Einstellung voraus. Das vermitteln wir allen Mitarbeiterinnen und Mitarbeitern. Zu den personalpolitischen Grundsätzen gehört auch, dass

→ es bei Volvo Trucks keine Altersbegrenzung für die Einstellung von neuen Mitarbeitern gibt,
→ es Vorruhestandsregelungen nur in besonders begründeten Einzelfällen gibt,
→ ältere Mitarbeiter/-innen nicht von der Personalentwicklung ausgeschlossen werden.

2 Der Volvo Talent Management-Prozess

Management-Entwicklung bei Volvo Trucks ist ein Kreislauf. Ausgangspunkt ist unser Personal Business Plan. Im Rahmen unserer Personalentwicklung setzen wir folgende Instrumente ein, die zum Teil im Folgenden näher beschrieben werden:

1. Personal Business Plan,

2. Personal Development Plan,
3. Swot-Analyse,
4. President's Review,
5. Job Description und Kompetenzprofile,
6. Kompetenz- und Performance-Messung,
7. Assessment Center,
8. 360-Grad-Feedback.

2.1 Der Personal Business Plan (PBP)

Auf der Grundlage von

- klaren Aufgaben- und Stellenbeschreibungen,
- klaren Rollenverantwortlichkeiten und
- klaren Performance-Erwartungen

wird der PBP – unser Mitarbeitergespräch – mit allen Mitarbeiterinnen und Mitarbeitern einmal jährlich vom Vorgesetzten geführt. Der PBP ist ein Prozess des Dialoges und der Kommunikation, der

a) darauf fokussiert, die richtigen Dinge zu tun,
b) den Teammitgliedern hilft, erfolgreich zu sein und sich zu entwickeln.

Der PBP setzt sich zusammen aus:

1. den persönlichen Geschäftszielen,
2. den persönlichen Entwicklungszielen,
3. der Beurteilung der kritischen Fähigkeiten und Schlüsselverhaltensweisen/Kernkompetenzen des Teammitglieds,
4. der Mitarbeitereinschätzung: »Was sind meine Stärken und wo liegen mögliche Bereiche zur Weiterentwicklung?«

Beim PBP handelt es sich sowohl um einen Top-down- als auch um einen Bottom-up-Prozess.

2.2 Der Personal Development Plan (PDP)

Integraler Bestandteil des PBP ist der Personal Development Plan. Zweck des PDP ist, die Notwendigkeit zur beruflichen Weiterbildung zu identifizieren und zu vereinbaren sowie eine Grundlage zu schaffen, die den Mitarbeiter dabei unterstützt, sein Potenzial entsprechend den zukünftigen Anforderungen zu entwickeln.

2.3 Die Swot-Analyse

Ergänzend ist vom Vorgesetzten für jeden Mitarbeiter eine sogenannte Swot-Analyse durchzuführen. Hierbei geht es zusätzlich darum, die Stärken und

Schwächen der Mitarbeiter darzustellen. Dieses Dokument ist eine weitere Grundlage für das Mitarbeitergespräch, dient aber auch im weiteren Verlauf unserer Personalentwicklung als Gesprächsgrundlage.

2.4 Der President's Review (PR)

Sämtliche Ergebnisse aus den oben dargestellten und angewandten Instrumenten werden in unserem PR zusammengefasst. Auch hier ist es zunächst die Aufgabe des jeweiligen Managers, seine Potentials und High Potentials darzustellen. Dieser PR erfolgt in zwei Schritten, dem sogenannten »Regional Review« auf der Landesebene und dem weiterführenden Review auf »Group Level«. Die Vorgehensweise und die verwendeten Definitionen und Begriffe sind dabei gleich.

Laut unserer Definition ist ein »Potential« jemand, der sich innerhalb von fünf Jahren zum »High Potential« entwickeln kann. Er hat die Kompetenz, die Energie und die Bereitschaft, sich über einen längeren Zeitraum zu entwickeln und eine Führungsposition zu übernehmen. Er bringt in seiner jetzigen Position herausragende Leistungen und zeigt Volvo Leadership-Kompetenzen. Ein »High Potential« ist jemand, der innerhalb von zwei Jahren eine Schlüsselposition übernehmen kann.

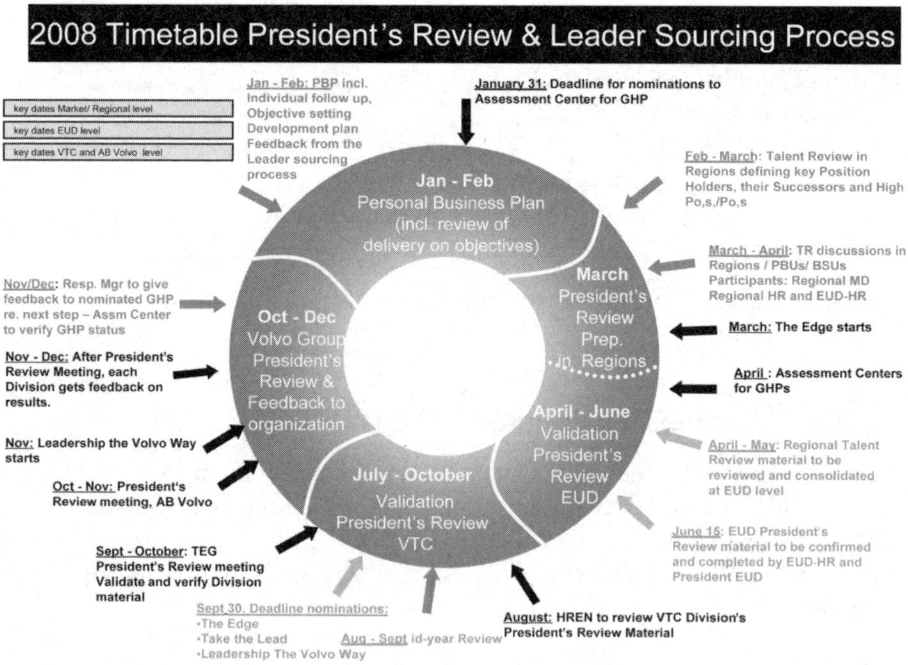

Abb. 3: Zeitplan

Wir legen besonderen Wert darauf, dass alle Manager auf allen Ebenen in diesen Prozess der Identifikation und Entwicklung eingebunden werden. Denn:

- Wir schaffen so ein Bindeglied zwischen Geschäft, Strategie und Kompetenz/ Mitarbeiter.
- Das Management kennt seine Mitarbeiter und die Anforderungen des Geschäfts.
- Die Einbindung des Managementteams auf allen Ebenen schafft Transparenz und Wertschätzung.
- Die Nutzung mehrerer Quellen (Teams) ist nachweislich genauer als die nur einer Quelle (Manager bzw. Vorgesetzter). Wenn sich infolgedessen die Qualität von Einschätzungen erhöht, so wirkt sich dies positiv auf die Gültigkeit des Prozesses aus.

Wichtig in diesem Prozess sind auch absolute Offenheit, Ehrlichkeit und Transparenz dem Mitarbeiter gegenüber. Jeder Einzelne hat ein Anrecht darauf, zu erfahren, wo er in diesem Prozess steht. Aber genauso wichtig ist es, dem Mitarbeiter die Information zukommen zu lassen, wenn er aus dem PR herausgenommen werden muss, weil sich zum Beispiel seine Performance verschlechtert hat. Für den PR nutzen wir folgendes Template.

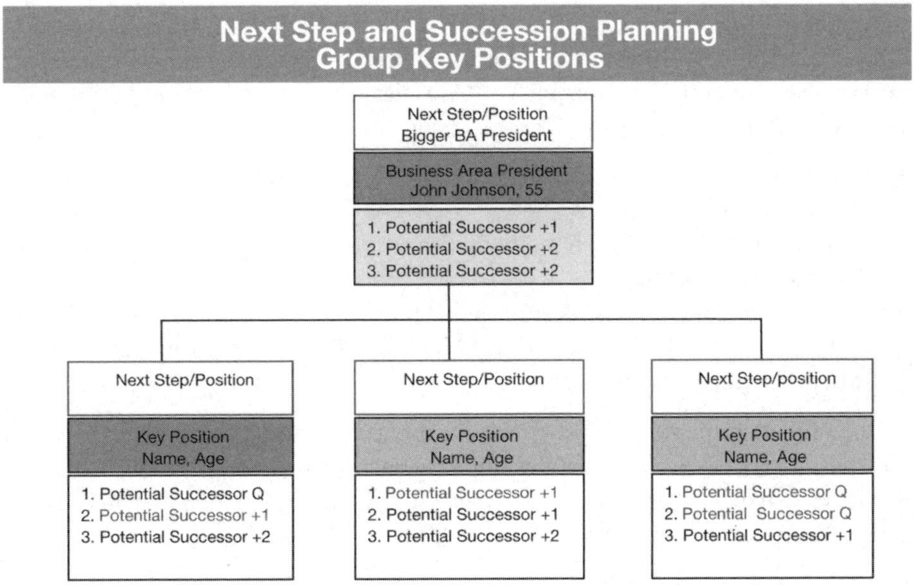

Abb. 4: Template President's Review

Dieses Template wird für jede Organisationseinheit erstellt und enthält alle Mitarbeiterinnen und Mitarbeiter. Der Personalentwicklungsplan wird noch ergänzt um das »Succession Planning«.

3 Training Diversity und Inclusiveness

Bezogen auf Diversity haben wir uns auch Ziele gesetzt, die ich am Beispiel der »Frauenquote« wie folgt beschreiben möchte:

a) Im Jahr 2005 haben wir eine Quote von 27 % erreicht, im Jahr 2006 28 % und im Jahr 2007 30 %.
b) Für 2008 beträgt unser Ziel 32 %.

Bezogen auf Frauen in Managementpositionen haben wir im Jahr 2005 15 % erreicht, im Jahr 2007 bereits 21 % und 2008 wollen wir 23 % unserer Managementpositionen mit Frauen besetzt haben. Ich möchte dabei aber nicht den Eindruck erwecken, dass Diversity für uns Quotenmanagement ist. Die Messung ist jedoch hilfreich, um zu zeigen, wie wir unsere Ziele erreicht haben und wo wir noch Veränderungen durchführen müssen.

Selbstverständlich gibt es auch nationale Unterschiede. So hat zum Beispiel in Schweden das Thema Diversity schon seit vielen Jahren einen wesentlich höheren Stellenwert als in Deutschland. Um die Auseinandersetzung mit dieser Thematik sowie die Umsetzung und Verankerung im Berufsalltag sicherzustellen, haben wir ein spezielles Trainingsprogramm entwickelt. Die Teilnahme hieran ist Verpflichtung für alle Manager. Das Trainingsprogramm »Diversity und Inclusiveness« vermittelt die Grundsätze unserer Philosophie. Unsere Manager sollen diese Philosophie dann im Sinne der Ausbildung von Multiplikatoren in ihrem Team weiterführen. Insgesamt umfassen die Trainings zehn Präsenztage innerhalb von neun Monaten plus vier E-Learning-Tage. Letztendlich ergeben sich folgende Erfolgsfaktoren: Unsere Manager lernen,

- dass sie verantwortlich sind dafür, dass Diversity ein fester Bestandteil ihrer Organisation ist,
- dass wir ein attraktiver Arbeitgeber sind, bezogen auf die verschiedenen Aspekte von Diversity,
- dass Diversity nicht als isoliertes Thema angesehen werden kann, sondern ein integraler Bestandteil unserer Geschäftstätigkeit ist und zur Innovation einen wesentlichen Beitrag leistet.

Bei der Einstellung von Mitarbeitern machen wir keine Unterschiede bezogen auf die ethnische Herkunft, Religion, Hautfarbe usw. (siehe Punkt 1.2). Alle Mitarbeiter haben unter Diversity-Gesichtspunkten die gleichen Möglichkeiten, ihre Fähigkeiten zu entwickeln.

Im Rahmen unserer jährlich stattfindenden Mitarbeiterbefragung bitten wir unsere Mitarbeiter auch, folgende Fragen zum Thema »Ältere Arbeitnehmer und Diversity« zu beantworten:

→ Sind Sie der Ansicht, dass Ihre Firma aktiv daran arbeitet, die Vielfalt (hinsichtlich Geschlecht, ethnischer Herkunft, Alter etc.) zu verbessern?

→ Sind Sie der Meinung, dass Ihr direkter Vorgesetzter aktiv daran arbeitet, die Vielfalt in der Belegschaft zu erhöhen?

Die Ergebnisse der Befragung werden sowohl mit der Führungskraft als auch im Team besprochen; sie werden analysiert und aus ihnen werden Maßnahmen abgeleitet, um Verbesserungen zu erzielen.

Ein weiteres Thema von großer Bedeutung ist die Verbindung von Arbeit und Elternzeit. Über die gesetzlichen Bestimmungen hinaus bieten wir unter anderem Folgendes an:

- Allen Mitarbeiterinnen und Mitarbeitern wird während der Elternzeit eine weitreichende Unterstützung angeboten.
- Die Arbeitsplätze werden während dieser Zeit freigehalten.
- Wir schaffen im Unternehmen ein Klima, in dem die Mitarbeiter dies als Selbstverständlichkeit ansehen und die teilnehmenden Männer sich nicht unwohl oder als Außenseiter fühlen.

Da diese Ziele nicht von alleine erreicht werden, obwohl die Trainings eine gute Unterstützung bieten, müssen wir dies mit weiteren Maßnahmen begleiten:

- Sicherstellen einer ausgewogenen Balance zwischen dem beruflichen Leben und der Freizeit bzw. dem Familienleben. Dies beinhaltet auch die Möglichkeit, von zu Hause aus zu arbeiten und Besprechungen in einer Zeit abzuhalten, die in den Tagesablauf von Eltern mit kleinen Kindern passt. – Zeiten zwischen 9 und 16 Uhr gewährleisten dies in der Regel.
- Unterstützung während der Elternzeit durch regelmäßige Kommunikation zwischen Mitarbeiter und Unternehmen. Dazu gehört auch der weiterhin uneingeschränkte Zugang zum Intranet und Mailsystem.
- Vorbereitung auf die »Wiedereingliederung« ins Unternehmen nach der Elternzeit.

4 Erhaltung der Employability

Wie bereits oben erwähnt, gibt es bei Volvo keinerlei Altersbeschränkungen, was die Einstellung von Mitarbeitern, Personalentwicklung usw. angeht. Eng verbunden mit dem Thema »Erhaltung der Employability« sind Gesundheitsprogramme. Zu den von uns angebotenen Gesundheitsprogrammen gehören u. a.:

→ jährliche Gesundheits-Check-ups für alle Mitarbeiter,
→ besondere Aufklärungsprogramme (Cholesterin, Lungenkrebs, Brustkrebs, Blutdruck etc.) in Zusammenarbeit mit den Krankenkassen und Bereitstellung entsprechender Informationen,
→ Anti-Stress-Kampagnen (fünf bis sechs Seminare für mentales, physisches und psychisches Training),
→ besonderer Zugang zu Fitness-Centern und Sportclubs.

In diesem Zusammenhang schauen wir uns auch die Arbeitsplätze der Mitarbeiterinnen und Mitarbeiter an und prüfen, inwieweit wir hier bei eventuell vorhandenen altersbedingten Beschwerden Abhilfe schaffen können. Dies gilt sowohl für Büroarbeitsplätze als auch für die Arbeitsplätze in den Werkstätten. Selbstverständlich ist in diesem Zusammenhang auch, dass ein Mitarbeiter, der zum Beispiel nicht mehr in der Reparatur von Lastkraftwagen arbeiten kann, einen anderen Arbeitsplatz erhält, der weniger belastend für seine Gesundheit ist.

5 Zusammenfassung und Weiterentwicklung

Talent Management unter Berücksichtigung von Diversity und Demografie ist ein ständiger Prozess des Dialoges zwischen Manager und Mitarbeiter, der

- Erwartungen,
- ständiges Feedback,
- Coaching,
- Performance-Messung,
- Entwicklungsplanung sowie
- Succession-Planung

miteinander verbindet.

Wir sind sicher, dass wir dieses mit den oben dargestellten Instrumenten auch erreicht haben. Aber nach wie vor bleibt es eine der wesentlichen Aufgaben der Manager, den Mitarbeitern mit konstruktivem Feedback und Coaching zu helfen, sich kontinuierlich weiter zu entwickeln. Nur wenn die Manager und das Unternehmen dazu beitragen, dass alle Mitarbeiter ihre Fähigkeiten entwickeln können, ihre Ziele erreichen, ihre Performance steigern und so auch zur Wertsteigerung im Unternehmen beitragen, wird Talent Management erfolgreich sein.

Zusammenfassend lässt sich Folgendes sagen:

→ Es ist ureigene Aufgabe der Verantwortlichen im Unternehmen, die Beschäftigung älterer Mitarbeiter/-innen sicherzustellen.
→ Wir brauchen entsprechende Programme, um die Employability zu fördern und zu garantieren, u. a. Gesundheitsprogramme.
→ Der Erhalt der Employability ist wettbewerbsentscheidend.
→ Wir müssen die Leistungsbereitschaft und die Leistungsfähigkeit erhalten (auch durch leistungsorientierte Neuausrichtung der Vergütungssysteme).
→ Wir müssen rechtzeitig den Know-how-Transfer sicherstellen – auch durch Ausrichtung unserer Modelle und Maßnahmen auf ältere und junge Mitarbeiter.

→ Wir müssen unsere Einstellungs- und Entlassungspraxis kräftig überdenken und die Integration älterer Menschen gewährleisten.
→ Wir müssen, bezogen auf Diversity und Demografie, umdenken und neue Lösungen finden.
→ Staatliche Programme können nicht als Allheilmittel angesehen werden. Wir müssen uns in unseren Unternehmen selbst des Themas annehmen.
→ Wir benötigen ein »Demografiebewusstes Personalmanagement«, das alle Aspekte von Diversity umfasst.

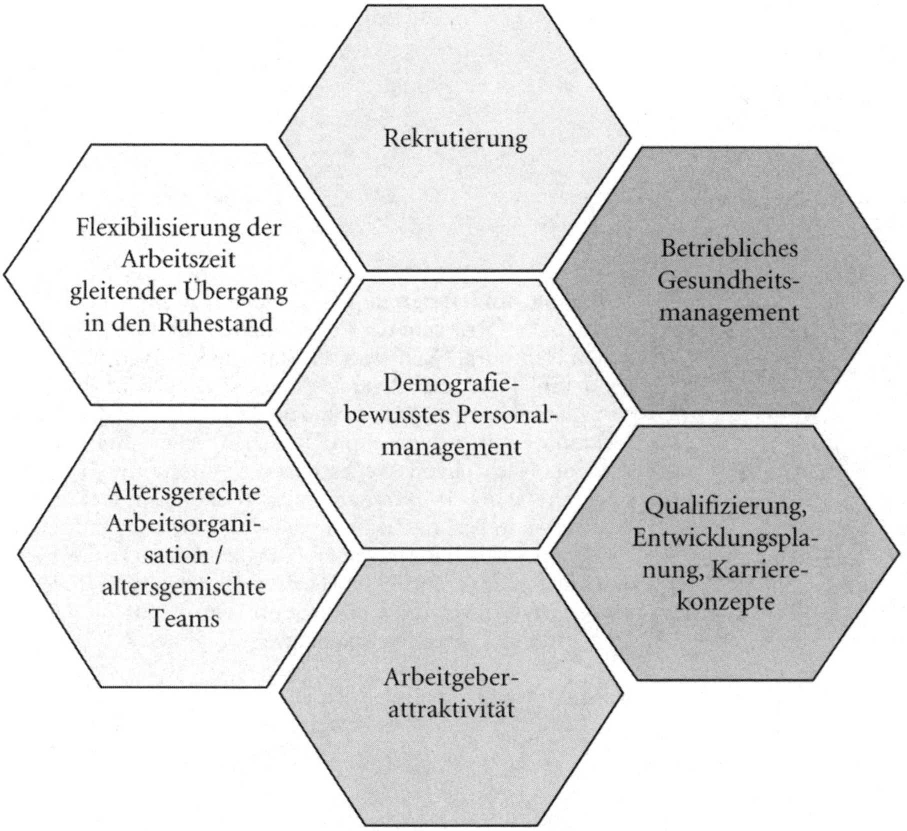

Abb. 5: Demografiebewusstes Personalmanagement
(Quelle und Copyright: Bertelsmann Stiftung 2008, André Schleiter)

Mit unseren Systemen, die nicht alleine für sich dastehen, sondern eng miteinander verbunden sind, haben wir den richtigen Weg beschritten. Eine Mitarbeiterzufriedenheit von 98 % und eine Fluktuationsquote (ungewollte Fluktuation) von 1 % sind Indikatoren hierfür.

Literatur

R. Roosevelt Thomas, Management of Diversity, Gabler Verlag 2001.

Christine Kuhn-Fleuchaus, Diversity Management, Steinbeis Edition 2008.

Dieter Wagner, Diversity Management als Leitbild, Gabler Verlag 2007.

Internet-Links

www.ehrf.org

www.forum.com

www.taleo.com

www.workforce.com

www.successfactors.com

Wolfgang Binder startete nach seinem Studium der Volkswirtschaft als Assistent des Personalleiters bei AEG – Telefunken in Hamburg. Nach weiteren Stationen als Werkspersonalleiter und Leiter des Referats Grundsatzfragen in der Konzernzentrale wurde Herr Binder Personalleiter der Firma Elekluft, einer Kooperation zwischen AEG und Hughes Aircraft. Nach einem Wechsel in die Automotive Industrie wechselte er in ein internationales Telekommunikationsunternehmen in Berlin. Hier war er als Director Human Resources verantwortlich für das gesamte Personal- und Sozialwesen. Seit März 2005 verantwortet Herr Binder den gesamten Personalbereich bei Volvo Trucks Region Central für die Länder Deutschland, Österreich und Schweiz.

Kontakt: wolfgang.binder@volvo.com

Lebenszyklusorientiertes Talent Management

Oliver Büdel und Sandra Gerhards

Eines der besorgniserregendsten Probleme des demografischen Wandels wird der Fachkräftemangel sein: Spätestens wenn die geburtenstarken und gut qualifizierten Jahrgänge der 1950er und 1960er Jahre aus dem Erwerbsleben ausscheiden, muss mit einem erheblichen Fachkräftemangel gerechnet werden. Bis zum Jahr 2015 ist insbesondere auf dem Akademikerarbeitsmarkt und in abgeschwächter Form auch bei betrieblich ausgebildeten Fachkräften mit einer Mangelsituation zu rechnen. Trotz steigender Erwerbsbeteiligung von Frauen und Älteren und der Zuwanderung ausländischer Fachkräfte wird das Erwerbspersonenpotenzial vom Jahr 2000 bis zum Jahr 2040 um fast sieben Millionen abnehmen. Verstärkt wird dieser Trend durch die Tatsache, dass immer weniger junge Leute nachrücken.

Demografische Situation der DekaBank

Eine interne Analyse der demografischen Situation und Prognose nahm die DekaBank, der zentrale Asset-Manager der Sparkassen-Finanzgruppe, zum Anlass, ihre »Lebenszyklusorientierte Personalarbeit« zu etablieren, um den zukünftigen demografischen Herausforderungen aktiv zu begegnen und auch zukünftig Talente gewinnen und binden zu können.

Die demografische Analyse zeigte, dass sich die Altersstruktur im DekaBank-Konzern in den kommenden 15 Jahren deutlich verschieben wird. Liegt der Altersdurchschnitt heute noch bei 38 Jahren, wird er im Jahr 2021 rund zehn Jahre höher sein und die Spitze der Alterspyramide verschiebt sich von den 35 – 39-jährigen hin zu den 45 – 49-jährigen Mitarbeitern. Im Alter von 20 bis 39 Jahren gäbe es dann nur noch eine sehr kleine Gruppe an Mitarbeitern. Verschärft wird diese Entwicklung durch den sich parallel wandelnden beruflichen Lebenszyklus der Arbeitnehmer. Die individuellen Biografien werden sich entscheidend wandeln. Den konstanten Vollzeit-Mitarbeiter wird es nicht mehr geben. Vielmehr werden lebenslanges Lernen, die ständige Weiterqualifizierung auch im höheren Alter und die Vereinbarkeit von Berufs- und Privatleben eine sehr viel stärkere Bedeutung als heute haben.

Der Kampf um die besten Talente ist also in vollem Gang. Das Talent Management steht für die DekaBank daher im Fokus ihrer Lebenszyklusorientierten Personalpolitik. Erfolgreiche Mitarbeiter zu gewinnen und zu halten erfordert einen personalpolitischen Spagat: denn ihnen ist eine herausfordernde Tätigkeit mit Karrieremöglichkeiten und guter Bezahlung genauso wichtig wie eine gute Work-Life-Balance mit flexiblen Arbeitszeiten und einer angemessenen Arbeitsbelastung. Für viele Unternehmen bedeutet das ein fundamentales Umdenken:

Die Unternehmen bewerben sich immer häufiger bei den qualifizierten Fachkräften und nicht umgekehrt.

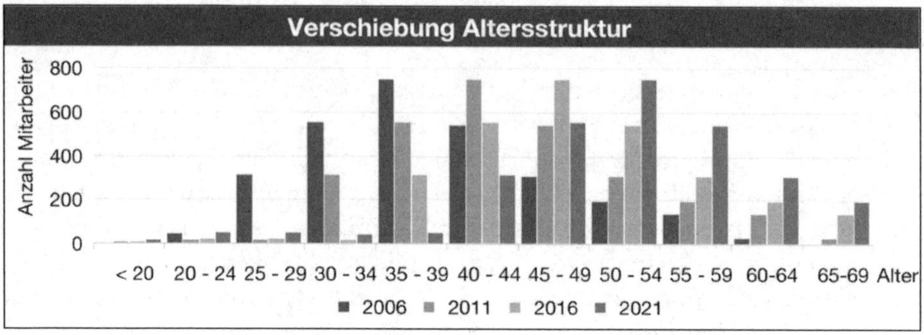

Abb. 1: Altersstruktur DekaBank-Konzern

Unternehmen, die sich nicht aktiv um das Talent Management kümmern, riskieren die Abwanderung ihrer Wissens- und Leistungsträger. Gleichzeitig werden Talente am externen Arbeitsmarkt immer knapper und ihre Rekrutierung immer aufwendiger und teurer. Die Gewinnung und Bindung leistungsstarker Mitarbeiter und speziell solcher mit erfolgskritischen Qualifikationen zählt daher zu den Aufgaben mit höchster Priorität im Personalmanagement der DekaBank. Vor diesem Hintergrund beauftragte die DekaBank eine Studie beim Institut der Deutschen Wirtschaft Köln und entwickelte ihr Konzept der »Lebenszyklusorientierten Personalarbeit«, für das sie 2007 mit dem Deutschen Personalwirtschaftspreis ausgezeichnet wurde.

Lebenszyklusorientierter Ansatz

Nach der Analyse der demografischen Situation der DekaBank wurden auf Basis der Lebenszyklusorientierten Personalentwicklung nach Anita Graf unterschiedliche Lebenszyklen (biosoziale, familiäre, stellenbezogene, betriebliche und berufliche) analysiert. Als Grundmodell entschied sich die DekaBank für den beruflichen Lebenszyklus, da dieser das komplette Erwerbsleben von der Berufsauswahl bis zum Ausscheiden aus dem Berufsleben abbildet, und ergänzte es um die Phase vor dem beruflichem Eintritt sowie die Phase nach dem Austritt aus dem Berufsleben. Die Phase vor dem beruflichen Eintritt gewinnt bei der Betrachtung des potenziellen Nachwuchses an Bedeutung. Die Phase nach Austritt aus dem Berufsleben ist relevant für die Know-how-Sicherung sowie für gelingende Übergänge in den Ruhestand.

Danach wurden die einzelnen Phasen mit groben Altersspannen hinterlegt und typische Kennzeichen und Bedürfnisse pro Lebenszyklusphase zugeordnet. Als Ergebnis entstand eine Charakterisierung der Lebenszyklusphasen.

Auf Basis der demografischen Analyse der DekaBank und der allgemeinen demografischen Herausforderungen wurden sieben personalpolitische Handlungsfelder definiert:

(1) Rekrutierung und Retention Management,
(2) Anpassung der Arbeitsbedingungen an verschiedene Lebensphasen,
(3) Organisation des Wissenstransfers zwischen älteren und jüngeren Mitarbeitern,
(4) lebenszyklusabhängige Qualifizierung,
(5) Work-Life-Balance / Vereinbarkeit von Beruf und Familie,
(6) betriebliches Gesundheitsmanagement sowie
(7) attraktive und finanzierbare Modelle zum Übergang in den Ruhestand.

Hauptcharakteristika der beruflichen Lebensphasen				
Biologische Leistungsfähigkeit	**Kognitive Leistungsfähigkeit**	**Bildungsschwerpunkt**	**Berufliche Ziele**	**Private Interessen / Orientierung**
Phase vor beruflichem Antritt (15 – 29 Jahre)				
körperliches Wachstum	Persönliche Identitätsfindung, hohe Lernfähigkeit	Schulbildung, Allgemeinbildung	Berufliche Ziele finden	Cliquenbildung, Erlebnisorientierung
Phase der beruflichen Einführung (15 – 29 Jahre)				
höchste körperliche Belastbarkeit möglich	berufliche Identitätsfindung (Werte, Profession ...), Mündigkeit, Selbstständigkeit	Beginnende Spezialisierung, Ausbildung, Studium (immer mehr Bachelor-Absolventen mit Masterambitionen)	berufliche Rolle in der Organisation finden, Realitätsschock, Stärken / Schwächen im Arbeitsleben erfahren	Wunsch nach Beziehungsnetzen, Entscheidung für Familie und / oder Beruf
Phase des Wachstums (30 – 39 Jahre)				
Respektierung der erreichten biologischen Grenze	Hohe Innovationsfähigkeit	Hauptleistungsträger (höchster Bildungsstand in Theorie und Praxis)	Festlegen des Karriereweges, Wettbewerbslust, monetäre Ziele, häufiger Arbeitgeberwechsel	Entscheidung für Familie und/oder Beruf, ggf. Patchwork-Familie, Vereinbarkeit von Familie und Beruf
Phase der Reife (40 – 49 Jahre)				
Aktive Maßnahmen zur Gesundheitserhaltung	Respektierung der erreichten geistigen Leistungsfähigkeit, Erfahrungswissen gewinnt an Bedeutung	hohes organisatorisches, informelles Wissen	Wunsch nach weiterer Herausforderung (z.B. besondere Projekte), Grenzen der eigenen Karriere erkennen	Überprüfen der Lebensziele, alternde Eltern und Angehörige
Phase der Sättigung (50 – 59 Jahre)				
Verstärktes Engagement zur Gesundheitserhaltung	Erfahrungswissen hat große Bedeutung, Besonnenheit	Methoden der Wissensweitergabe (z.B. Lehr-/Beratertätigkeit)	Wunsch nach beruflicher Mobilität, akzeptiertes Mitglied der Organisation bleiben, Wunsch nach gleitendem Übergang in den Ruhestand	Neue familiäre Beziehungen/Situation (Enkel, Pflege und Tod von Angehörigen)
Phase des Berufsaustritts (ab 60 Jahre)				
Verstärktes Engagement zur Gesundheitserhaltung	Altersweisheit	Anleitung für die neue Zeitgestaltung in der Rentenphase	Wunsch, den Kontakt zu Firma und Kollegen zu halten	Wunsch, »gebraucht zu werden«, Wunsch, den bisherigen Lebensstandard auch in der Rentenphase zu halten

Abb. 2: Hauptcharakteristika der Lebenszyklusphasen

Durch die Zuordnung zu Handlungsfeldern entstand ein ganzheitliches und umfassendes Programm, das sowohl auf die Unternehmensziele als auch auf die Bedürfnisse der Mitarbeiter in den einzelnen Lebenszyklusphasen ausgerichtet ist. Die Verknüpfung der Maßnahmen mit aussagekräftigen Kennzahlen ermöglicht deren zielgerichtete Steuerung, um langfristig die demografischen Herausforderungen zu meistern.

Handlungsfeld Vereinbarkeit von Beruf und Familie

Für die DekaBank heißt das, Mitarbeitern Arbeitsbedingungen zu bieten, die berufliche und private Interessen gut miteinander vereinbaren lassen. Im Jahr 2005 hat die DekaBank erstmals am Audit »beruf und familie« der gemeinnützigen Hertie-Stiftung teilgenommen und ist seitdem als familienfreundliches Unternehmen zertifiziert. Die DekaBank beauftragte zu dieser Zeit das Work Family-Institut mit einer Pilotstudie zum Thema »Wirkung von Familienstress auf das Arbeitsverhalten«. Die Studie weist nach, dass Elterntrainings deutlich positive Effekte auf das Empfinden von Stressoren und den Umgang mit Stress haben. Über den sogenannten Spillover-Effekt wirken sich die positiven Erfahrungen nicht nur auf das Familienleben, sondern auch auf den Arbeitsalltag aus. Basierend auf diesen Ergebnissen bietet die DekaBank das Programm »DekaPEP4Kids« an. Eltern verbessern dort ihre Fähigkeiten für den Erziehungsalltag in der Familie. Die erlernten Strategien und Kompetenzen sind nicht nur im Familienleben einsetzbar, sondern auch am Arbeitsplatz. Darüber hinaus erhöht sich die Produktivität der Mitarbeiter und die Fehlzeiten verringern sich.

Mitarbeiter entwickeln gerade in ihrem familiären Umfeld wichtige Kompetenzen, die sie optimal im Berufsleben einbringen und nutzen können. Es gibt einige überfachliche Qualifikationen, die sowohl bei der Erwerbsarbeit als auch bei der Familienarbeit wichtig sind: Zeitmanagement, Zielorientierung, Empathievermögen, Entscheidungsfreudigkeit, Konfliktfähigkeit oder Durchsetzungsvermögen. Als typische Familienkompetenzen gelten in der Regel Planungs- und Organisationsvermögen, soziale Fähigkeiten, Verantwortungsbewusstsein, Flexibilität und Teamfähigkeit. Die Familie ist also auch ein Lernort für berufliche Qualifikationen. Familienarbeit fördert Schlüsselqualifikationen und Führungsverhalten.

Die DekaBank hat 1997 mit einer Kooperation mit dem pme Familienservice begonnen, Vermittlungs- und Beratungsleistungen beispielsweise für Babysitter, Tagesmütter oder Au-pair-Mädchen anzubieten. Im Lauf der Zeit hat die DekaBank dann Kinderbetreuungsplätze eingerichtet. Zwölf Plätze waren es zu Beginn, aktuell sind es 23 Vollzeitplätze, die aufgrund der starken Nachfrage ausgebaut werden. Die Betreuung in der Kinderkrippe ist für Kinder im Alter von acht Wochen bis drei Jahre. Das ermöglicht insbesondere Eltern in der

Elternzeit eine sehr schnelle Rückkehr an ihren Arbeitsplatz. Die Kinderkrippe hat täglich von 7 bis 19 Uhr geöffnet, ohne Ferienzeiten. Die Eltern verfügen dadurch über ein Höchstmaß an Flexibilität.

Darüber hinaus können die Mitarbeiter auch eine Notfallbetreuung für Kinder im Alter von acht Wochen bis zwölf Jahre wahrnehmen. Konkret bedeutet das, dass die Mitarbeiter spontan morgens anrufen und eine Betreuungsmöglichkeit anfordern können, wenn die eigene Regelbetreuung ausfällt, die Kindergärten beispielsweise streiken oder die Tagesmutter krank ist. Die Kosten für die Notfallbetreuung übernimmt die DekaBank für bis zu fünf Tage im Jahr. Dadurch können Ausfallzeiten deutlich vermindert werden und die Mitarbeiter können ohne weiteren Organisationsaufwand ihrer beruflichen Tätigkeit nachgehen.

Finanziell rechnen sich diese Maßnahmen für die Bank: Einem Aufwand von rund 12.600 Euro für die Anschaffung und die laufenden Kosten eines Krippenplatzes stehen zurzeit durchschnittlich Kosten in Höhe von ca. 45.000 Euro für die Einstellung und Einarbeitung eines Ersatzmitarbeiters gegenüber. Die Bindung der Mitarbeiterinnen und Mitarbeiter in Elternzeit bzw. mit Familienpflichten führt damit nicht zuletzt auch zur Einsparung von Rekrutierungs- und Einarbeitungskosten.

Kalkulation Krippenplatz 1 Jahr Elternzeit einer Vollzeitkraft, Gesamtvergütung 84.000,– Euro p.a.	
Kosten für die Einstellung eines Ersatzmitarbeiters für die Elternzeit	**45.400,– Euro**
Rekrutierungskosten	23.700,– Euro
Kalkulatorische interne Ein- und Austrittskosten	4.000,– Euro
Kalkulatorische Einarbeitung (2 Monate Einarbeitender und Einzuarbeitender je 50% für neuen Mitarbeiter)	11.800,– Euro
Kalkulatorische Einarbeitung (1 Monat Einarbeitender und Einzuarbeitender je 50% bei Rückkehr aus Elternzeit)	5.900,– Euro
Vergleichskosten Krippenplatz	**12.620,– Euro**
Laufender Arbeitgeberanteil für den Krippenplatz	9.120,– Euro
Einmalige Kosten für die Einrichtung des Krippenplatzes	3.500,– Euro
Nutzen	**32.780,– Euro**

Abb. 3: Kalkulation Kinderbetreuung

Im Fokus der Familienfreundlichkeit stehen neben Mitarbeitern mit Kindern auch Mitarbeiter mit pflegebedürftigen Angehörigen. Für Menschen, die pflegebedürftige Angehörige versorgen, ist eine Berufstätigkeit meist nur eingeschränkt möglich. Die DekaBank unterstützt ihre Mitarbeiter bei der Betreuung von pflegebedürftigen Angehörigen durch die kostenfreie Beratung und Vermittlung von Alten- und Krankenbetreuungsmöglichkeiten sowie Notfallbetreuungsplätze, falls die reguläre Pflege/Betreuung ausfällt. Darüber hinaus werden unbezahlte Freistellungen für einen begrenzten Zeitraum bis zu drei Jahren im Rahmen des neuen Pflegezeitgesetzes gewährt.

Flexible Arbeitszeiten

Zum Jahresbeginn 2008 hat die DekaBank ein Vertrauensarbeitszeitmodell – die Deka Arbeitsautonomie – eingeführt und damit das bestehende Gleitzeitmodell erweitert. Die Mitarbeiter können entscheiden, ob sie die Zeiterfassung als Arbeitszeitmodell wählen, in der sie ihre Arbeitszeiten täglich elektronisch erfassen, oder die Deka Arbeitsautonomie, in der sie selbst entscheiden, wann und wo sie arbeiten. Die Kernelemente der Arbeitsautonomie sind:

- eigenverantwortliches Steuern der Arbeitszeit und Erbringen der Arbeitsleistung durch den Mitarbeiter,
- Gestaltungsspielräume für ergebnisorientierten Einsatz der Arbeitszeit innerhalb eines definierten Rahmens,
- Verzicht auf Zeitkontrolle seitens des Arbeitgebers,
- verstärkte Kommunikation zwischen Mitarbeiter und Führungskraft,
- Unterstützung der Mitarbeiter bei Missverhältnis von Aufgabenumfang und vertraglich vereinbarter Arbeitszeit durch die Führungskraft.

In der Deka Arbeitsautonomie erfüllen die Mitarbeiter ihre arbeitsvertraglichen Verpflichtungen zur Arbeitszeit eigenverantwortlich, das heißt, jeder selbst steuert die Erbringung seiner Arbeitszeit und auch den Ausgleich von Überstunden. Dies bedeutet, dass der Mitarbeiter auf die Einhaltung seiner vertraglich geregelten Arbeitszeit selbst achten und mit ihr effizient umgehen muss. Unterstützung erhält der Mitarbeiter bei Bedarf durch seine Führungskraft. Insgesamt gewinnt dadurch die Kommunikation zwischen Führungskraft und Mitarbeiter an Bedeutung: sie ist entscheidender Bestandteil der Arbeitsautonomie. Wichtig ist dabei, dass die Führungskraft über die Auslastung ihres Teams gut informiert ist und eine sinnvolle Aufgabenverteilung vornehmen kann. Die DekaBank als Arbeitgeber verzichtet auf die Kontrolle der Arbeitszeit. Damit entfällt nicht wertschöpfender, administrativer Aufwand der Zeiterfassung und -kontrolle bei Mitarbeitern und Führungskräften.

Handlungsfeld Gesundheitsmanagement

Die Statistiken der Krankenkassen belegen, dass mit steigendem Alter auch die Dauer der Erkrankungen ansteigt. Mit anderen Worten: Ältere sind zwar nicht häufiger krank als junge Mitarbeiter, aber wenn sie einmal krank sind, dann sind sie länger krank. Aufgrund des jungen Durchschnittsalters der DekaBank wirkt sich diese Tatsache momentan kaum auf den Krankenstand der DekaBank aus. Die allgemein wieder steigende Beschäftigtenquote der Älteren einerseits und die Erhöhung des Durchschnittsalters der Belegschaft in den kommenden Jahren andererseits werden die krankheitsbedingten Fehlzeiten wieder ansteigen lassen. Vor diesem Hintergrund gewinnt der Aspekt des betrieblichen Gesundheitsmanagements an Bedeutung, denn nur ein gesunder Mensch ist lernfähig, leistungsbereit, flexibel und innovativ. Prävention wird zu einer wichtigen Zukunftsaufgabe, vor allem um die Beschäftigungsfähigkeit älterer Mitarbeiter so lange wie möglich zu erhalten.

Die DekaBank etablierte daher ein ganzheitliches Gesundheitsmanagement-Konzept, um die Leistungsfähigkeit der Mitarbeiter mit zunehmendem Alter zu gewährleisten. Denn über eine gezielte Vorsorge können langfristige Erkrankungen wie Bandscheibenvorfälle oder Herz- und Kreislaufprobleme verhindert werden. Ziel ist es, arbeitsbedingte Erkrankungen zu reduzieren und die Gesundheit der Mitarbeiter zu stärken.

In der Vergangenheit gab es einzelne Maßnahmen zur Gesunderhaltung der Mitarbeiter, wie zum Beispiel Rückenschule, Vergünstigungen in Fitnessstudios, Betriebssportgemeinschaft, regelmäßige Check-ups für leitende Angestellte, ein gesundes Ernährungsangebot mit speziellen Aktionswochen sowie spezielle Work-Life-Balance-Seminare. Den langfristigen Anforderungen wird jedoch durch Bündelung und Ausbau der Leistungen im Deka Health Center Rechnung getragen. In Zusammenarbeit mit Medical Park als medizinisch-kompetentem Partner wird ein umfassendes Programm zu Bewegung, Entspannung und Ernährung angeboten. Seit Mai 2008 bietet das Deka Health Center allen Mitarbeitern von regelmäßigen Gesundheits- und Fitnesschecks über Kursprogramme zu Entspannung und Stressmanagement sowie Trainingsbereiche mit Cardio- und Ausdauergeräten das gesamte Programm eines modernen Fitness- und Gesundheitsstudios in direkter Nähe der Konzernzentrale in Frankfurt am Main an.

Betriebliche Gesundheitsförderung spart nicht nur Lohnfortzahlungen im Krankheitsfall, sondern vor allem Verluste aufgrund der entgangenen Arbeitsleistung. Im Hinblick auf die demografische Entwicklung haben Unternehmen, die sowohl die körperliche Gesundheit als auch das geistige und soziale Wohlbefinden der Mitarbeiter fördern, entscheidende Wettbewerbsvorteile. Zum einen können durch rechtzeitig getroffene Maßnahmen gerade die chronischen Erkrankungen, die bei älteren Menschen zu längeren Fehlzeiten führen, verhindert oder vermindert werden. Die Leistungsfähigkeit bleibt erhalten und das für Unternehmen zunehmend wichtiger werdende Know-how von älteren Mitarbeitern ebenfalls. Zum anderen entscheiden sich qualifizierte Nachwuchskräfte eher für Unternehmen, die nicht nur einen finanziellen Anreiz bieten, sondern langfristig an der Gesundheit ihrer Mitarbeiter interessiert sind.

Fazit

Mit dem Lebenszyklusorientierten Talent Management hat die DekaBank eine Antwort auf die demografischen Herausforderungen gefunden, die sich nicht in konventionellen Einzelmaßnahmen erschöpft. Vielmehr wurde ein ganzheitliches und umfassendes Rahmenkonzept entwickelt, welches die vorhandenen Personalinstrumente neu bewertet, gegebenenfalls modifiziert oder komplett neu definiert, miteinander vernetzt und mit einem soliden Kennzahlensystem hinterlegt.

Aktuell entwickelt die DekaBank ihr Konzept hinsichtlich der Beschäftigung älterer Mitarbeiter weiter und hat dazu eine weitere Studie beim Institut der Deutschen Wirtschaft Köln beauftragt. Grundsätzlich fehlt es in der Wirtschaft an »altersneutralen« Rahmenbedingungen. Es gilt, in der heutigen Personalarbeit Rahmenbedingungen zu schaffen und zu verändern, um die in fünf bis zehn Jahren dorthin wachsende Alterskohorte 50+, die dann die Mehrheit der Belegschaft bildet, in angepassten Arbeitsstrukturen bestmöglich einsetzen zu können. Die Kernfragen, die sich für die DekaBank auf betrieblicher Ebene dabei stellen, lauten: Wie kann die Motivation für ein Arbeiten ohne Altersgrenze bis in die Lebensalterszone 65+ geschaffen werden? Wie müssen betriebliche Maßnahmen der körperlichen Gesundheitsvorsorge und des Erhalts und Ausbaus der kognitiven Fähigkeiten miteinander kombiniert werden? Was ist zu tun, um Vergütungssysteme vom Senioritätsprinzip zu entkoppeln?

Ohne aktives Management des demografischen Wandels werden Unternehmen in absehbarer Zeit im Kampf um Märkte, Kunden und Profite national wie international an Wettbewerbsfähigkeit verlieren. Doch der demografische Wandel birgt daneben auch viele Chancen. Die DekaBank hofft, mit ihrem Lebenszyklusorientierten Talent Management am europäischen Finanzplatz Frankfurt ein attraktiver Arbeitgeber zu bleiben, dem die Gewinnung und Bindung von Talenten durch eine gute Nachwuchsförderung, moderne Arbeitsbedingungen und ein attraktives Gesundheitsmanagement gelingt.

Oliver Büdel ist seit 2003 Leiter Personal der DekaBank Deutsche Girozentrale. Der Bankdirektor hat die Lebenszyklusorientierte Personalpolitik der DekaBank entwickelt, für das die DekaBank 2007 mit dem Deutschen Personalwirtschaftspreis ausgezeichnet wurde. Er hat Personalinstrumente wie die Fach- und Führungskarriere vorangetrieben, Feedbacksysteme etabliert und ein reichhaltiges Angebot für die Vereinbarkeit von Beruf und Familie gefördert, durch das der zentrale Asset Manager der Sparkassen-Finanzgruppe 2005 von der Hertie-Stiftung als familienfreundliches Unternehmen zertifiziert wurde. Seine berufliche Laufbahn startete er mit seiner Ausbildung zum Bankkaufmann 1984 bei der Bergen-Enkheimer Volksbank. Nach mehreren Positionen im Kreditgeschäft wechselte der Diplombetriebswirt (FH) 1990 zur BHF-BANK AG. Nach einer kurzen Station in der International Banking Division wechselte er in den dortigen Bereich Personal. Hier war er ab 1996 in verschiedenen leitenden Positionen tätig, bis er Ende 2002 als Direktor Personal die BHF-BANK AG verließ.

Kontakt: oliver.buedel@dekabank.de

Sandra Gerhards (Jahrgang 1974) ist seit 2006 Personalreferentin Grundsatzfragen der DekaBank in Frankfurt und verantwortlich für strategische Personalkonzepte und -projekte. Davor arbeitete sie als Assistentin der Geschäftsführung der HVB Systems und in weiteren Funktionen für die HypoVereinsbank in München. Frau Gerhards schloss 1997 ihr Studium der Betriebswirtschaftslehre mit dem Schwerpunkt Bank an der Berufsakademie Berlin als Diplom-Betriebswirtin (BA) ab. Nebenher ist sie Autorin im Carl-Hanser-Verlag.

Kontakt: sandra.gerhards@dekabank.de

3 Talent Management und (IT-)Systeme

Soziale Netzwerkanalyse zur Unterstützung im Talent Management

Michael Böni

Thematische Einführung

Die Soziale Netzwerkanalyse (»Social Network Analysis« oder »SNA«), so wie wir sie in unserem Zusammenhang verstehen wollen, beschäftigt sich mit den Beziehungen zwischen Akteuren (Personen wie auch Organisationen) und den emergenten Strukturen, oder Beziehungsmustern, welche durch diese Beziehungen entstehen. Gleichermaßen werden in der sozialen Netzwerkanalyse generative Prozesse betrachtet, welche solche Strukturen entstehen lassen und verändern.

Konstituierend für Beziehungen ist primär die soziale Interaktion, also die aktive Wechselwirkung zwischen zwei oder mehreren Akteuren. Dies kann ein direktes Gespräch, ein Telefonat, eine E-Mail, SMS oder jede andere Form von technologiegestützter oder direkter zwischenmenschlicher, auch nonverbaler Kommunikation sein.

Es gibt einige wissenschaftliche Ansätze zur Definition von sozialer Interaktion, für das vorliegende Fallbeispiel reicht die obige, vereinfachte Definition jedoch aus. Wer sich tiefer mit dem Thema soziale Interaktion beschäftigen will, ist mit Heinz Abels Werk[1] gut bedient.

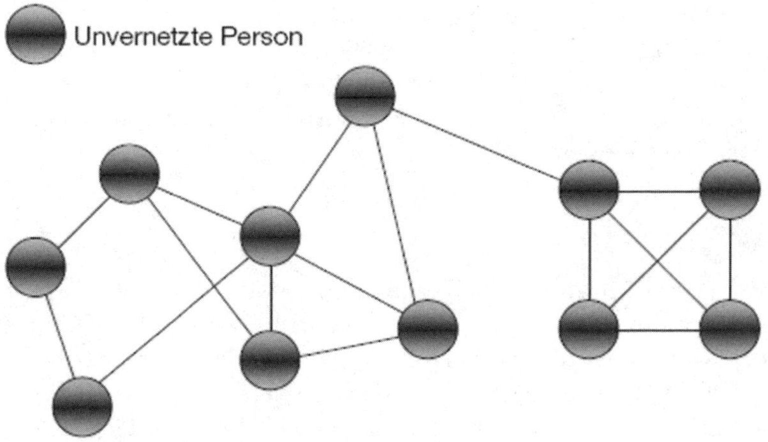

Abb. 1: Soziales Netzwerk und eine unvernetzte Person

Die Analyse von sozialen Netzwerken kann auf der individuellen Ebene (Personen oder Organisationen) wie auch auf aggregierter Ebene (z. B. Familien, Cliquen, Teams, Abteilungen, Standorte oder ganze Firmen) betrachtet werden.

Der Begriff »Soziales Netzwerk« wurde erstmals in der englischen Social Anthropology (Ethnosoziologie) benutzt, um die spontane Selbstorganisation von Zuwanderern in kolonialen Industriestädten zu erfassen und zu erklären.[2] Den Einzug nach Europa fand der Begriff aufgrund der Arbeiten von Franz Urban Pappi und Peter Kappelhoff, welche versuchten, die Wissensbildung in der Kommunalpolitik zu ergründen. Der Ansatz war gerade deshalb für die beiden Forscher interessant, weil dieser kein »gemeinsames Hauptziel« der Akteure voraussetzte, sondern die unterschiedlichen Ziele der einzelnen Beteiligten verknüpfen konnte. Bis dahin fehlte hierfür ein wissenschaftlich beschreibbarer Begriff.

In der ersten Hälfte des 20. Jahrhunderts steuerte Jacob Moreno[3] die nach ihm benannte »Moreno-Soziometrie« bei, die sich besonders durch die grafische Abbildung von sozialen Netzwerken hervorgetan hat. Moreno hat außerdem einige Beschreibungskategorien, beispielsweise den Umfang und die Dichte des Netzwerkes, wie auch die Funktion (was wollen die Beteiligten) des Netzwerkes und die Qualität der Beziehungen zwischen den Akteuren betrachtet.

Wie kann man ein soziales Netzwerk »lesen«?

Umfang und Dichte eines Netzwerkes sind interessant, jedoch für die Wissenschaft wie auch für eine betriebliche Anwendung nicht ausreichend. Interessant wird es erst mit der Hinzunahme der Netzwerktheorie und den damit verbundenen Analysemöglichkeiten.

Die Netzwerktheorie[4] ist ein Forschungsgebiet, welches mit Hilfe mathematischer und statistischer Methoden Netzwerke unterschiedlichster Art untersucht. Praktische Anwendung findet die Netzwerktheorie beispielsweise bei der Definition der Wichtigkeit einer Website (»Webometrie«, viele Suchmaschinen wie z. B. Google arbeiten auf Basis dieser Prinzipien), in der Ausbreitungsdynamik von Krankheiten (Epidemiologie), der Systembiologie oder eben der Analyse von sozialen Netzwerken.

»Hubs«

Die Frage »Wer ist eigentlich wichtig in meinem Netzwerk?« hängt stark davon ab, in welchem Kontext man sich diese Frage stellt. Benötigt man beispielsweise jemanden, der bei der Montage der eben gekauften Ikea-Lampe behilflich sein kann, so sucht man in seinem persönlichen Netzwerk nach jemandem mit handwerklichen Fähigkeiten, der Null-Leiter und Phase unterscheiden kann. Diese Person ist im gegebenen Kontext wichtig.

Fragt man sich jedoch, wer für das Netzwerk an sich, also bezüglich der Struktur und des Zusammenhalts des Netzwerkes wichtig ist, so bietet die Netzwerktheorie hierzu eine Hand.

Herausragende Akteure lassen sich mittels ihrer Verlinkung identifizieren. Vereinfacht gesagt sind »Hubs« oder »Authorities« Personen, die mit vielen anderen Personen verlinkt sind, also über viele Beziehungen zu anderen Personen verfügen. »Hubs« sind beispielsweise Personen, die stark in der Öffentlichkeit stehen, etwa bekannte Politiker, Wirtschaftsführer oder Filmstars. Diese Personen nehmen eine entsprechende »Rolle« ein, als Vertrauensperson, Meinungsmacher und Vorbild.

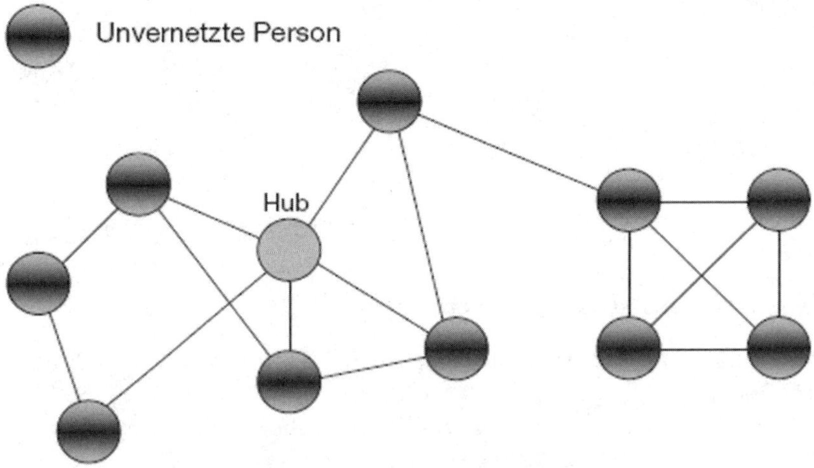

Abb. 2: Der »Hub« verbindet viele andere Akteure miteinander.

»Brokers«

Während ein »Hub« (siehe Abbildung 2) über viele Beziehungen verfügt und damit eine wichtige Position im Netzwerk einnimmt, kann der »Broker« viel weniger Beziehungen haben, im Extremfall nur zwei. Trotzdem ist er für ein Netzwerk äußerst wichtig. Betrachten Sie einmal das einfache Netzwerk in Abbildung 3. Der Broker vereint nur drei Beziehungen in sich, würde also als »Hub« schlechter abschneiden als Akteur »A«. Betrachtet man jedoch die Struktur des Netzwerkes, so fällt auf, dass A die Akteure B, C, D und E nur über den Broker erreicht, der Broker übernimmt die Rolle eines Vermittlers. Ein Vermittler hat eine sehr wichtige Rolle im Hinblick auf die Integrität von Netzwerken.

Das Beispiel zeigt die Wichtigkeit eines Brokers, jedoch auch die damit verbundene Gefahr: Im betrachteten Netzwerk ist der Broker der »Single Point of Failure«. Fällt er weg, brechen die beiden Netzwerke auseinander. Eine Kommunikation zwischen A und B, C, D und E ist nicht mehr möglich.

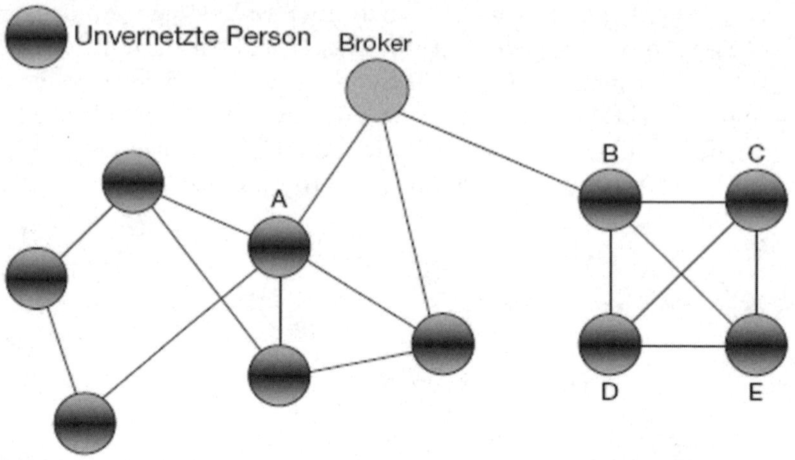

Abb 3: Der »Broker« verbindet Gruppen oder ganze Netze miteinander.

Pfade durch den sozialen Dschungel

Das Netzwerk einer durchschnittlich sozialen Person umfasst schnell mehrere hundert Personen. Viele Personen lernt man durch Zufall kennen. Selten sind das jedoch diejenigen, zu welchen zu einer gegebenen Zeit Zugang benötigt wird. Hier hilft ein systematisches Vorgehen. Je nach sozialem Status der Zielperson kann es schwierig oder gar unmöglich sein, diese direkt anzusprechen. Wie findet man nun den besten Weg, um an diese Person heranzukommen? Am erfolgversprechendsten ist eine Empfehlung durch eine weitere Person, die der Zielperson nahesteht und über eine oder mehrere Stufen mit uns verbunden ist.

Ein persönliches Netzwerk ist eines der wichtigsten Güter, das jemand besitzt, vor allem im Geschäftsleben. Deshalb wird ein Kontakt kaum vermittelt, ohne dass ein Vertrauensverhältnis existiert. Hier hilft die Pfadanalyse, mögliche Pfade zur Zielperson zu finden und den bestmöglichen Pfad auszuwählen. Also den Pfad, bei welchem die Personen möglichst stark untereinander verbunden sind. Ist die Beziehung zu einer Person auf dem Weg zum Ziel stark, haben wir also eine gute Beziehung zur nächsten Person auf dem Pfad, und damit ist die Wahrscheinlichkeit groß, dass uns diese Person der nächsten vorstellen wird und sogar persönlich für uns einsteht.

Während man das in kleinen Netzwerken intuitiv, sprich aus eigenem Wissen heraus, machen kann, ist dies bei größeren Netzwerken kaum mehr möglich. Die soziale Netzwerkanalyse bietet hier Berechnungsmethoden, welche den oder die »besten« Pfad(e) durch ein Netzwerk aufzeigen. Betrachten Sie einmal Abbildung 4. Im gezeigten Netzwerk möchte Person B Person F als Kunden gewinnen. Die Pfadanalyse zeigt als beste Möglichkeit den Pfad über die Personen G und A. Während Person G die einzige Möglichkeit ist, ins Zielnetzwerk zu gelangen, gibt es dort mehrere Wege zum Ziel. Der Pfad mit den stärkeren Einzelbeziehungen ist aber derjenige über Person A. Wir würden uns also konkret bemühen, mit G ins Gespräch zu kommen, mit der Bitte, uns A vorzustellen. Haben wir mit G ein gutes Verhältnis, werden wir mit unserer Bitte höchstwahrscheinlich erfolgreich sein, und so weiter.

Diese Vermittlungen (Referrals) sind das erfolgversprechendste Vorgehen, um neue Kunden oder Geschäftspartner zu gewinnen. Die soziale Netzwerkanalyse bietet hierfür eine fundierte und systematische Methode, auch in sehr großen und dichten Netzwerken.

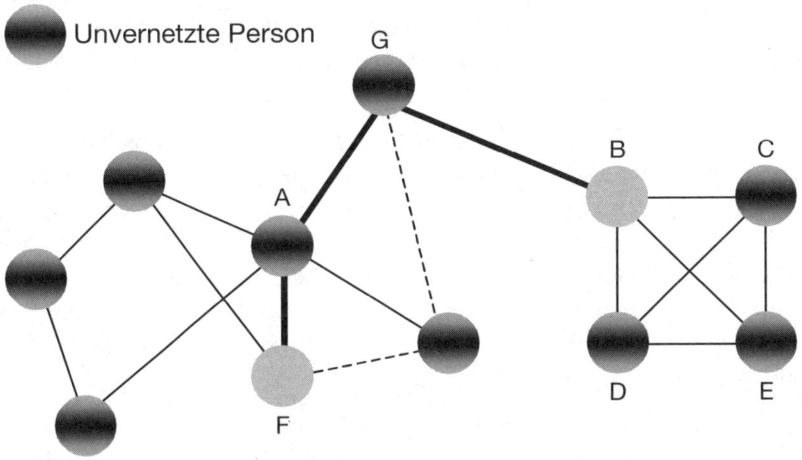

Abb. 4: Ein »bester« Pfad durch ein Netzwerk und eine Alternative

Die aufgezeigten Ansätze aus der sozialen Netzwerkanalyse geben nur einen kleinen Einblick in die Möglichkeiten einer professionellen Bewirtschaftung von Beziehungsnetzen. Je länger, je mehr ist es wichtig, vor allem in der Geschäftswelt, das intuitiv betriebene Management von Beziehungsnetzen zu professionalisieren und effizienter zu machen.

So viel zur Theorie, betrachten wir nun einige allgemeine Beispiele aus der Praxis.

Knowledge Worker und Wissensnetze

Der Anteil der »Knowledge Worker« in der Belegschaft und ihr Beitrag zur Wertschöpfung in Unternehmen wird immer größer. Wissensarbeiter realisieren ihren Wert in einer Firma durch ihr Wissen in einem spezifischen Kontext und durch die Interaktion mit anderen Wissensarbeitern.

Ab einer gewissen Anzahl von Kontakten (aktuelle Forschungsarbeiten sprechen von 200 bis 250) hat der Einzelne keine Möglichkeit mehr, alle Personen in seinem Netzwerk persönlich in gleicher Tiefe zu kennen und noch zu wissen, wer welches Wissen und welche potenziell wertvollen Erfahrungen hat.

Betrachten wir ein globales Unternehmen der Konsumgüterbranche. Das Unternehmen hat über 3.000 weltweit verteilte Wissensarbeiter, welche in verschiedenen Funktionen an neuen Produkten arbeiten, als Produkt-Manager, Chemiker, Biologe, Ernährungswissenschaftler, Produktionsplaner oder Verpackungsdesigner. Wird ein neues Produkt lanciert, müssen unzählige Mitarbeiter aus diesem Pool von Experten immer wieder neu für die zu lösende Aufgabe zusammengestellt werden.

Folgende Fragen stehen im vorliegenden Fall im Vordergrund: Wie finde ich weltweit die am besten geeignete Person für eine Aufgabe? Wie verbessere ich die Interaktion und den interdisziplinären Austausch zwischen den Wissensarbeitern?

Für beide Fragen bietet die soziale Netzwerkanalyse Lösungsansätze. Im vorliegenden Fall managen die Mitarbeiter ihre eigenen Netzwerke mit sich selbst im Mittelpunkt (ego-zentrische Sicht). Sie vernetzen sich mit den Kollegen, die sie kennen, und fügen Informationen zu ihren Fachkenntnissen hinzu (z. B. »Verpackungsdesign« oder »Petrochemie«). Ein Manager, der ein neues Team zusammenstellen muss, kann das Netzwerk nach den benötigten Talenten absuchen und sieht auch gleich, ob diese sich bereits kennen (zum Beispiel schon einmal zusammengearbeitet haben) oder nicht.

Durch die Zusammenarbeit wachsen die Netzwerke der einzelnen Mitarbeiter weiter. So entsteht nebenbei eine »Sicht« auf den Stand des interdisziplinären Austausches innerhalb der Organisation. Man sieht, welche Einzelpersonen oder Fachabteilungen untereinander im Austausch stehen und welche nicht. Durch Interaktion findet ein Wissensaustausch statt und es wird neues Wissen generiert. Dies wiederum steigert ganz maßgeblich die Effizienz der 3.000 Wissensarbeiter: Man weiß, welche Fähigkeiten wem zur Verfügung stehen, und kann diese im Unternehmen zur richtigen Zeit und am richtigen Ort nutzbar machen.

Terrorbekämpfung

Netzwerke in konspirativen Gruppierungen und im organisierten Verbrechen sind Strukturen, die vor allem über persönliche Beziehungen gefestigt werden. Die soziale Bindung basiert dabei auf Freundschaft, Familie, ideologischen oder religiösen Überzeugungen. Derartige Netzwerke sind schwer zu bekämpfen, weil sie diffus sind, nur auf informellen Beziehungen aufbauen und sich dynamisch reorganisieren können.

Der Einsatz von sozialer Netzwerkanalyse ermöglicht die Offenlegung von Strukturen innerhalb solcher Organisationen, die Identifizierung von Verbindern und potenziellen Schwachpunkten sowie die Entwicklung effizienter

Abwehrstrategien. Als Datenbasis für eine soziale Netzwerkanalyse in besagtem Bereich dienen sowohl öffentlich verfügbare Informationen wie auch Daten über verschiedenste Kommunikationsvorgänge aus Observationen.

Auch in einer Terrorzelle funktionieren die in der Einführung beschriebenen Grundsätze, es können also die gleichen analytischen Methoden verwendet werden. Unterschiedlich sind nur der Kontext und die zugrundeliegenden Informationen. Betrachten wir wiederum die »Hubs« und »Brokers«, diesmal im Zusammenhang der Terrorismusbekämpfung:

Hubs
Ein Ansatz zur Bekämpfung konspirativer Netzwerke ist die Bestimmung und Entfernung von Schlüsselpersonen (Hubs). Weil sich Netzwerke dynamisch regenerieren können, füllt aber meist eine neue Person mit struktureller Ähnlichkeit das entstandene Vakuum. Werden nun Personen in strukturell äquivalenten Rollen in einem weiteren Analyseschritt erkannt und isoliert, können ausfallende Hubs nicht mehr einfach ersetzt werden, das Netzwerk wird geschwächt oder es bricht ganz zusammen.

Isolates
Isolates sind Personen mit hoher Zentralität, mit intensiven Beziehungen zu anderen Personen, aber wenigen Beziehungen zu Hubs. »Isolates« sind somit geeignete Ansatzpunkte für eine Infiltration der Gruppe oder eine gezielte Beeinflussung.

Diese Beispiele zeigen, dass in der sozialen Netzwerkanalyse für eine Vielzahl unterschiedlichster Netze die gleichen grundsätzlichen Möglichkeiten für eine Analyse und Visualisierung bestehen. Wichtig ist, den Kontext und die Informationsquellen klar zu definieren. Dann können die Ergebnisse einer strukturellen Netzwerkanalyse auch korrekt interpretiert werden.

Betrachten wir nun einige konkrete Beispiele für den Einsatz der sozialen Netzwerkanalyse im Talent Management.

Einsatzgebiete im Talent Management

Wir betrachten nachstehend den Einsatz der sozialen Netzwerkanalyse im Bereich Recruiting, bei der Leistungsbewertung von Mitarbeitern und für die Nachfolgeplanung.

SNA im Recruiting

Im Recruiting gibt es aus Sicht des Stellenvermittlers zwei Ansatzpunkte für den Einsatz von SNA: Die professionelle Bewirtschaftung der persönlichen Netzwerke der Recruiter sowie die Bewertung des Netzwerks der Kandidaten im Hinblick auf die zu besetzende Stelle. Letzteres bietet sich vor allem bei Aufgaben an, die mit einem hohen Grad an sozialer Interaktion einhergehen und bei denen das Netzwerk für die Berufsausübung besonders wichtig ist (z. B. Sales und Marketing, Business Development, Lobbying, Diplomatie und weitere).

Der Einsatz von SNA, gestützt mit einem entsprechenden IT-Tool, ermöglicht Unternehmen, in der Personalvermittlung schneller geeignete Kandidaten zu finden und die Menge an Beziehungen und Kontextinformationen zu verwalten, die für den Einzelnen nicht mehr überblickbar ist.

Fallbeispiel: Der vernetzte Recruiter

In traditionellen Vermittlungsunternehmen erhält ein Recruiter einen Auftrag von einem Kunden und sucht daraufhin in der firmeneigenen Datenbank, in Online-Datenbanken und im persönlichen Netzwerk nach Kandidaten. Wenn keine geeigneten Kandidaten gefunden werden, fragt der Recruiter gegebenenfalls bei seinen Kollegen nach. Diese können jedoch nur helfen, wenn sie sich gerade an den einen passenden Kontakt im eigenen Netzwerk erinnern.

Dieses Vorgehen nutzt eine wertvolle Ressource nicht respektive nur ansatzweise, nämlich das persönliche Netzwerk der Recruiter und vor allem das kombinierte soziale Netzwerk eines Teams von Recruitern. Die Kollegen arbeiten für sich und tauschen sich nur informell aus, und mangels strukturierten Netzwerkmanagements ist der Zugang nur intuitiv. Ebenfalls brach liegt eine weitere wertvolle Ressource: die Netzwerke der Kandidaten und Kunden. Kandidaten sind meist unter ihresgleichen vernetzt. CVs sind eine Quelle von systematisch geordneten Informationen über das geschäftliche Netzwerk von Kandidaten, das zu weiteren Kandidaten und auch zu weiteren Kunden führt.

Der vernetzte Recruiter arbeitet anders: Jeder Recruiter verwaltet sein persönliches, arbeitsbezogenes Netzwerk unter Nutzung einer SNA-Software, die für die Verwendung in Firmen zugeschnitten wurde. Er verbindet sich auch mit den Arbeitskollegen, die wiederum ihre Netzwerke mit besagter Software verwalten. So entsteht eine Gesamtsicht des sozialen (Firmen-)Netzwerkes, welches den Mitarbeitern das volle vorhandene Networking-Potenzial erschließt.

Zusätzlich zum Mitarbeiter-Netzwerk werden die Netzwerke von Kunden und Kandidaten von der Software verwaltet und können auch dementsprechend analysiert werden, um das Geschäftspotenzial bestehender Netzwerke weiter zu entwickeln. Informationen hierüber können aus internen Datenbanken, CVs und aus Online-Quellen gewonnen werden.

Das System verwaltet somit folgende Informationen:

- Mitarbeiter und deren Netzwerke,
- Kandidaten und deren Netzwerke (Arbeitshistorie, Projekte, Verbindungen zu Organisationen und Personen),
- Kunden und deren Netzwerke (Verbindungen zu Kandidaten, Mitarbeitern),
- Alumni (ehemalige Mitarbeiter),

- Vermittler und Hubs (Personen, welche der Recruiter für Anfragen heranzieht).

Die erfassten Akteure können mit Kontextinformationen angereichert werden, z. B. mit Schlüsselworten, die Aufschluss über Expertise, Erfahrungen und andere Attribute geben. Mit diesen Informationen kann gezielter gesucht werden und Kandidaten können im Kontext ihrer Arbeitshistorie betrachtet werden.

Der Unterschied zu bestehenden Lösungen liegt in der Abbildung von nicht explizit vorhandenen Informationen aus den Köpfen der Mitarbeiter, der zusätzlichen Nutzung von Daten aus verschiedenen Quellen und der Strukturierung dieser Daten in Form von visualisierbaren und analysierbaren sozialen Netzwerken.

Der Arbeitsablauf des vernetzten Recruiters gestaltet sich wie folgt:

1. Im Netzwerk oder auch in herkömmlichen Datenbanken wird direkt nach Kandidaten gesucht.

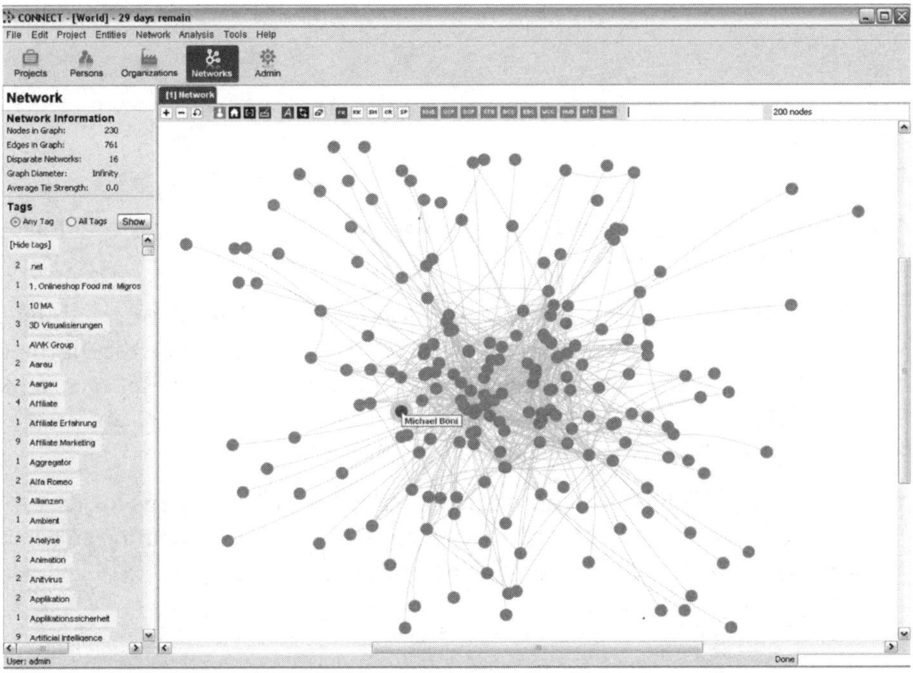

Abb. 5: Das Netzwerk eines »Recruiters« im Enterprise SNA Tool shiftTHINK CONNECT

2. Wird kein passender Kandidat gefunden, wird im Netzwerk nach Personen gesucht, welche im fachlichen Umfeld des gesuchten Profils sind. Hierzu wird ein Teilnetzwerk mit den relevanten Akteuren berechnet. In diesem Bei-

spiel suchen wir einen Experten für »Mobile Marketing«. Wir wählen hierzu das Schlüsselwort »Mobile Marketing« und sehen uns das resultierende Teilnetzwerk an.

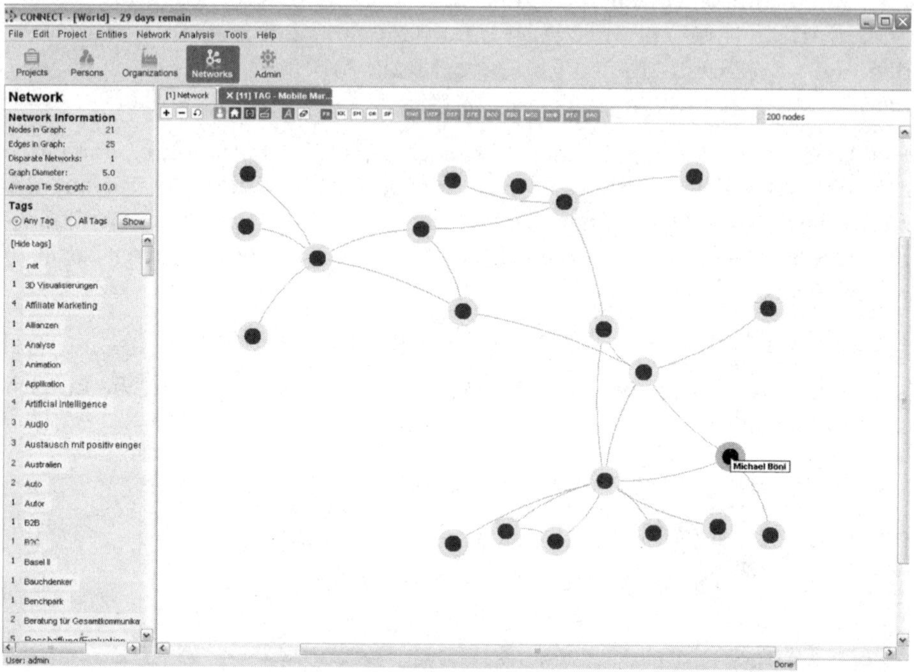

Abb. 6: Das Teilnetzwerk mit den Personen, welche im Bereich »Mobile Marketing« aktiv sind.

Hier kommen z. B. Schlüsselworte wie »Mobile«, »Marketing« oder »Mobile Marketing« zum Einsatz. Der Recruiter erhält nun nicht nur die eigenen Kontakte als Rückmeldung, sondern auch diejenigen seiner Kollegen und deren Kontakte. Und er weiß auch, über wen er gehen muss, um an die nötige Auskunftsperson zu gelangen!

3. Wurde eine geeignete Auskunftsperson gefunden, vermittelt uns unser Kollege mit der besten Beziehung zu derselben. Wer die beste Beziehung zu einer Zielperson hat, ersehen wir durch eine Pfadanalyse.

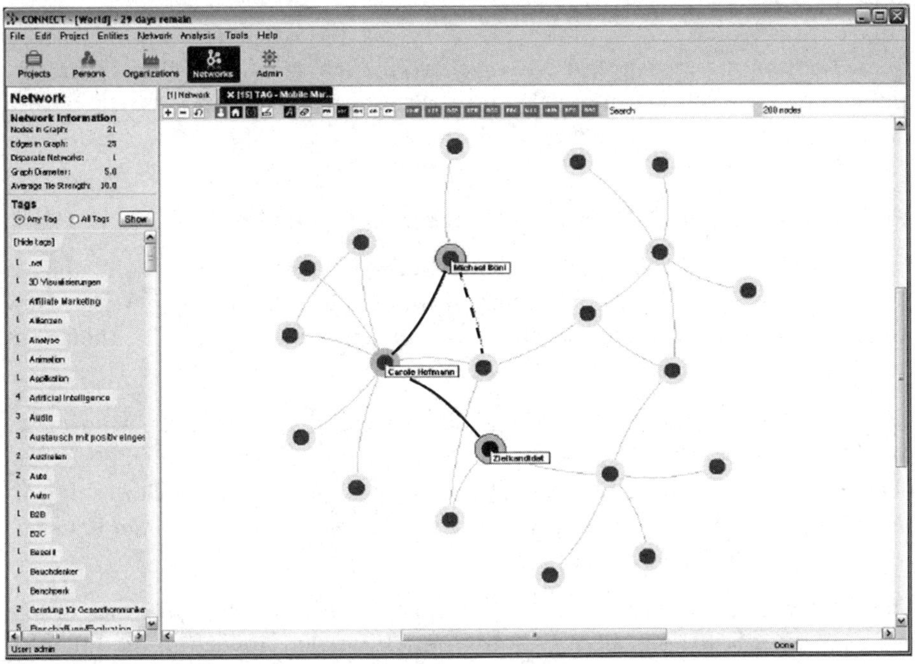

Abb. 7: Die Pfadanalyse zeigt uns den besten Weg zum Kandidaten.

4. Verhilft uns die so erreichte Auskunftsperson auch nicht zum Ziel, so können weitere Auskunftspersonen im vorhandenen Netzwerk angegangen werden.

Dieses Vorgehen erschließt das Potenzial des vorhandenen Netzwerkes auf schnelle und effektive Weise. Ein wünschenswerter Nebeneffekt ist, dass durch die Vermittlungen innerhalb des Teams das soziale Netzwerk der Arbeitsgruppe verdichtet wird und so noch weiter deren Effizienz steigert. Eine Verdichtung des Recruiter-Netzwerkes liegt also im ureigensten Interesse der Firma und wird oft entsprechend gefördert.

Notabene: Die arbeitsbezogenen persönlichen Netzwerke werden als wertvolles Asset angesehen und oft nur sehr ungern für Kollegen geöffnet. Während es nachvollziehbar ist, dass man nur Kollegen empfiehlt, hinter welchen man stehen kann, führt ein Protektionismus aber auch zur Isolation – man vergibt sich selbst Möglichkeiten, sein Netzwerk auszubauen.

Oft wird nicht verstanden, dass etablierte persönliche Kontakte nicht einfach zu neuen Kontakten »abwandern«. Empfiehlt man einen guten Kontakt, ist das durchaus förderlich für die Kredibilität in Bezug auf die eigenen Kontakte und stärkt die eigene Position im Netzwerk.

SNA bei der Leistungsbewertung

In die Leistungsbewertung von Mitarbeitern fließen fachliche Fähigkeiten, vereinbarte quantitative Leitungsziele und auch »Soft Factors« ein. Zusätzlich kann der »Netzwerkwert« eines Mitarbeiters für eine Bewertung hinzugezogen werden.

Fallbeispiel 1: Client Relationship Manager im Private Banking

Ein Team von zehn Client Relationship Managern betreut sehr wohlhabende Kunden. In der jährlichen Zielvereinbarung wird festgelegt, wie viel »Net New Money«, also wie viel neues Kapital jeder einzelne Kundenbetreuer einbringen muss, um seine Ziele zu erreichen.

Während das Team als Ganzes seine Ziele erreicht, schneidet ein Mitarbeiter immer schlechter ab als seine Kollegen. Er bringt nur einen Bruchteil des geforderten Neukapitals und erhält deshalb eine wesentlich schlechtere Bewertung als seine Kollegen. Da dies seit einiger Zeit so ist, steht seine Karriere in der Bank auf wackligen Füßen.

Die Bank entschließt sich zu einem Pilotprojekt, um den Einsatz eines Enterprise SNA Tools zu erproben. Es soll ermittelt werden, inwiefern die Effizienz der Mitarbeiter in der Kundenbetreuung gesteigert werden kann. Die Software wird im Team eingesetzt, die Netzwerke werden erfasst und erste Analysen durchgeführt.

Die Ergebnisse zeigen ein interessantes Bild: Während besagter Mitarbeiter zwar in den Produktverkäufen respektive in der Akquisition von Neugeldern schlecht abschneidet, ist er jedoch mit Abstand die am besten vernetzte Person im betrachteten Netz. Er ist der stärkste »Hub« im Netzwerk und sogar »Broker« für einige seiner Kollegen. In vielen Fällen ist er derjenige, der die Beziehung zum Kunden herstellt und dann einen fachlich versierten Kollegen vorstellt, der schließlich den »Abschluss« eines Geschäfts macht. Seine klare Stärke liegt in einer Vermittlerrolle und als »sozialer Anker« in der Bank.

Eine rein monetäre Bewertung seiner Arbeit aufgrund seiner Leistungsziele ergibt also ein sehr einseitiges Bild. Da seine Bindung zu den Kunden sehr stark ist, würde ein Abgang wesentlich mehr Schaden verursachen, als wenn ein »abschlussstarker« Kollege das Unternehmen verlässt.

Der Einbezug des Netzwerkwertes eines Mitarbeiters in die Bewertung kann also für ein Unternehmen genauso wichtig sein wie seine quantitativ messbare Performance.

Fallbeispiel 2: Mitarbeiterförderung

Die HR-Abteilung eines großes Beratungshauses erhält von der Geschäftsleitung den Auftrag, seine besten Mitarbeiter mit einem teuren Ausbildungsprogramm zu fördern. Das Budget reicht jedoch nur für 200 Personen aus einem Pool von 2.600 Beratern.

Wie soll definiert werden, wer in das Förderprogramm aufgenommen wird und wer nicht? Es wird entschieden, diejenigen Mitarbeiter zu fördern, welche die für die Firma stärksten Kundenbeziehungen haben, die also die Kunden an das Unternehmen binden. Zum Einsatz kommt wiederum ein »Enterprise SNA« System, welches Daten aus verschiedenen intern vorhandenen Quellen bezieht und diese zu einem Netzwerk verdichtet.

Neben dem ursprünglichen Ziel, die Mitarbeiter zu identifizieren, die die stärksten Kundenbindungen hatten, soll auch verifiziert werden, auf welcher Hierarchiestufe die Mitarbeiter die besten Verbindungen hatten und wie stark der Einfluss solcher Mitarbeiter auf die Entscheidungsfindung beim Kunden in relevanten Fällen ist. Die Ergebnisse der Analyse zeigen Folgendes:

- Wider Erwarten haben die Mitarbeiter aus dem Top-Kader – also diejenigen, welche regelmäßig mit den Chefs der Kundenunternehmen Golf spielen – nicht die stärksten Bindungen. Vielmehr sind es die Experten und Projektleiter (meist aus dem Fachbereich oder mittleren Management), welche wesentlich intensiver mit den Kunden interagieren und somit stärkere Beziehungen etabliert haben.
- Die obige Erkenntnis reflektiert auch den Einfluss bei der Entscheidungsfindung. Hier wird festgestellt, dass ein »Grassroots-Movement«, also eine starke Verankerung im Fachbereich des Kundenunternehmens, größeren Einfluss auf einen zukünftigen Projektabschluss hat als ein Gespräch auf Management-Ebene. Es zeigt sich, dass in den meisten Fällen die Meinung interner Fachexperten ein stärkeres Gewicht hat als der Projektwunsch des Golfkollegen. Und genau auf dieser Ebene wirken die besagten Berater-Experten und Projektleiter.

Für das Förderprogramm werden schließlich Personen ausgewählt, welche unter den 200 »Top-Hubs« und »Brokers« der Unternehmung sind.

Ein interessanter Nebeneffekt: Es wurde festgestellt, dass von den Top 20 »Hubs« zwei bereits in Kündigung waren und vier weitere innert Jahresfrist pensioniert werden. Ohne eine Betrachtung des »Netzwerkwertes« dieser Mitarbeiter wäre dies völlig unbeachtet geblieben. Diese Erkenntnis führt schließlich zur Einführung eines Alumni-Programms, um pensionierte, aber wohlvernetzte Mitarbeiter für die Firma zu erhalten.

Fazit

Die soziale Offenheit und die »Social Network Awareness« werden je länger und mehr stattfinden, nicht zuletzt aufgrund des Erfolgs von Online-Plattformen wie XING, LinkedIN oder Facebook. Diese Web-basierten sozialen Plattformen sind die Gegenwart. Der nächste Schritt ist die Professionalisierung des Social Network Management in Unternehmen.

Literatur

[1] Heinz Abels: Einführung in die Soziologie. Bd. 2: Die Individuen in ihrer Gesellschaft. Wiesbaden 2004, S. 201 ff.

[2] J. Clyde Mitchell: Social Networks in urban situations: Analyses of personal relationships in Central African towns. Manchester: University Press, 1969.

[3] Jacob Levy Moreno (* 18. Mai 1889 in Bukarest; † 14. Mai 1974 in Beacon, New York), ein Arzt und Psychiater, war der Begründer des Psychodramas, der Soziometrie und der Gruppenpsychotherapie.

[4] Albert Laszlo Barabasi, Mark Newman und Duncan Watts: The Structure and Dynamics of Networks, 2006.

Albert Laszlo Barabasi: Linked: How Everything Is Connected to Everything Else and What It Means for Business, Science, and Everyday Life.

Mark Granovetter: The strength of weak ties, in: American Journal of Sociology, Vol. 78, 6 (1973), S. 1360 – 1380.

Dr. Michael Böni ist Managing Director der Firma shiftTHINK, spezialisiert auf Technologieberatung im Bereich Corporate Social Network Management. shiftTHINK entwickelt das Enterprise SNA Tool shiftTHINK(R) CONNECT.

Kontakt: mbo@shift-think.com

Talent Management bei SAP – und mit SAP

Stefan Schüßler

1 Talent Management bei SAP

Die SAP AG mit Hauptsitz im badischen Walldorf ist der weltweit führende Anbieter betriebswirtschaftlicher Anwendungssoftware. Mit Niederlassungen in mehr als 50 Ländern und über 51.000 Mitarbeitern weltweit erzielte die SAP AG im Geschäftsjahr 2007 einen vorläufigen Umsatz von 10,3 Milliarden Euro. Weitere Informationen zum Unternehmen finden Sie unter: http://www.sap.com/germany.

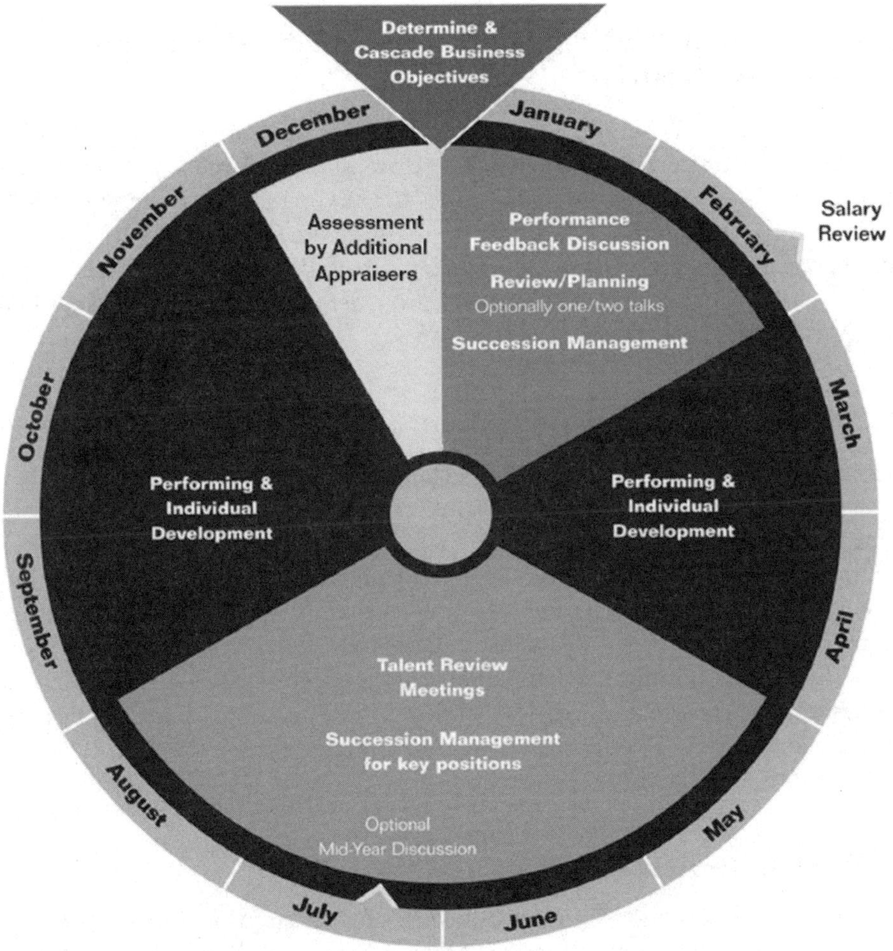

Abb. 1: Talent Management-Prozess bei SAP

1.1 Umfassendes Talent Management auf allen Ebenen

Talent Management ist zurzeit in aller Munde und beschäftigt Personalabteilungen weltweit, so auch bei SAP. Aber wo genau fängt Talent Management eigentlich an? Im engeren Sinne versteht sich Talent Management bei SAP als Förderung und Entwicklung von Nachwuchskräften für wichtige Führungspositionen im Unternehmen. Im weiteren Sinne ist Talent Management ein Fördern und Entwickeln sämtlicher Mitarbeiter mit dem Ziel, Toptalente zu identifizieren, im Unternehmen sichtbar zu machen und somit die Basis für hoch qualifizierte Nachfolgekandidaten für Schlüsselpositionen zu schaffen. Wesentliche Elemente des Talent Management sind die intensive Einbindung der Führungskräfte und der Mitarbeiter, die Vorgabe einheitlicher Prozesse und Verfahrensweisen durch die Personalabteilung sowie eine offene, kommunikationsorientierte Unternehmenskultur.

1.2 Performance Management: Zielvereinbarungen und Beurteilungen

Talent Management für alle Mitarbeiter findet bei SAP zunächst auf der Ebene der einzelnen Teams statt. Hier ist jede Führungskraft gefordert, mit dem Mitarbeiter im Dialog Ziele für das kommende Jahr zu vereinbaren. Basierend auf den Zielvereinbarungen erfolgt dann die Beurteilung durch Festlegen des Zielerreichungsgrads durch die Führungskraft. Ergebnisse der Beurteilung stehen dann im Vergütungsmanagement für die Verteilung der variablen Gehaltsbestandteile zur Verfügung.

1.3 Nominieren von Toptalenten

Parallel zur Zielvereinbarung und Beurteilung sind die Führungskräfte zudem aufgefordert, Toptalente aus ihren Teams zu nominieren. Hierbei handelt es sich um Mitarbeiter, die Potenzial für eine Fachkarriere, für eine Karriere im Projektmanagement oder die Übernahme von Führungsverantwortung aufweisen. Entscheidend ist die Einschätzung der Führungskraft: Die Verantwortung liegt beim jeweiligen Manager, der selbständig entscheidet, ob und wie viele seiner Mitarbeiter er nominiert. Diese Mitarbeiter werden von den einzelnen Führungskräften (Team Leads) eines Bereichs nominiert und dann im Rahmen eines Talent Review Meetings von den Führungskräften gemeinsam mit der Leitungsebene des Bereichs besprochen.

1.4 Talent Review Meetings

Talent Review Meetings sind ein bei SAP jährlich stattfindender Prozess auf Bereichsebene. Federführend ist der Manager des jeweiligen Bereichs, der mit seinen Führungskräften gemeinsam ein Talent Review Meeting durchführt.

Ziele des Talent Review Meeting sind von der Personalabteilung vorgegeben: Besprechung der nominierten Toptalente mit dem Ergebnis »Bestätigt« oder »Abgelehnt«.

Mitarbeiter, deren Nominierung als Toptalent durch das Talent Review Meeting bestätigt wird, werden im Nachgang entsprechend informiert und aufgefordert, weitere Angaben zu ihren Karrierewünschen, Mobilität, Interessen und Abneigungen zu machen. Basierend auf diesen Angaben und den Einschätzungen der Führungskräfte, bekommen die Toptalente die Möglichkeit, anspruchsvollere Aufgaben und Projekte – in der Regel außerhalb ihres aktuellen Arbeitsgebietes – zu übernehmen. Die Übernahme einer solchen Herausforderung geschieht freiwillig, Umfang und Aufwand legen Mitarbeiter und Führungskraft gemeinsam fest. Die Personalabteilung unterstützt durch Angebote in Form von Schulungen und Coachings, die der Mitarbeiter wahrnehmen kann. Monitoring von Verlauf und Ergebnis der Aufgabe erfolgen durch das Talent Review Meeting.

1.4.1 Identifizieren von High Potentials

Toptalente, die neue Aufgaben und Projekte übernehmen und entsprechende Ergebnisse über einen längeren Zeitraum liefern, können als High Potentials nominiert werden. Die Nominierung zum High Potential ist ein weiterer Schritt »nach oben« für Mitarbeiter mit Potenzial auf Führungspositionen auf Global Executive Ebene. Eine Nominierung als High Potential bewirkt für den Mitarbeiter weitergehende Sichtbarkeit im Unternehmen. Durch die Nominierung zum High Potential werden Mitarbeiter in den Pool der möglichen Nachfolgekandidaten für Schlüsselpositionen aufgenommen und in der Nachfolgeplanung für Top Executive Positionen entsprechend berücksichtigt.

1.4.2 Besprechung möglicher Nachfolgekandidaten für Schlüsselpositionen (mit und ohne Leitungsfunktion/ Personalverantwortung)

Neben der Besprechung von Toptalenten und der Nominierung von High Potentials ist die Nachfolgeplanung für Schlüsselpositionen im eigenen Bereich eine wesentliche Aufgabe des Talent Review Meeting. Die bereichsinterne Nachfolgeplanung erfolgt auf Basis der Daten aus Leistungsbeurteilung und Talentnominierung. Mit Nachfolgern beplant werden dabei sowohl Führungspositionen wie auch Positionen mit entsprechender fachlicher Verantwortung.

Als Werkzeug zur Durchführung von Talent Review Meetings nutzt SAP die Lösung *SAP Talent Visualization by Nakisa* aus dem Lösungsportfolio der *SAP ERP HCM* Suite.

Ergebnis des Talent Review Meeting ist eine konsolidierte Sicht auf die Mitarbeiterpotenziale eines Bereiches sowie ein gemeinsames Verständnis der Führungskräfte und der Personalabteilung über die Toptalente im Unternehmensbereich und deren nächste Entwicklungsschritte sowie die Absicherung der Schlüsselpositionen im Unternehmensbereich mit geeigneten Nachfolgekandidaten.

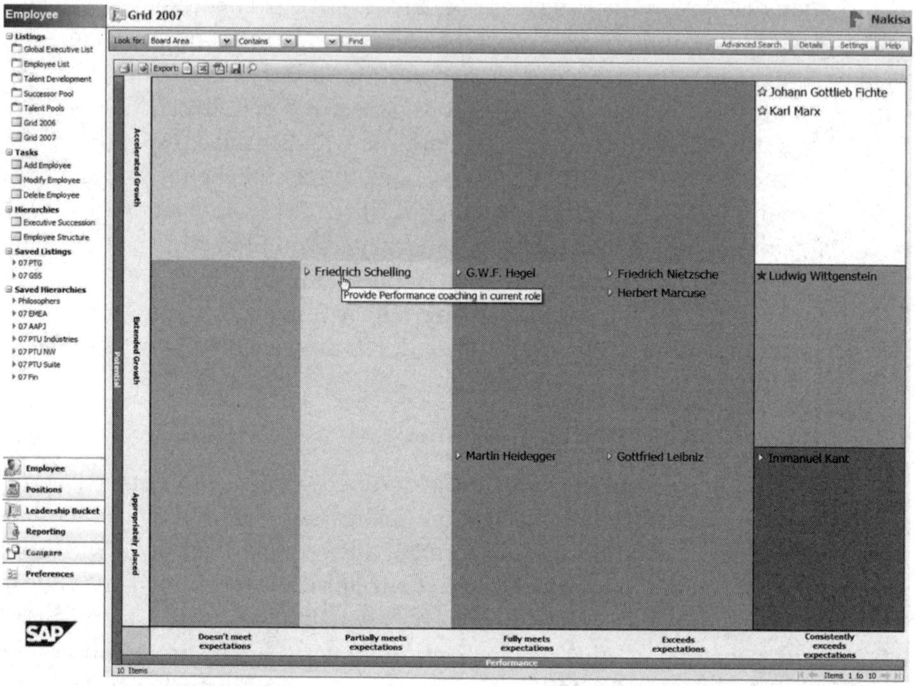

Abb. 2: Talent Review Meeting mit SAP Talent Visualization by Nakisa

1.5 Executive Development

Unter Executive Development versteht SAP einen Talent Management-Prozess auf Top Level, der die Global Executive Positions bei SAP betrachtet und deren Inhaber, die Global Executives. Global Executive Positions werden von den Mitgliedern der SAP Geschäftsführung und dem Personalvorstand bestimmt und vom CEO bestätigt. Kriterien sind:

- herausragende Verantwortung für einen Geschäftsbereich,
- herausragende Verantwortung für eine komplette Region,
- herausragender Einfluss auf die Unternehmensstrategie.

Der Executive Development Process orientiert sich an einer klaren Zielvorgabe durch den Vorstand:

- Schaffen von Transparenz zur Nachfolgesituation für Global Executive Positions,
- verminderte Geschäftsrisiken durch Verlust wichtiger Mitarbeiter,
- dezidierter Nachfolgeplan für jede Global Executive Position,

- globaler High Potential Pool als Quelle für die Nachfolgersuche und Stellenbesetzung.

Anders als in den zuvor beschriebenen Prozessen, liegt das Executive Development in den Händen der Personalabteilung und wird durch ein eigenes Team »Executive Development« durchgeführt. Im Mittelpunkt stehen dabei die Global Executive Positions und deren Inhaber. Hinzu kommen die High Potentials, die noch keine Global Executive Position besetzen, aber durch die vorgelagerten Prozesse als mögliche Kandidaten identifiziert wurden. Dieser Personenkreis – insgesamt ca. 200 Mitarbeiter – wird in einem eigenen Pool zentral verwaltet und gepflegt. Für jede Global Executive Position und für jeden Global Executive werden Nachfolgepläne erstellt. Diese Nachfolgepläne werden auf speziellen Talent Review Meetings mit der Geschäftsführung besprochen. Als Werkzeug zur Visualisierung der Nachfolgeplanung entlang der Organisationsstruktur nutzt SAP ebenfalls *SAP Talent Visualization by Nakisa*.

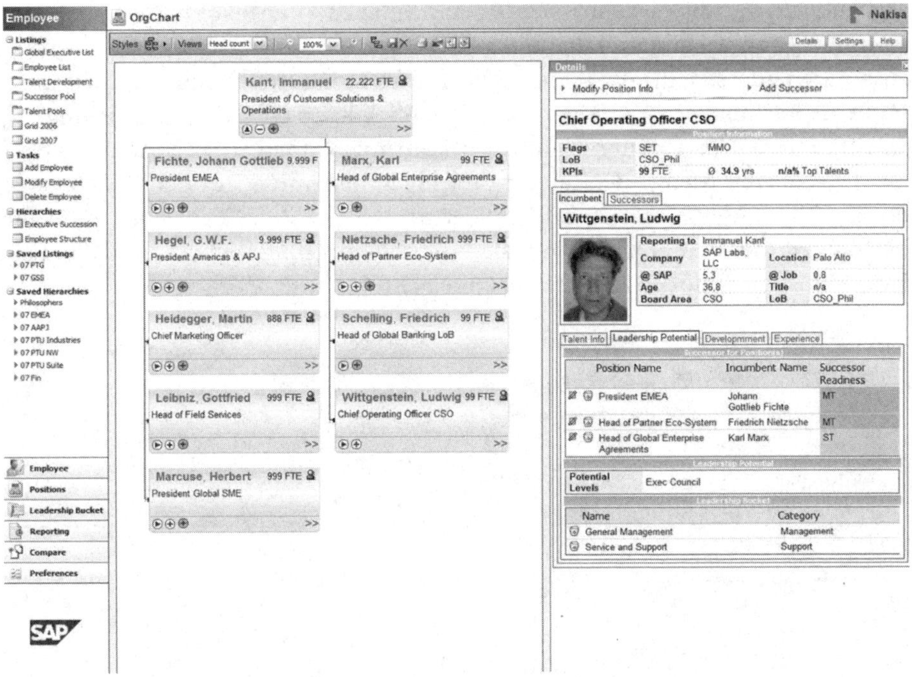

Abb. 3: Nachfolgeplanung entlang der Organisationsstruktur

2 Talent Management mit SAP

2.1 Umfassende Konzepte zum Talent Management

SAP als Lösungsanbieter hat kontinuierlich in das Thema Talent Management investiert und bietet umfangreiche Lösungen dazu an.

Ausgangspunkt ist die klassische Personalbeurteilung auf Teamebene zwischen Mitarbeiter und Führungskraft. Hier werden Leistungsträger ermittelt und Mitarbeiterpotenziale eingeschätzt. Während die Leistungsbeurteilung in aller Regel die Leistungen der Vergangenheit betrachtet und über einen Zielerreichungsgrad die variable Vergütung mitbestimmt, ist die Talenteinschätzung des Mitarbeiters eine Aussage auf die Zukunft: Welches Potenzial hat ein Mitarbeiter? Für welche weitergehenden Positionen oder Bereiche scheint ein Mitarbeiter geeignet? Welche Entwicklungsmaßnahmen sind notwendig? Basierend auf diesen Daten werden Mitarbeiter aus unterschiedlichen Teams bereichsübergreifend vergleichbar. Es entstehen Talentprofile zu Mitarbeitern, die es der Personalabteilung erlauben, Talente zu Talentgruppen mit ähnlichem Potenzial zusammenzufassen, die dann identische Entwicklungsmaßnahmen durchlaufen und entsprechend gefördert werden. Schließlich kann die Personalabteilung auf Talentkonferenzen gemeinsam mit den Führungskräften eines Unternehmensbereichs aus der Menge der Talente diejenigen benennen, aus denen sich dann der Pool der High Potentials bildet. Hiermit stehen dann Nachwuchskräfte zur Verfügung, die die Grundlage für die Nachfolgeplanung bilden und dabei helfen, Schlüsselpositionen mit geeigneten Nachfolgern abzusichern.

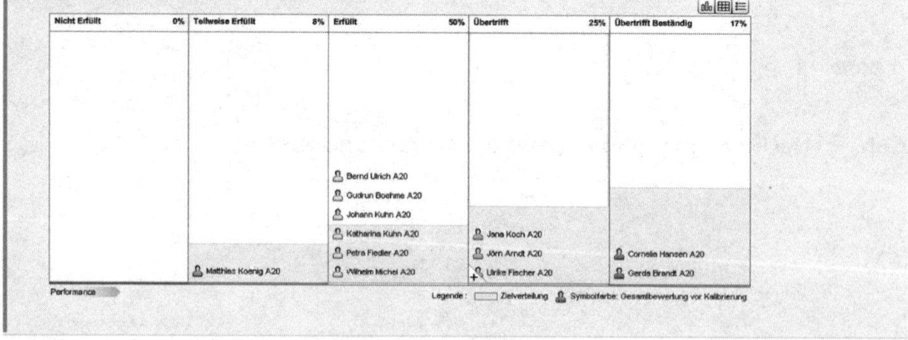

Abb. 4: Teamkalibrierung durch die Führungskraft

Talent Management mit SAP bietet eine Lösung sowohl für die Entwicklung von High Potentials wie auch für ein umfassendes Talent Management, das sich an alle Mitarbeiter richtet.

2.2 Leistungsbeurteilung durch die Führungskraft

Ein grundlegender Prozess zur Identifizierung von Leistungsträgern und Talenten unter den Mitarbeitern ist die Beurteilung durch die Führungskraft. In einer jährlich stattfindenden Leistungsbeurteilung kann der direkte Vorgesetzte zunächst die Leistung des Mitarbeiters im abgelaufenen Jahr beurteilen, idealerweise gemessen an einer zuvor getroffenen Zielvereinbarung. Im Anschluss an die Beurteilung aller Mitarbeiter erfolgt dann eine Kalibrierung über das gesamte Team, in der die Mitarbeiter in Relation zueinander abschließend eingestuft werden. Damit ist die rückwirkende Beurteilung der Leistung der Teammitglieder abgeschlossen.

2.3 Talenteinschätzung durch Führungskraft und Mitarbeiter

Losgelöst von der Leistungsbeurteilung erfolgt nun die Einschätzung der Führungskraft zum Potenzial ihrer Mitarbeiter im Team. Sind die Mitarbeiter an der richtigen Stelle eingesetzt? Gibt es Talente oder Potenzialträger im Team, denen eine weitergehende Karriere mit umfassender Fach- oder Führungsverantwortung zugetraut wird?

Hierzu kann der Vorgesetzte für Mitarbeiter in seinem Bereich eine Einschätzung abgeben und Aussagen treffen beispielsweise zu:

- Potenzialen für eine Fach- oder Führungskarriere,
- persönlichen Soft Skills wie Führungsstärke, Überzeugungskraft, strategischem Weitblick oder Organisationstalent,
- Risiken wie Veränderungsbedarf, Verlustrisiko durch Abwerbung oder Kündigung, Bewertung der Auswirkungen bei Verlust des Mitarbeiters.

Als Abschluss der Talenteinschätzung hat die Führungskraft nun die Möglichkeit, den Mitarbeiter für eine Talentgruppe zu nominieren. Talentgruppen bilden ein Gerüst, um Mitarbeiter mit gleicher Potenzialeinschätzung zusammenzufassen. Typische Talentgruppen wären Führungskräfte Ebene 1, Führungskräfte Ebene 2, Projektleiter Inland, Projektleiter Ausland oder Fachkarriere Ebene 1, Ebene 2 etc.

Parallel zur Führungskraft hat der Mitarbeiter die Möglichkeit, eine Selbsteinschätzung abzugeben und eigene Karrierewünsche zu äußern. Zu den Daten, die hier abgefragt werden können, gehören beispielsweise das Interesse an einem bestimmten Karrierepfad (Fachkarriere vs. Managementkarriere), Reisebereitschaft, Mobilität oder Informationen zum beruflichen Werdegang und zu außerberuflichen Leistungen und Interessen.

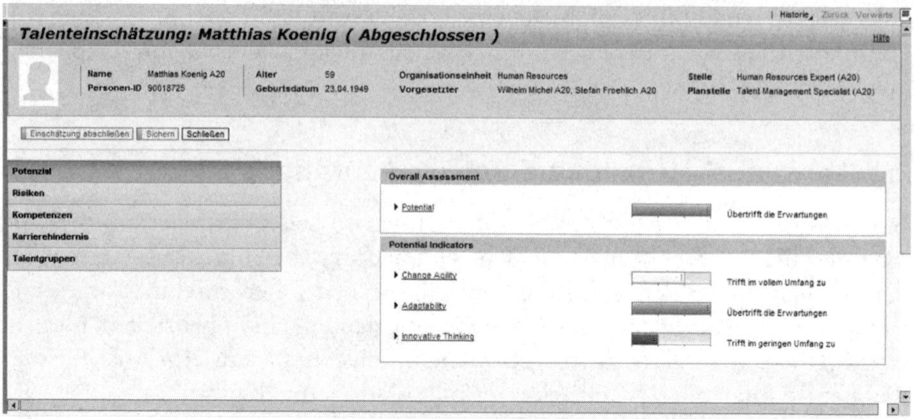

Abb. 5: Talenteinschätzung durch die Führungskraft

Als Ergebnis der Talenteinschätzung ist ein umfassendes Talentprofil entstanden, das Mitarbeiter unternehmensweit vergleichbar macht und Entscheidungen über Karriereschritte, Beförderungen und Nachfolgeregelungen auf eine solide Datenbasis stellt.

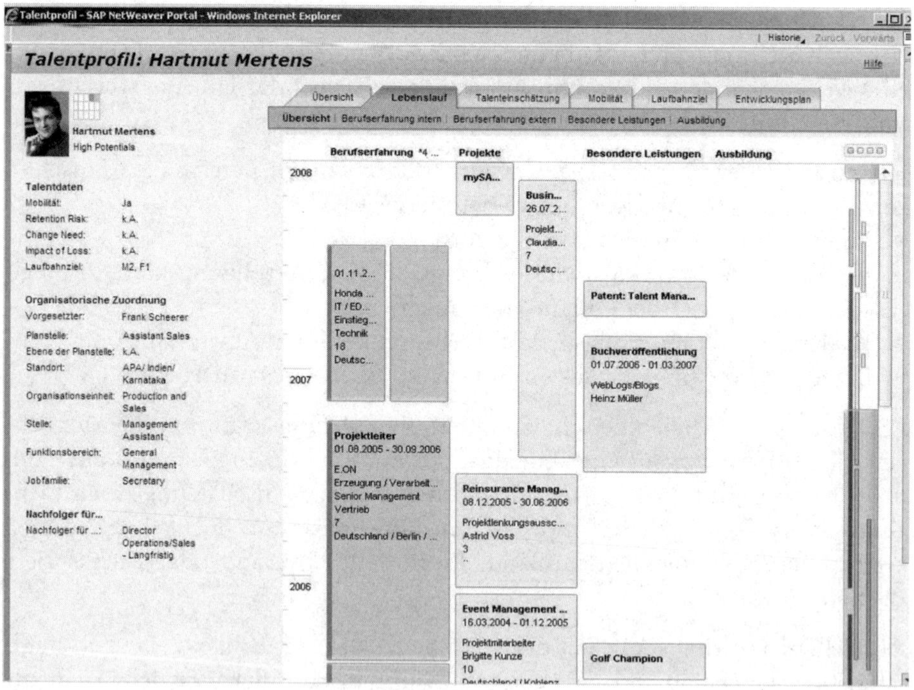

Abb. 6: Talentprofil eines Mitarbeiters

2.4 Talentkonferenzen

Nachdem Leistungsbeurteilungen und Talenteinschätzungen auf Ebene der einzelnen Teams oder Abteilungen durchgeführt wurden, gilt es in einem zweiten Schritt, die Ergebnisse dieses Prozesses zu konsolidieren. Hierzu organisiert die Personalabteilung auf Abteilungs- oder Bereichsebene eine sogenannte Talentkonferenz. In der Vorbereitungsphase werden die Führungskräfte eines Bereiches aufgefordert, Mitarbeiter zu nominieren und ggf. die Talenteinschätzung zu diesen Mitarbeitern zu aktualisieren. Die Talentkonferenz selbst wird vom zuständigen Personalreferenten moderiert, die Talente der einzelnen Teams bzw. Führungskräfte werden anhand der Talentprofile der Mitarbeiter besprochen, die Ergebnisse durch Kalibrierung der einzelnen Mitarbeiter protokolliert.

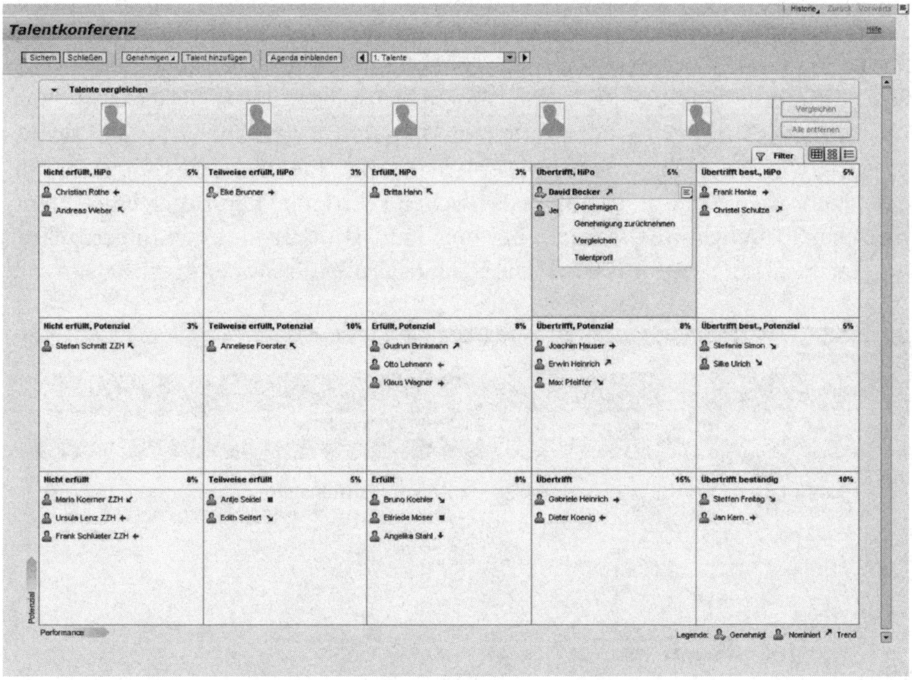

Abb. 7: Talentkonferenz – Alle Talente im Zugriff

Ergebnis ist eine konsolidierte Sicht auf die Mitarbeiterpotenziale eines Bereichs sowie ein gemeinsames Verständnis der Führungskräfte und der Personalabteilung bezüglich der Talente im Unternehmensbereich und ihrer nächsten Entwicklungsschritte. Talentkonferenzen sind ein vielseitig einsetzbares Werkzeug. Neben dem Beispiel der Talentbesprechung auf Abteilungs- oder Bereichsebene können Talentkonferenzen auch eingesetzt werden, um mit der Geschäftsführung oder dem Vorstand die 20 Top-Nachwuchsführungskräfte zu diskutieren oder mit den Ausbildungsleitern gemeinsam zu besprechen, welche fünf Auszubildenden aus einem Jahrgang die beste Ausbildung absolviert haben und übernommen werden sollen.

2.5 Nachfolgeplanung

Nachdem durch Leistungsbeurteilungen, Talenteinschätzungen und Talentkonferenzen auf allen Ebenen eine stabile Datenbasis zu Talenten und Potenzialen vorhanden ist, können im Anschluss Nachfolgeplanungen im Unternehmen durchgeführt werden. Grundlage für die Nachfolgeplanung bildet die Organisationsstruktur des Unternehmens mit seinen verschiedenen Funktionsbereichen, Leitungsebenen und Jobfamilien. Entlang der Organisationsstruktur bietet die Nachfolgeplanung zunächst einen Einblick in die aktuelle Nachfolgesituation eines Bereichs. Sind für alle Leitungsfunktionen im Bereich Vertrieb ausreichend Nachfolgekandidaten vorhanden? Sind die unternehmenskritischen Positionen im Bereich Entwicklung entsprechend mit Nachfolgern abgesichert? Sind für bestimmte Schlüsselpositionen nicht ausreichend Nachfolgekandidaten zugeordnet, kann der zuständige Personalreferent durch Suche in den Talentprofilen oder durch Zugriff auf eine entsprechende Talentgruppe weitere Kandidaten zuordnen. Bei unternehmenskritischen Positionen kann auch eine Talentkonferenz durchgeführt werden, bei der dann konkret die Nachfolgeregelung für eine Position bestimmt wird. Die Visualisierung der Nachfolgesituation und

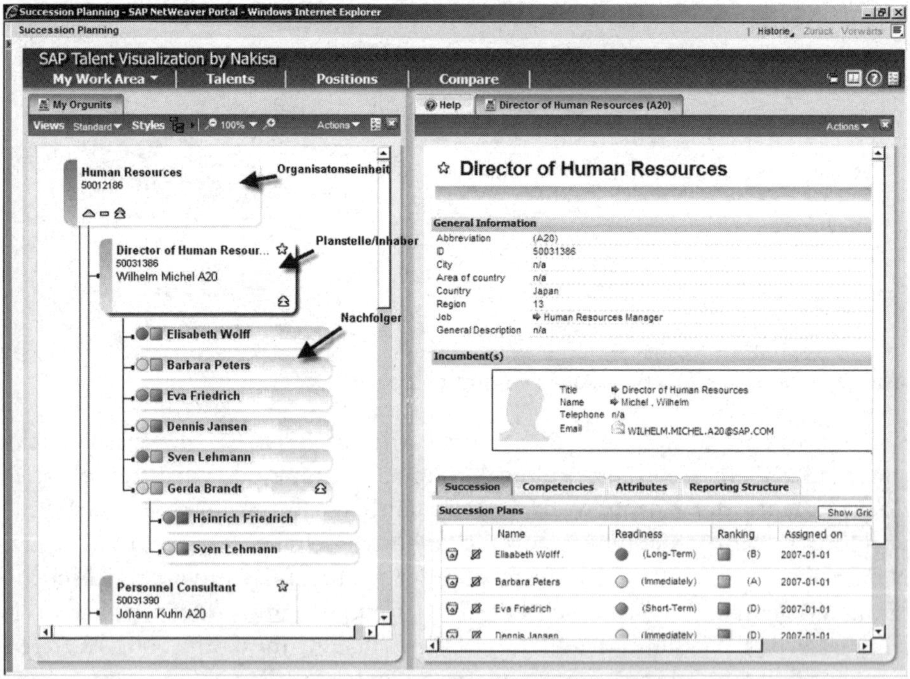

Abb. 8: Nachfolgeplanung mit SAP Talent Visualization by Nakisa

die Zuordnung der Nachfolgekandidaten entlang der Organisationsstruktur erfolgt mit der Lösung *SAP Talent Visualization by Nakisa*. Hierbei handelt es sich um eine gemeinsame Entwicklung von SAP und Nakisa, einem kanadischen Experten für die Visualisierung von Organisationsstrukturen.

Ergebnis der Nachfolgeplanung sind Nachfolgeregelungen für Schlüsselpositionen auf einer soliden, transparenten Datenbasis sowie ein Überblick über vorhandene Mitarbeiterpotenziale pro Funktionsbereich und Jobfamilie.

3 Zusammenfassung

SAP verfügt über eine ganzheitliche Lösung zum Talent Management für alle Mitarbeiter und sämtliche Ebenen. Die vollständige Integration zu schon vorhandenen SAP-Daten und -Prozessen schützt bereits getätigte Investitionen in die vorhandene SAP-Landschaft. Benutzerfreundliche, intuitive Oberflächen ermöglichen Mitarbeitern, Managern und der Personalabteilung den Zugang zu Talent Management-Daten. Die neuen Visualisierungsmöglichkeiten durch die strategische Partnerschaft mit Nakisa werden zukünftig in weiteren Human Capital Management (HCM) Komponenten genutzt werden. Das Umwandeln von Personaldaten in strategisches Wissen über Schlüsselpositionen und Toptalente im Unternehmen unterstützt Führungskräfte und Personalabteilungen bei Personalentscheidungen. Die aktuelle Sicht auf die Organisationsstruktur inklusive Berichtslinien, Schlüsselpositionen und Nachfolgekandidaten schafft Transparenz zur Nachfolgesituation im Unternehmen. SAP Talent Management bietet Unternehmen eine klare Perspektive für ein umfassendes Talent Management.

Stefan Schüßler, geboren 1965 in Saarbrücken, Studium der Informationswissenschaft und Germanistik an der Universität des Saarlandes (M.A. 1994), arbeitet seit 1995 bei der SAP AG im Bereich Produktentwicklung Personalwirtschaft. Von 2001 bis 2007 Produktmanager für die Themenbereiche Personalentwicklung und Aus- und Weiterbildung. Beteiligt an Konzeption, Entwicklung und Markteinführung der SAP Learning Solution, mit Schwerpunkt Prozessintegration. Seit 2007 Solution Expert im Vertrieb Personalwirtschaftssysteme bei der SAP Deutschland AG und Co. KG.

Kontakt: stefan.schuessler@sap.com

Ohne Talent Management geht es nicht

Carsten Busch

Ohne Talent Management geht es nicht – diese Feststellung haben die meisten Unternehmen in Deutschland längst getroffen. Sie beginnen, Talent Management-Prozesse zu entwickeln und umzusetzen, um Mitarbeiter zu finden, einzustellen, zu entwickeln und an das Unternehmen zu binden, um so wettbewerbsfähig zu bleiben.

Nicht nur die Führungskräfte werden mittlerweile zu den Talenten gezählt, um die man sich verstärkt kümmern sollte, sondern gleichermaßen auch Nachwuchskräfte mit Potenzial sowie Schlüsselmitarbeiter, auch aus dem technischen Umfeld. Diese Entwicklung spiegelt den wachsenden Fach- und Führungskräftemangel insbesondere in Deutschland, aber auch in anderen europäischen Ländern wider. Die Entwicklung einer durchdachten Talent Management-Strategie gehört daher zu den wichtigsten Aufgaben, denen sich Unternehmen in Deutschland aktuell stellen müssen.

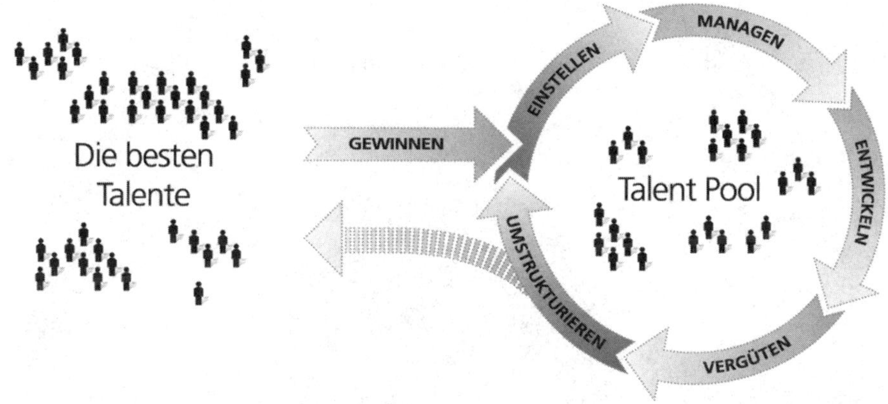

Abb. 1: Talent Circle

Diese Aufgabe geht Hand in Hand mit einem professionellen Employer Branding. Die Fach- und Führungskräfte werden immer stärker von potenziellen Arbeitgebern umworben und haben die Wahl, sich für den attraktivsten Arbeitgeber zu entscheiden. Diese Attraktivität beginnt bereits bei einer durchgängig gestalteten Karriere-Website und einem effizienten Recruiting-Prozess, bei dem Bewerber schnell und respektvoll behandelt werden, und bedeutet auch eine klare Vision der Karrieremöglichkeiten, die ein Unternehmen den Mitarbeitern bietet.

Vollintegrierte Talent Management-Software, die den gesamten Talent Lifecycle von der Stellenanzeige über das Recruiting, Skill- und Kompetenz-Management und Performance Management bis hin zur Laufbahn- und Nachfolgeplanung abdeckt, gewinnt gerade vor dem Hintergrund des Mangels an qualifizierten Fachkräften am Arbeitsmarkt immer mehr an Bedeutung. Sie lässt sich modular oder als Gesamtlösung flexibel an die aktuellen und zukünftigen Bedürfnisse des Unternehmens anpassen, erleichtert die Arbeitsabläufe und ermöglicht ein attraktives Employer Branding für Bewerber und eigene Mitarbeiter. So können nicht nur fertig ausgebildete Mitarbeiter am Arbeitsmarkt beworben werden, sondern auch Mitarbeiter mit Potenzial im eigenen Unternehmen weiterentwickelt werden – mit immensen finanziellen und organisatorischen Vorteilen.

Doch was zeichnet nun eine »State-of-the-Art«-Lösung für Talent Management aus, mit der Sie all diese Ziele erreichen?

Eine moderne Talent Management-Software sollte einen vollintegrierten Ansatz bieten. Alle Prozesse, die in der Personalentwicklung zu bewältigen sind, sollten ineinandergreifen und aufeinander abgestimmt sein, um eine durchgängige, ganzheitliche Sichtweise zu garantieren.

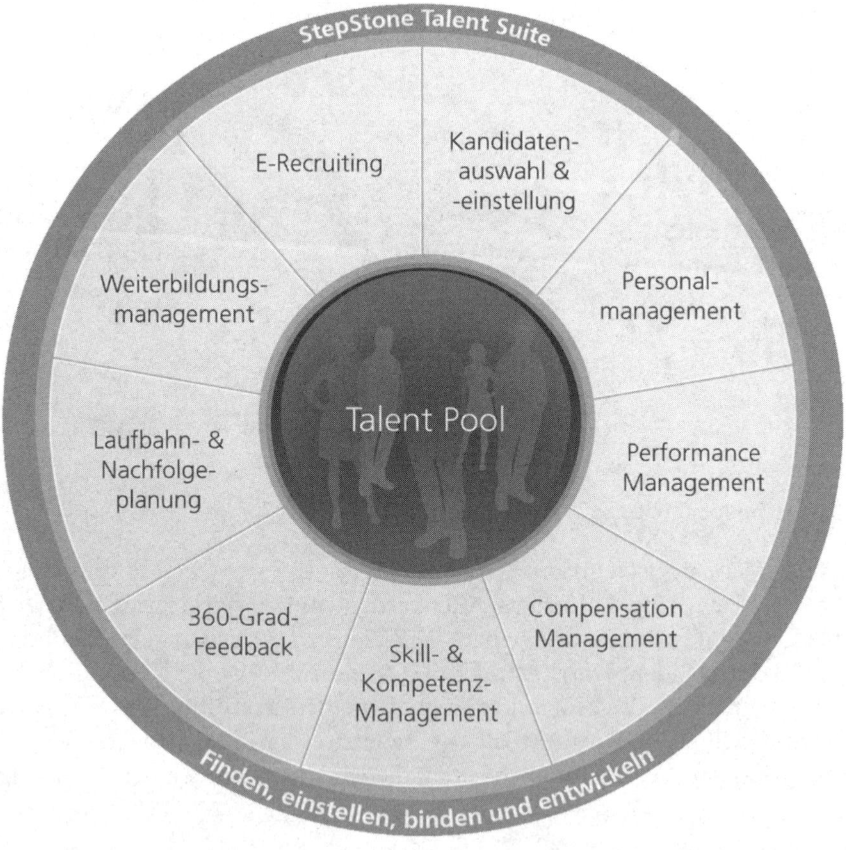

Abb. 2: Talent Suite

Die passenden Bewerber finden: E-Recruiting

E-Recruiting ist der erste Anknüpfungspunkt eines Kandidaten an ein Unternehmen. Mit einer professionellen Karriere-Website lassen sich nicht nur Prozesse erheblich beschleunigen. Durch den Verzicht auf Papier, Porto und manuelle Postbearbeitung der eingehenden analogen Bewerbungen lassen sich auch erhebliche Kosteneinsparungen erzielen. So berichtet ein namhafter internationaler Reisekonzern von Einsparungen von 40 % bereits im ersten Jahr. Eine der weltweit führenden Schnellrestaurantketten erwartet, die Kosten der Einführung bereits innerhalb des ersten Jahres wieder eingespielt zu haben.

Die Kandidaten von heute, für die der Umgang mit dem Internet eine Selbstverständlichkeit ist, erwarten von ihrem zukünftigen Arbeitgeber eine innovative, leicht nutzbare und informative Karriereseite, die auf modernster Technologie basiert. Trotzdem werden viele Unternehmen diesen Anforderungen der Kandidaten nicht gerecht.

Mit einer professionellen E-Recruiting-Lösung hinterlässt der Besuch der Karriereseite eines Unternehmens bei einem Bewerber einen positiven Gesamteindruck. Kandidaten finden die passenden Stellenangebote mit wenigen Klicks über einen Job-Agenten oder die Umkreissuche, die alle Angebote in der Nähe ihres Wohnorts auflistet.

»War for Talent«: Kandidatenauswahl und -einstellung

Im Wettbewerb um die besten Talente muss der Recruiter unter Zeitdruck die richtigen Entscheidungen treffen, um aus der Masse der eingehenden Bewerbungen die passenden zukünftigen Mitarbeiter herauszufiltern. Die Screening-Verfahren moderner E-Recruiting-Systeme ermöglichen dabei eine qualifikations- und erfahrungsorientierte Auswahl und die optionale Erstellung von Kandidaten-Ranglisten durch die Software.

Stellenspezifische Bewerbungsprozesse mit der Möglichkeit, auch Assessment-Systeme von Drittanbietern einzubinden, erlauben eine effiziente, objektivierte Selektion der kommenden Leistungsträger. So füllt sich ein dynamischer Talent Pool mit den Profilen qualifizierter Kandidaten, die durch manuelle oder automatisierte Suche geeigneten Vakanzen zugeordnet werden können. Zeitraubende Vorgänge wie Einladungen oder Absagen können automatisiert wesentlich schneller und kostengünstiger durchgeführt werden.

Damit neue Mitarbeiter auch nach der Entscheidung für ein Unternehmen die ersten gemeinsamen Schritte als produktiv und angenehm empfinden, müssen alle wesentlichen Elemente des Einstellungsvorganges abgebildet werden.

Talent Data Warehouse: Personalmanagement

Ein professionelles Talent Data Warehouse unterstützt dabei, sämtliche Datenquellen zentral in einer Datenbank zu erfassen, das Talent Management zu vereinfachen und zu automatisieren und so die Effizienz der Personalabteilung zu steigern. Mit umfangreichen Analysefunktionalitäten behalten Personalentwickler den Überblick über alle strategischen Daten, Informationen und Prozesse. Die umfassenden Berichtsfunktionen bieten ihnen einen schnellen Überblick über sämtliche Informationen. Sie erkennen Risiken und können mit den detaillierten Daten proaktive Prävention betreiben.

Umfassende, grafisch ansprechende Berichte sollten in allen Modulen einer guten Talent Management-Software zum Standard gehören. Sie sind im Handumdrehen erstellt und können eine Vielzahl von Schlüsselfaktoren abbilden, darunter zum Beispiel die Einhaltung von Gleichheitsgrundsätzen und besondere Sprachkenntnisse. Sie alle lassen sich je nach Berechtigung für bestimmte Gruppen oder für das gesamte Unternehmen abfragen. Unterschiedlichste Datenbezüge innerhalb der Berichte sorgen für eine breite Informationsbasis, mit der die Karriere- und Nachfolgeplanung bewältigt, eventuelle Engpässe analysiert und Positionen bewertet werden können.

Führen mit Zielen: Performance Management

Performance Management stimmt die individuellen Zielsetzungen der Mitarbeiter mit den strategischen Zielen des Unternehmens ab. So wird die traditionelle Leistungsüberprüfung erweitert und in einen standardisierten Prozess verwandelt. Ein modernes Performance Management fügt sich in die bestehenden Systeme und Prozessabläufe ein, um sämtliche Management- und Entwicklungsprozesse zu koordinieren und zu automatisieren.

Per Self Service legen Vorgesetzte und Mitarbeiter gemeinsam Zielvorgaben fest und können diese auf einfache Weise überprüfen. Über den Self-Service-Bereich können Vorgesetzte und Mitarbeiter diese Pläne jederzeit einsehen, überprüfen und neue Ziele festlegen. Um das Monitoring so simpel wie möglich zu gestalten, sollte ein umfangreiches Reporting zur Verfügung stehen. Es unterstützt sowohl HR-Manager als auch Führungskräfte mit zeitnahen Erinnerungen, Benachrichtigungen und Score-Cards.

Performance Management ergänzt sich ideal mit Laufbahn- und Nachfolgeplanung, Compensation Management und Skill- und Kompetenz-Management.

Leistungs- und marktgerechte Vergütung: Compensation Management

Eine wettbewerbsfähige Vergütungsstruktur steigert die Motivation der Mitarbeiter und bindet sie an das Unternehmen. Compensation Management hilft, die Gehaltsrunden zu steuern. Es enthält Funktionen zur Erstellung und Beurteilung umfassender Vergütungsprofile, um die Leistungsmotivation der Mitarbeiter zu erhöhen und gleichzeitig das Abwanderungsrisiko zu senken. So können Talent Manager dynamische, tief greifende Vergütungsstrategien entwickeln, die neben dem Grundgehalt sämtliche weiteren Zuwendungen wie Leistungsanreize, Boni, freiwillige Sozialleistungen, Aktienoptionen usw. enthalten.

Mit den Berichtsfunktionen können die internen Vergütungsstrukturen sowie die Effizienz der Vergütungspolitik Ihres Unternehmens jederzeit beurteilt werden. Durch frei konfigurierbare Programme für bestimmte Zielgruppen und Einzelpersonen, basierend auf Leistungs- und Verdienstplänen, lassen sich jährliche Anpassungen mit dem Compensation Review vereinfacht durchführen.

Ein gutes Compensation Management vergleicht die Wettbewerbsfähigkeit einer Vergütungsstruktur mit aktuellen Marktdaten aus verschiedenen Marktübersichten. Mit diesen umfassenden Informationen im Hintergrund können Unternehmen wettbewerbsfähige Gehaltspakete anbieten, die sich ständig an aktuellen Marktdaten orientieren.

Wer weiß was: Skill- und Kompetenz-Management

Die richtige Person zur rechten Zeit am rechten Ort einzusetzen, steigert die Motivation und das Engagement um ein Vielfaches und bindet Mitarbeiter an das Unternehmen. So steigt die Chance, frei werdende Positionen kostengünstig und effizient intern zu besetzen. Zusätzlich werden Unterbrechungen bis zur Neubesetzung und die Abwanderung von Know-how vermieden.

Mit einem guten Skill- und Kompetenz-Management erhalten Unternehmen ein abgerundetes Bild der individuellen Fähigkeiten ihrer Mitarbeiter. Ihre Weiterentwicklung und Karriereplanung lässt sich somit steuern und das Engagement der Mitarbeiter wächst. Manager können umfassende Skill-Analysen durchführen, um potenzielle Kompetenzlücken im Hinblick auf die kurz- und langfristigen Entwicklungsziele aufzuspüren. Mit diesem Modul können sie jede Rolle oder Position mit ihrem individuellen Kompetenzkatalog definieren und über die Best-Fit-Analyse besetzen.

Standortbestimmung: 360-Grad-Feedback

Kennen die Manager eines Unternehmens ihre persönlichen Stärken und Entwicklungspotenziale? Wissen sie, wie ihre Führungskompetenzen von ihrem direkten Arbeitsumfeld wahrgenommen werden? Mit 360-Grad-Feedback erhalten sie eine ganzheitliche Beurteilung von allen relevanten Personengruppen im Arbeitsumfeld eines Mitarbeiters. Dazu gehören Vorgesetzte, Kollegen, Mitarbeiter und sogar Kunden. So erfahren Manager einfach und verlässlich, ob die eigene Einschätzung zur Person mit dem Bild Dritter übereinstimmt.

Das 360-Grad-Feedback ist das leistungsstärkste Instrument, um die Stärken und den Entwicklungsbedarf der Mitarbeiter aufzudecken. Anonyme Online-Bewertungen von Teammitgliedern, Vorgesetzten und Kunden helfen dabei, Hard- und vor allem Soft Skills zu ermitteln. Durch persönliches Coaching werden die Mitarbeiter dahin geführt, die Ergebnisse zu deuten und daran zu arbeiten. Die Ergebnisse können ganz einfach in den Zielvereinbarungs- und Bewertungsprozess im Performance Management übernommen werden, und mit den gewonnenen Informationen lassen sich gleichzeitig Aktionspläne für das Weiterbildungsmanagement erstellen, die die Weiterentwicklung der Mitarbeiter fördern und so die Stärke des Unternehmens sichern.

Das 360-Grad-Feedback baut auf dem Kompetenzmodell des Skill- und Kompetenz-Managements auf und garantiert dadurch einheitliche Kompetenzen, Kriterien und Bewertungsskalen.

Risikomanagement: Laufbahn- und Nachfolgeplanung

Eine gute Laufbahn- und Nachfolgeplanung unterstützt bei der Entscheidungsfindung für mögliche Nachfolgekandidaten. Individuelle Erwartungen lassen sich der Einschätzung der Vorgesetzten und der Nachfolgeplanung gegenüberstellen, sodass Karriereschritte aufgrund falscher Annahmen vermieden werden können. Nachfolgeszenarien stellen die Auswirkungen von Personalentscheidungen im Unternehmen grafisch dar, Nachfolgepläne lassen sich erstellen und so die Besetzung von Vakanzen mit internen oder externen Kandidaten vergleichen. So können Personalentwickler aktuelle und zukünftige Anforderungen strategisch planen.

Die Laufbahn- und Nachfolgeplanung hält Informationen über das Potenzial eines Kandidaten bereit, über seine vorherigen Leistungen, über sein Abwanderungsrisiko und klassische Stammdaten. Diese Informationen bieten eine hervorragende Grundlage für die Beurteilung Ihrer Personalprozesse. Sie reduzieren somit die Tendenz, die besten Mitarbeiter auf Kosten des gesamten Unternehmens in der jeweiligen Abteilung zu halten.

Höchste Effizienz lässt sich durch die Integration mit Performance Management, Skill- und Kompetenz-Management, Weiterbildungsmanagement, 360-Grad-Feedback und Compensation Management erzielen.

Operative Personalentwicklung: Weiterbildungsmanagement

Mit Weiterbildungsmanagement lassen sich Bedürfnisse und Anforderungen in spezifische Trainingsmaßnahmen umwandeln. Das integrierte Berichtssystem und die fortschrittlichen Bewertungsmethoden erlauben es, die Kosten und den Bedarf an Weiterbildung zu kontrollieren und ihre Wirksamkeit zu bewerten.

Eine professionelle Software für das Weiterbildungsmanagement verwaltet sämtliche Weiterbildungsprozesse, von der Analyse des internen Bedarfs bis zur Seminarplanung. Arbeitsabläufe und Erinnerungen ermöglichen eine komfortable und effiziente Planung, selbst bei anspruchsvollen Trainingspaketen. Talent Manager profitieren von den umfangreichen Analysemöglichkeiten und der übersichtlichen Darstellung der individuellen Weiterbildungsmaßnahmen aller Teilnehmer. So können sie den Weiterbildungsbedarf von Vorgesetzten und Mitarbeitern proaktiv erfassen.

Das Modul unterstützt Coaching, Mentoring, Job Rotation, praktisches und theoretisches Lernen, integriertes Lernen und E-Learning. Mitarbeiter können die für sie relevanten Maßnahmen in einem Online-Katalog auswählen. Anschließend ermöglichen flexibel konfigurierbare Genehmigungsworkflows die effiziente Unterstützung der Anmeldeprozesse.

Das Weiterbildungsmanagement ergänzt sich ideal mit dem Skill- und Kompetenz-Management und der Laufbahn- und Nachfolgeplanung.

Fallbeispiel: Deutsche Post World Net

Konzernweites Performance Management macht Potenziale sichtbar:
IT-gestützter Personalentwicklungs- und Beurteilungsprozess bei
Deutsche Post World Net

Deutsche Post World Net ist die weltweit führende Logistik-Gruppe. Mit der gebündelten Logistik-Kompetenz ihrer Marken Deutsche Post, DHL und Postbank bietet die Gruppe integrierte Dienstleistungen und maßgeschneiderte, kundenbezogene Lösungen für das Management und den Transport von Waren, Informationen und Zahlungsströmen durch ihr multinationales und multilokales Know-how und Netzwerk.

Deutsche Post World Net ist zugleich führender Anbieter für Dialogmarketing sowie effiziente Outsourcing- und Systemlösungen für das Briefgeschäft. 2006 wurde ein Konzernumsatz von mehr als 60 Milliarden Euro erwirtschaftet. Deutsche Post World Net beschäftigt rund 500.000 Mitarbeiter in über 220 Ländern und Territorien und ist damit einer der größten Arbeitgeber weltweit.

Deutsche Post World Net unterstützt den Beurteilungs- und Personalentwicklungsprozess für die Zielgruppe der nicht leitenden Führungskräfte und Experten durchgängig mit IT. Basierend auf der StepStone Talent Suite realisierte der Bonner Logistikkonzern eine Lösung für das Performance Management, die sich durch ein hohes Maß an Self-Service-Funktionalitäten auszeichnet.

Mit Hilfe der webbasierten Software gelang es, den Administrationsaufwand in der HR-Abteilung spürbar zu reduzieren und die Qualität der Performance Management-Prozesse deutlich zu steigern. Im Mittelpunkt des Personalentwicklungs- und Beurteilungsprozesses »motiv8« der Deutsche Post World Net steht das Feedback zur individuellen Mitarbeiterleistung.

Der Name »motiv8« spiegelt die acht Kompetenzen wider, an denen die Mitarbeiter gemessen werden. Sie sind Grundlage der Leistungsbeurteilung und damit des ganzen Prozesses. »›motiv8‹ leistet einen besonderen Beitrag zur Integration unseres Konzerns und fördert die Performance-Kultur«, erläutert Dr. Karsten Rogas, Project Manager HR Development, Deutsche Post AG, die Zielsetzung. »Jede Mitarbeiterin und jeder Mitarbeiter erhält mindestens einmal jährlich Rückmeldung über die eigene Leistung durch den Vorgesetzten. Sie beinhaltet ein Feedback zu Leistung und Kompetenzen sowie eine Einschätzung der Potenziale und die Vereinbarung individueller Entwicklungsangebote. Angelegt als zyklischer Prozess bietet ›motiv8‹ jedes Jahr Gelegenheit zu einer neuen Leistungsbeurteilung und Zielvereinbarung.«

Schnell zeigte sich, dass der zunächst allein formular-unterstützte »motiv8«-Prozess ohne Informationstechnik eine hohe Belastung in der Administration bedeutete. Das Versenden der Formulare gestaltete sich sehr aufwendig. Die Vorbereitung der Panels, der jährlichen Managementkonferenzen, war äußerst zeitintensiv. Hinzu kam ein hoher Aufwand für das Prozessmonitoring, da die entsprechenden Daten aus den unterschiedlichen Formularen manuell zusammengetragen und abgeglichen werden mussten.

Die Deutsche Post World Net öffnete deshalb mit »motiv8 web« ein neues Kapitel im personalbezogenen Performance Management. Die Softwarelösung, die auf der StepStone Talent Suite (Release 10) basiert, unterstützt durchgängig den Beurteilungs- und Zielvereinbarungsprozess. Über das Corporate Intranet erhalten Vorgesetzte und Mitarbeiter Zugriff auf alle relevanten Daten und Formulare. Im Self Service werden die Daten online in die Formularmasken eingegeben, die in festen Abläufen zwischen dem Beurteiler, dem Beurteilten und der Personalabteilung freigegeben werden. Damit das persönliche Gespräch zwischen Mitarbeiter und Vorgesetzten nicht zu kurz kommt, sieht der Workflow von »motiv8 web« explizit ein solches Gespräch vor.

Mit der Softwarelösung »motiv8 web« wird jedes Jahr der motiv8-Prozess neu angestoßen. Die HR-Abteilung wählt die Teilnehmer aus und bereitet die personalisierten Formulare je Mitarbeiter vor. Per E-Mail wird der Vorgesetzte von der Personalabteilung informiert, dass alle Unterlagen bereitgestellt sind, und gebeten, die Beurteilungsgespräche vorzubereiten. Systemgestützt werden die

Formulare von Vorgesetzten und Mitarbeitern ausgefüllt und die HR-Abteilung wird nach Freigabe des Beurteilungsgesprächs über das Ergebnis informiert. Dort werden von »motiv8 web« Vorbereitung und Dokumentation der Panels begleitet, deren Ergebnisse im Anschluss aufbereitet und Vorgesetzten und Mitarbeitern für Feedbackgespräche sowie die Festlegung von Qualifizierungsmaßnahmen zur Verfügung gestellt.

»Mit ein paar Klicks am PC erreichen wir schnellere und bessere Ergebnisse als mit dem früheren Ausfüllen lästiger Formulare«, freut sich Dr. Karsten Rogas. »Die StepStone Talent Suite hilft uns, unseren konzernweiten Zielvereinbarungs- und Beurteilungsprozess ›motiv8‹ wesentlich anwenderfreundlicher zu gestalten und gleichzeitig den Administrationsaufwand zu reduzieren.« Das jetzt mögliche zeitnahe Monitoring der Rückläufe sichert fortlaufend eine hohe Prozessqualität. Zudem lassen sich per Knopfdruck jederzeit Auswertungen erstellen, um beispielsweise über die Verteilung der Zielerreichungen in einem Team stets auf dem Laufenden zu sein. Auch konnten die HR-Prozesse etwa durch Reduktion manueller Schnittstellen insgesamt optimiert werden.

Neben der partnerschaftlichen Zusammenarbeit mit dem Konzernbetriebsrat und den Datenschutzbeauftragten sieht Dr. Karsten Rogas das im Vorfeld des Projektes abgestimmte Prozessmodell als einen der zentralen Erfolgsfaktoren für die IT-Umsetzung. Der Project Manager HR Development begrüßt in diesem Punkt explizit die Flexibilität der StepStone Talent Suite, die eine unkomplizierte Ausrichtung der Softwarelösung auf die HR-Prozesse erlaubt. Ebenso lobt er die Möglichkeit der Software, automatisch Personalstammdaten aus der im Konzern eingesetzten SAP-Software zu übernehmen.

Eine Pilotierung im Vorfeld bereitete den allgemeinen Start von »motiv8 web« vor. Zielgruppenspezifische Kommunikationsmaßnahmen und eine funktionierende Hotline sorgten im Anschluss für einen erfolgreichen Rollout in Deutschland. Nach der Startphase bei der Deutsche Post AG und Forum Gelb GmbH ist nun auch die DP IT Solutions GmbH an »motiv8 web« angebunden. Weitere Konzerntöchter werden folgen und sukzessive ihre Beurteilungen und Zielvereinbarungen über die StepStone Talent Suite abwickeln.

Herausforderungen:

- Hoher Administrationsaufwand im Personalentwicklungs- und Beurteilungsprozess »motiv8« wegen fehlender IT-Unterstützung
- Vorbereitung der Panels/Managementkonferenzen sehr zeitintensiv
- Hoher Aufwand für das Prozessmonitoring
- Mangelhafte Informationsbasis und fehlende Transparenz
- Manuelles Vorgehen

...und ihre Lösungen:

- Durchgängige IT-Unterstützung des Performance Management-Prozesses »motiv8«
- Umfangreiche Self-Service-Funktionen für Führungskräfte und Mitarbeiter
- Hohe Prozess- und Informationsqualität durch zeitnahes Monitoring, einheitliche Datenbasis und Eingabemasken
- Laufendes Reporting z. B. über Fortschritt und Status der Zielerreichungen in einem Team.

Auf einen Blick

- Die Deutsche Post World Net nutzt die StepStone Talent Suite als Basis für den konzernweiten Personalenwicklungs- und Beurteilungsprozess »motiv8«.
- Die Lösung »motiv8 web« unterstützt den konzernweiten Zielvereinbarungs- und Beurteilungsprozess für nicht leitende Führungskräfte und Experten.
- 3.000 Mitarbeiter und 600 Beurteiler haben im Self Service Zugriff auf die Anwendung.
- Automatische Übernahme der Stammdaten aus dem SAP-System.
- Vielseitige Auswertungs- und Monitoringmöglichkeiten geben jederzeit ein transparentes Bild über den aktuellen Stand.
- Self Services sorgen für mehr Anwenderfreundlichkeit.
- IT-Unterstützung reduziert Verwaltungsaufwand in der HR-Abteilung.
- Mehrsprachigkeit: vollständige Bedienung in Deutsch und Englisch.
- Eingesetzte Module: Personalmanagement, Skill- und Kompetenz-Management, Performance Management, Laufbahn- und Nachfolgeplanung, Organigrammerstellung.

Zusammenfassung und Checkliste

Unternehmen, die den Einsatz einer Talent Management-Lösung planen, sollten bei der Auswahl eines Anbieters also die folgenden Kriterien beachten:

☐ ✓ **Internationaler Support**

Ist der Anbieter in der Lage, in allen für Ihr Unternehmen wichtigen Regionen Unterstützung in der Landessprache und in der regionalen Zeitzone zu bieten?

☐ ✓ **Datensicherheit**

Kann der Anbieter kontinuierliche Sicherheitstests vorweisen? Gibt es Sicherheits- und Notfallkonzepte?

- ☐ ✓ **Datenschutz**

  Wenn Sie Ihre Software im Rechenzentrum des Anbieters hosten lassen, sollten Sie nachfragen, wo sich dieses Rechenzentrum befindet. Aufgrund der Datenschutzbestimmungen ist hier ein Standort innerhalb der EU einem Standort im außereuropäischen Ausland, etwa in den USA, vorzuziehen.

- ☐ ✓ **Integrationsfähigkeit**

  Achten Sie darauf, dass sich die Talent Management-Lösung mit allen gängigen HRM- und ERP-Systemen koppeln lässt. Der Anbieter sollte Erfahrung mit den notwendigen Schnittstellen und Referenzprojekte vorweisen können.

- ☐ ✓ **Modularität**

  Wählen Sie Ihre zukünftige Talent Management-Lösung danach aus, ob sie alles das bietet, was Sie jetzt und in Zukunft brauchen. Können Sie etwa mit dem Skill- und Kompetenz-Management starten und anschließend E-Recruiting und Performance Management problemlos anfügen?

- ☐ ✓ **Zukunftssicherheit**

  Eine gute Software nutzt nichts, wenn der Anbieter während der Implementierung oder kurz danach den Betrieb einstellt. Achten Sie darauf, dass der Anbieter finanziell stabil ist und profitabel arbeitet. Schauen Sie auch einmal hinter den Börsenkurs und auf die Umsatz- und Ertragszahlen. So können Sie sicher sein, dass Ihr Projekt nicht an Liquiditätsschwierigkeiten des Anbieters scheitert oder Wartung und Support eingestellt werden, weil sich der Anbieter wieder aus einem für Sie wichtigen Markt zurückzieht.

- ☐ ✓ **Global but local**

  Hat der Anbieter auch umfassende Erfahrung in Ihrer Region? Kennt er die rechtlichen und kulturellen Besonderheiten, die etwa Deutschland von den USA unterscheiden? Sind ihm europäische Prozesse geläufig, wenn es etwa um die Einbindung des Betriebsrates geht?

Wenn Ihr Anbieter alle diese Fragen zu Ihrer Zufriedenheit beantworten kann, sind Sie auf dem richtigen Weg, mit Talent Management die Zukunft Ihres Unternehmens zu sichern und erfolgreich zu gestalten.

Dr. Carsten Busch ist Managing Director Germany & Switzerland der StepStone Solutions GmbH, dem europäischen Marktführer für Talent Management-Software. Nach seinem Studium der Betriebswirtschaft an der Universität Essen übernahm er zunächst die Geschäftsführung der ExecuTRACK Software GmbH, die 2007 von StepStone übernommen wurde, und promovierte 2002 an den Universitäten St. Gallen und Essen zum Dr. rer. pol. (Wirtschaftswissenschaften). Zu seinen Kernkompetenzen zählen alle Bereiche der Personalentwicklung sowie Business Process Engineering, Self Service und webbasierte Technologien.

Konktakt: carsten.busch@stepstone.com

Performance Management: A Crucial Strategy to Ride the Financial Storm

Patrice Barbedette

Companies driven by a high-performance culture produce significantly greater earnings than their peers in the same industry. So it is no surprise that a recent 2008 global study[1] reported 79 percent of senior business executives cite "creating a high-performance" culture is their top people concern.

Yet no one could have anticipated the global financial crisis that marked the close of 2008. The International Labour Organization now estimates it will increase world unemployment by 20 million women and men, from 190 million in 2007 to 210 million in late 2009.[2]

For an organisation to thrive in today's economy they need every employee to remain focused, motivated and performing well to maximise productivity.

Many organisations have no other choice than to react to the economic downturn by restructuring or changing their business model. This may mean redundancies, with the risk of losing good high-performing talent, de-stabilising the remaining workforce, and negative publicity. And for those organisations in the midst of a merger or acquisition, identifying key talent is a challenge in itself, let alone knowing how to best redeploy them.

A redeployment strategy will realign your workforce and deliver solid business results by decreasing the time-to-productivity with employees already familiar with your business. You will be able to retain valuable talent, improve employee loyalty, and reduce your recruitment and redundancy costs. However, only a methodical performance management process can provide tangible management intelligence on who the high performers are at each level within the company.

Managing performance is not easy. Managers are responsible for setting goals for their team members and monitoring to drive success. And as companies continue to flatten and increase managers' span-of-control, organisations need bottom-up performance management strategies that develop ongoing, productive one-to-one relationships where each individual understands the part they play in the overall success of the company with measurable results.

Yet many appraisal systems are still manual processes, or unwieldy and administratively intensive. Additionally if your organisation is going through a merger, acquisition, or has globally dispersed employees, creating and maintaining a consistent appraisal process becomes even more difficult.

1 "Aligned at the Top," Deloitte Touch Tohmatsu and the Economist Intelligence Unit.
2 International Labour Organization; Press Briefing ILO/08/45; 20 October 2008.

HR departments and line managers end up focusing on the administration of the "event" rather than the valuable one-to-one formal dialogue with their employees, critical for driving performance.

ActivePerformer from Jobpartners allows organisations to automate and deploy all performance management strategies in an easily understood manner that's user-friendly for both managers and employees. By removing the administrative and organisational complexity associated with traditional appraisals and performance reviews, participants can focus on the value-added – personal – part of the process.

ActivePerformer is a functionally rich solution that automates and co-ordinates the processes involved, reducing barriers to success and increasing the business value provided by each individual appraisal. With ActivePerformer, it's easy to build processes that detail, step-by-step, how the appraisal will proceed; automatically specifying which party does what and when. Customisable and dynamic workflows are created for each appraisal, performance evaluation or development review, enabling the organisation to build processes that fit its people management objectives.

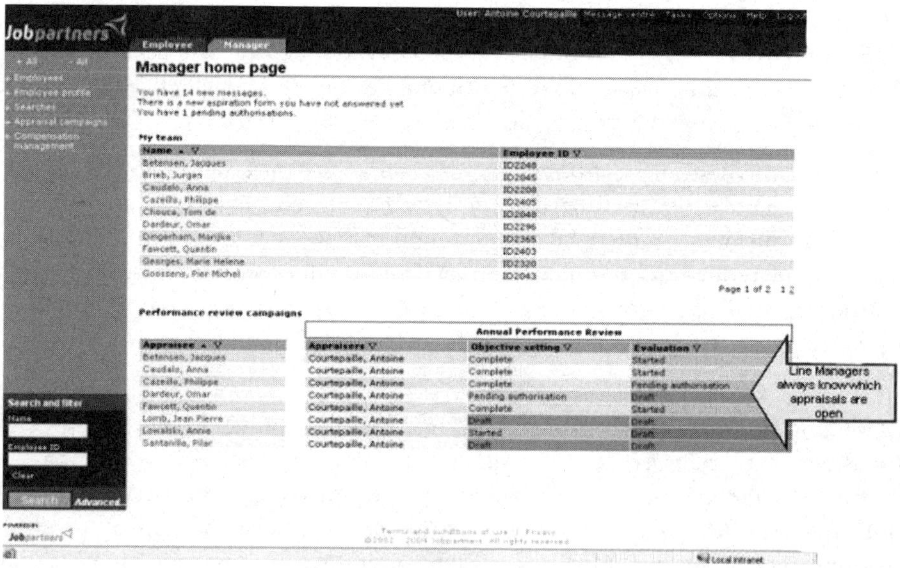

Figure 1: ActivePerformer Completion Rates

Management tools embedded within ActivePerformer improve adherence by automating the mundane administrative tasks normally associated with the creation and distribution of documentation and forms, their collection, processing and filing. For example, deadlines and process definitions (including escalation rules) ensure incomplete tasks are flagged by automatic reminders and, if necessary, escalated for management intervention.

But having appraisals created and completed is only half the process. ActivePerformer allows HR managers to produce comprehensive reporting and analyse specific data to deliver crucial management intelligence to the business.

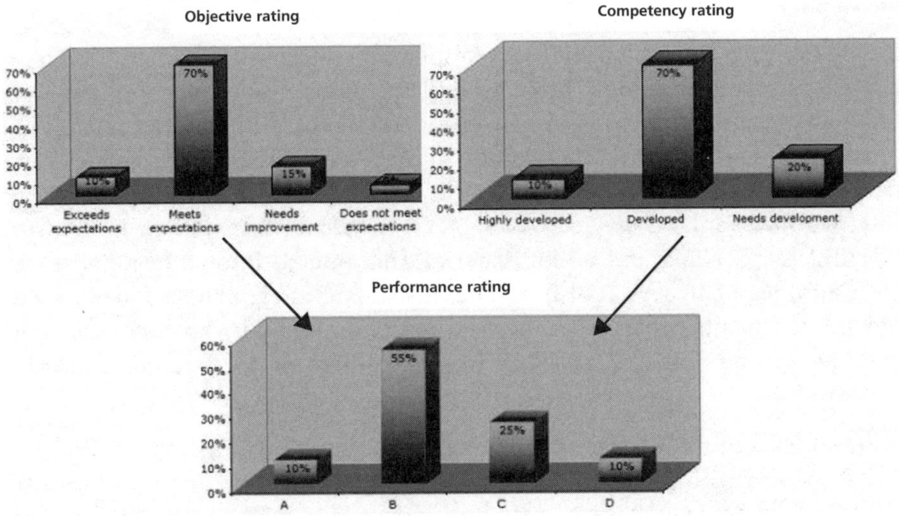

Figure 2: Insight in Actual Performance

As customer feedback highlights, the benefits of ActivePerformer include the organisation's increasing compliance with the process, and how it helps to ensure that all employees are appraised properly and in a more consistent manner. The management intelligence thus gained can be used to influence overall people strategies and specific areas such as redeployment & internal mobility, compensation & benefits, succession planning and retention.

For the line manager and the employee it truly puts the "people" back into people management focusing the effort on the individual's performance and contribution to the organisation's success.

ActivePerformer is part of ActiveSuite, which is a set of flexible and collaborative talent management applications that provides HR executives and business managers with a complete solution to improve people management processes. ActiveSuite from Jobpartners allows organisations to implement, automate and streamline processes, reduce administrative complexity and truly focus on the people elements of people management.

Jobpartners helps Rabobank International create global performance management platform

Overview

Rabobank International is the international operation of Rabobank Group, a full-range financial services provider and the global leader in Food and Agri financing headquartered in Utrecht, the Netherlands. Although Rabobank International was only formally established in 1996, international activities were part of the group's history long before this. In response to a growing demand for international banking services, Rabobank opened branch offices in Europe, North America, Asia and South America and entered into strategic alliances with European partners. It also purchased existing foreign banks enabling Rabobank to take its expertise in the field of consumer and wholesale merchant banking abroad. Today, Rabobank has 349 offices in 43 different countries worldwide.

To more effectively manage its growing global workforce, Rabobank International worked with Jobpartners to create a platform to help align its performance management and compensation processes.

Business Challenge

Rabobank International's all-finance approach to banking requires a high degree of collaboration between its local banks and specialist units in order to offer comprehensive services to its international customers. As a result of extremely quick growth both organically and through acquisitions, Rabobank International was finding it very difficult to consistently manage the performance of its employees to the same standard globally. Each region had its own appraisal processes using a number of different forms and tools. At the same time, employees and managers found the appraisal process time consuming, while the HR departments faced a big administrative burden and wasted valuable time chasing managers for appraisal feedback.

The growth of global business lines such as financial markets, international direct banking and corporate finance meant that there was a demand internally for global conformity in performance management processes and the sharing of performance metrics. So, Rabobank International decided that they needed a system where employees and managers could keep a record of their achievements, ongoing development initiatives and objective setting through both mid-year review and end-of-year performance appraisals. A consistent global framework has enabled Rabobank International to keep better track of employee development and to support senior level succession planning across the entire business.

"The performance management process at Rabobank International is critical to achieving the aims of our organisation and plays an important role in defining and working towards our overall objectives as a business," said Roland Samsen, Project Manager Global HR Programmes at Rabobank International. "By implementing a unified global performance management process, we could align all our disparate processes and increase our global transparency. It keeps everyone focused in the right areas to achieve results and employee contributions are evaluated and recognised accordingly."

The bank wanted to implement a single system to support its global performance initiative, taking advantage of the latest workflow-based technologies to establish an efficient, effective and most importantly, a paperless process. The global system needed to be flexible enough to meet business needs so that it could be used by everyone in the business and the usage of the system could be tracked to ensure that each region was compliant with reporting requirements.

The Solution

After identifying their requirements, Rabobank International selected Jobpartners from a shortlist of vendors based on its ability to easily customise its performance management system – ActivePerformer – to meet the bank's needs.

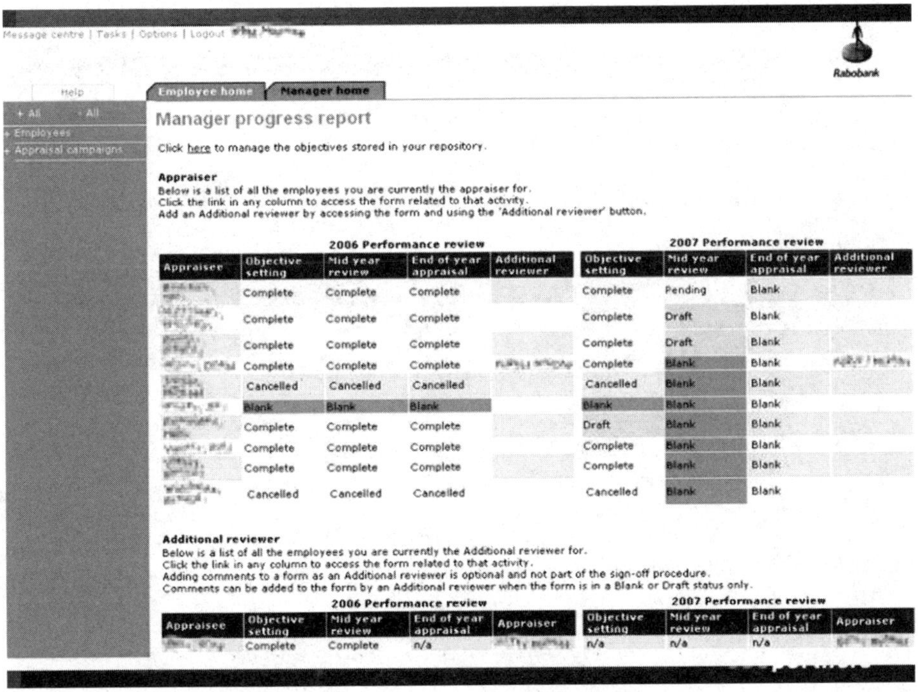

Figure 3: Manager Progress Report ActivePerformer (Rabobank)

The entire employee appraisal process is now managed online using ActivePerformer, from the straightforward creation of evaluation questionnaires to their deployment to employees across the organisation. ActivePerformer reduces the amount of time HR spends paper chasing, as automated reminders, status reports and process escalation all help to drive task efficiency and completion in line with company objectives. This enables the bank to ensure that all employees are appraised consistently and effectively.

And maybe even more important: ActivePerformer helps to improve the relationship between manager and employee by giving them an efficient tool to structure their performance related discussions. In the end this can lead to higher performing employees whose objectives are related to those of their department, their business line and ultimately of the bank itself!

The project to implement ActivePerformer started in January 2004. The pilot project for financial markets went live in November 2004 with the rest of Rabobank International going live in January 2005. Once live, user feedback suggested many changes to improve the overall layout and navigation of the system. Some of these were then implemented over time to encourage adoption and make the system as intuitive and as simple to use as possible. The flexibility of ActivePerformer to allow such customisation meant that the look and feel of the system matched Rabobank International's internal branding which helped increase user familiarity and acceptance.

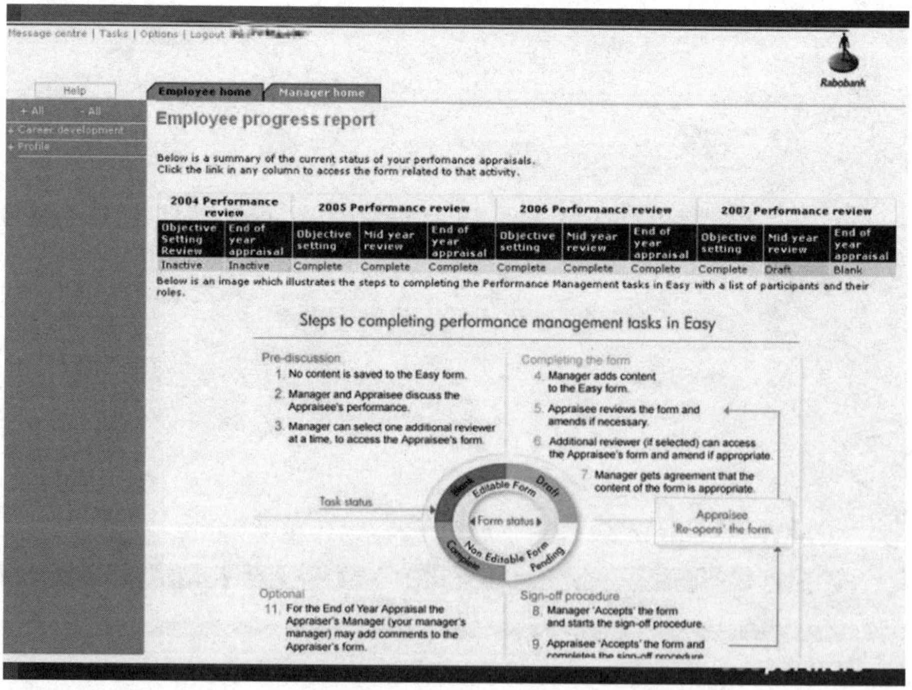

Figure 4: Employee Progress Report ActivePerformer (Rabobank)

"Implementing a self-service workflow system always brings user adoption challenges. Users initially saw the system as extra workload, but in fact it was not the system but the process which brought the extra work," said Alan Paling, Systems Consultant for HR, RI. "We found out that performance management was not common business for all employees and managers. By using the system we were able to check compliance. It became 'painfully' transparent," he said. "However by putting in place a more structured process that is supported by a system it made work much more efficient and effective. That is why we put extra effort into change management to convince users of the advantages of the new performance management process and the system."

The implementation of ActivePerformer has caused Rabobank International to rethink its overall HR systems strategy. This has meant a change in the role of HR who now has a greater focus on data integrity and systems integration. Maintaining accurate reporting lines to ensure the flow of global performance management data has become a key requirement. This will also lead to further system developments and enhancements in the future to improve global data flow.

Rabobank International's executives now see ActivePerformer as a way to continue improvement of the performance management process and achieve global alignment, while managers and employees see it as an easy way to track the success of their performance management objectives. A win-win result for all parties.

The Result

Through implementing ActivePerformer, Rabobank International has been able to achieve its performance management goals of increasing its global transparency and appraisal completion rate. Before the implementation of ActivePerformer, Rabobank International couldn't measure performance management because it was a highly varied and locally managed, paper-based process.

The bank is now able to configure and customise the system in such a way that employees, managers and HR can easily use it to support the performance management process. As a result, performance management across the entire business is increasingly compliant, with more than 90 % of staff consistently completing objective setting and appraisals by set deadlines. Importantly, almost all staff are now working toward annual objectives and as Rabobank now has much greater global visibility of the performance management process, it can use the data to identify skills gaps and succession planning.

Rabobank International can use the information gathered by ActivePerformer to support compensation proposals and track year-on-year trends. For example, combining performance management ratings with staff turnover gives the bank the ability to measure global retention rates to ensure that it is retaining its best talent.

Rabobank International wants to further align its performance management and compensation decision-making. In 2007 it initiated a project aimed at measuring employee performance against balanced scorecard metrics, which is then used to support individual compensation decisions. To support this project the bank will be using both Jobpartners' ActivePerformer and ActiveRewarder solutions to move towards an optimal pay-for-performance programme. This fits right into the growing regulatory compliance around rewarding performance and bonuses that originated in 2008 as a result of the meltdown in the financial market.

"Performance management has changed from an administrative burden to an integrated, effective and largely paperless process that runs pretty much like clockwork," said Robert Derry, Global Head of HR Programmes for Rabobank International. "It has moved from being seen as a cumbersome HR-driven process to being a business-led need and through ongoing employee and manager feedback we have been able to continually improve the process to establish what we believe is now a best-in-class performance management process."

With increased regulatory pressure likely in the coming years, a more structured approach to compensation decision-making that is visibly linked to measurable divisional, business and individual performance will require companies to implement accurate and reliable underlying systems to underpin what is clearly a business-critical management process.

About Jobpartners

Headquartered in the U.K. with nine offices in Europe and the U.S., Jobpartners helps Human Resource executives effectively attract, connect, develop and retain the quality people their organisations need to remain competitive in today's global business environment. A European leader of people management solutions, we were one of the first companies to be solely dedicated to providing comprehensive, global people and talent management solutions delivered as Software as a Service (SaaS).

Jobpartners understands that people management is complex. As an employer of choice, you need solutions that fit your processes and protect your name and brand. To be effective, your solutions must be simple for everyone to use including HR executives, line managers and other staff that are directly involved in the people management process.

Jobpartners understands that a one-size-fits-all people management system is not flexible enough to meet today's global challenges. Our personalised solutions help put people back into your people management process, regardless of location. They help to create cost-effective, efficient and agile high-performance cultures that deliver business value for you. For more information on Jobpartners visit www.jobpartners.com.

Patrice Barbedette founded Jobpartners in 2000 with a vision to deliver comprehensive talent management solutions from an international background and outlook, building technology that crosses cultural differences and fits with the needs of today's large international organisations. Today, as Group Vice President of International Sales, he leads Jobpartners' sales efforts in its current markets of Germany, the Netherlands, and the United Kingdom, and its expansion into new markets and territories, including Northern Europe and the United States. Prior to Jobpartners, he was the Alliances Program Manager at the SAS Institute EMEA Headquarters in Germany – the world's largest privately owned software company, where he focused his activity on launching a CRM application offering. Patrice Barbedette holds a Masters in European Business Administration and Management from the Nancy Graduate Business School (ICN – University of Nancy, France) and from the Wissenschaftliche Hochschule für Unternehmensführung (University of Koblenz, Germany).

Contact: patrice.barbedette@jobpartners.com

Erfolgreiche Experten erneut einsetzen: Qualifikationsprofilorientiertes Talent Management für die erfolgreiche Steuerung von Projekten

Reinhard Schrage und Ingolf Teetz

Über die GTZ

Als weltweit tätiges Bundesunternehmen der internationalen Zusammenarbeit für nachhaltige Entwicklung unterstützt die Deutsche Gesellschaft für Technische Zusammenarbeit (GTZ) GmbH die Bundesregierung bei der Verwirklichung ihrer entwicklungspolitischen Ziele. Sie bietet zukunftsfähige Lösungen für politische, wirtschaftliche, ökologische und soziale Entwicklungen in einer globalisierten Welt und fördert komplexe Reformen und Veränderungsprozesse auch unter schwierigen Bedingungen. Ihr Ziel ist es, die Lebensbedingungen der Menschen nachhaltig zu verbessern.

Die GTZ ist ein Bundesunternehmen mit Sitz in Eschborn bei Frankfurt am Main. Sie wurde 1975 als privatwirtschaftliches Unternehmen gegründet. Ihr Hauptauftraggeber ist das Bundesministerium für wirtschaftliche Zusammenarbeit und Entwicklung (BMZ). Darüber hinaus ist sie tätig für andere Bundesressorts, für Regierungen anderer Länder, für internationale Auftraggeber wie die Europäische Kommission, die Vereinten Nationen oder die Weltbank sowie für Unternehmen der privaten Wirtschaft. Die GTZ nimmt ihre Aufgaben gemeinnützig wahr. Überschüsse werden ausschließlich wieder für eigene Projekte der internationalen Zusammenarbeit für nachhaltige Entwicklung verwendet. Bei einem Gesamtumsatz von 1.057,3 Millionen Euro im Jahr 2007 entfielen rund 860 Millionen Euro auf Projekte und Programme für öffentliche Auftraggeber wie BMZ und andere Bundesressorts. 81,3 Prozent des Umsatzes erwirtschaftete die GTZ also im Auftrag der Bundesregierung. 18,7 Prozent ihres Umsatzes (rund 197,4 Millionen Euro) erzielte sie im Jahr 2007 durch Aufträge anderer, meist internationaler Auftraggeber und Financiers sowie Unternehmen der privaten Wirtschaft.

Die GTZ realisiert Entwicklungsprojekte und -programme in mehr als 120 Ländern Afrikas, Asiens, Lateinamerikas, den Transformationsländern Osteuropas und den Neuen Unabhängigen Staaten und beschäftigt gut 12.000 Mitarbeiterinnen und Mitarbeiter; davon sind fast 9.000 einheimische Kräfte. Die GTZ ist in 92 Ländern mit eigenen Büros vertreten. In der Zentrale in Eschborn arbeiten rund 1.500 Personen.

Ausgangslage: Fachkenntnisse allein reichen nicht aus

Die Arbeitsfelder bei der GTZ sind so vielseitig und unterschiedlich wie in kaum einer anderen Branche. Ob Wirtschaftswissenschaftler, Ingenieure, Geisteswissenschaftler oder Geologen, für die Projekte in Entwicklungs- und Schwellenländern auf der ganzen Welt ist die GTZ stets auf der Suche nach Experten aus den verschiedensten Bereichen. Dem Nachwuchs bietet die GTZ eine Vielzahl von Möglichkeiten, die internationale Zusammenarbeit kennen zu lernen. Für Personen mit akademischem Abschluss und höchstens zweijähriger Berufserfahrung bietet die GTZ außerdem sogenannte Juniorpositionen als »Direkteinstieg« an.

Wen sucht die GTZ und wo liegt das Problem?

Entwicklungspolitisches Grundverständnis gepaart mit hoher interkultureller Sensibilität sind neben profunden Management- und Organisationskompetenzen wesentliche Voraussetzungen für eine Arbeit bei der GTZ. Ein Kandidat muss also sehr hohe Anforderungen erfüllen und weltweit einsetzbar sein.

Die Rekrutierung ist vor allem in folgenden Bereichen eine besondere Herausforderung:

1. Besetzung von anspruchsvollen Stellen, die eine Kombination in unterschiedlicher Ausprägung aus Fachkenntnissen sowie Management-, Führungs- und unternehmenspolitischen Kompetenzen verlangen und bei denen die darauf passenden Fachkräfte auf dem nationalen und internationalen Arbeitsmarkt sehr stark nachgefragt sind.
2. Suche nach dem erneuten Einsatz von Mitarbeiter/-innen, die befristet in Projekten im Ausland gearbeitet haben und für die ein unmittelbarer Wiedereinsatz gefunden werden muss.

Vor der Einführung eines einheitlichen E-Recruiting- und Talent-Management-Systems waren die Prozesse sehr aufwendig und es gab keinen zentralen Pool von Fachkräften, auf den zurückgegriffen werden konnte.

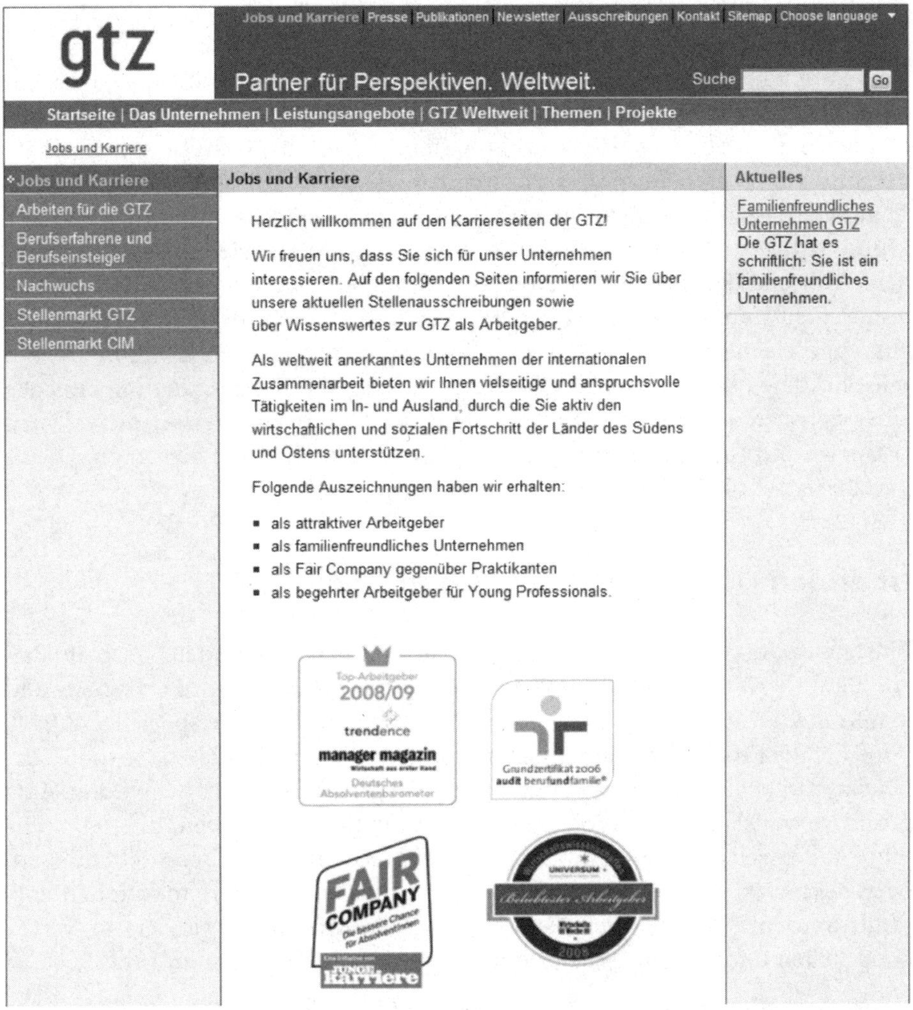

Abb. 1: Screenshot Job- und Karrierebereich der GTZ (Ausschnitt)

Zielsetzung: Frei werdende Ressourcen identifizieren und neu vermitteln

Die GTZ beschäftigt Mitarbeiter/-innen mit befristeten und unbefristeten Arbeitsverträgen. Die Recruiter erhalten zur Unterstützung ihres Recruitings ein Tool, mit dem sie sehr schnell erkennen können, welche Mitarbeiter aufgrund z. B. befristeter Verträge in Kürze frei werden und welche offenen Stellen im Unternehmen für diese Mitarbeiter/-innen zur Verfügung stehen. So können frei werdende Ressourcen schneller und komfortabler wieder eingesetzt werden.

Der Prozess und die Instrumente werden unterstützt durch die Einführung eines **unternehmensweiten E-Recruitings**: Für die drei Geschäftsfelder Gemeinnütziger Bereich (GnB), GTZ-International Service (IS) und das Centrum für internationale Migration und Entwicklung (CIM) der GTZ wird ein einheitliches webbasiertes Recruiting-System eingeführt. Damit wird ein **internes und externes E-Recruiting** ermöglicht. Die Funktionsweise des Systems sieht vor, dass interne oder externe Bewerber über Intra- bzw. Internet sich grundsätzlich stellenunabhängig mit ihren Kernkompetenzen registrieren können. Während der externe Bewerber seine Kompetenzen der unternehmensweit festgelegten Kompetenzmatrix entlang neu eingibt, greift der interne Bewerber auf seine eigene, intern bestehende Kompetenzmatrix zurück. Damit stehen seine Eckdaten der Personalbereitstellung im Talentpool zur Verfügung. Im Falle eines konkreten Bewerberinteresses kann die betreffende Person diese Daten ergänzen und sich damit online für die entsprechende Stelle bewerben. Dieses Verfahren steht jedem mit Zugang zum Internet weltweit offen.

Über den Umgang mit Talentpools bei der GTZ

Ein Talentpool dient dazu, Profildaten, d. h. Kompetenzen und Lebenslaufdaten von Bewerbern und auch von Mitarbeiter/-innen strukturiert zu verwalten und den Kontakt mit ihnen zu pflegen. Der Mitarbeiterpool ist ein spezieller Talentpool, der die Profile der Mitarbeiter enthält. Für die GTZ ist die Pflege von Kompetenzprofilen im Mitarbeiter-Talentpool von ganz besonderer Bedeutung: Aufgrund von auslaufenden Projekten oder bei Mitarbeiter/-innen, die sich sechs Jahre in demselben Land befinden und daher das Einsatzland wechseln müssen, oder bei beurlaubten Mitarbeiter/-innen, die zu anderen Organisationen entsandt werden, ergeben sich Fristen, wann diese Mitarbeiter wieder zur Verfügung stehen und in neue Arbeitsverhältnisse vermittelt werden müssen.

Hierfür hat die GTZ seit 2007 die Erfassung und Pflege der Kompetenzen aller Mitarbeiterinnen und Mitarbeiter in SAP verpflichtend eingeführt. Die angegebenen Kompetenzen werden in dem jährlichen Mitarbeitergespräch von dem direkten Vorgesetzten verifiziert und als solche gekennzeichnet.

Für den internen Mitarbeiterpool werden die Kompetenzprofile der Mitarbeiter über eine Schnittstelle in das Recruiting-System übernommen. Bei Bedarf können diese Profile sofort mit einer neu ausgeschriebenen Stelle abgeglichen werden. Durch das kompetenzbasierte Matching werden systematisch alle potenziell in Frage kommenden internen Kandidaten aus dem Mitarbeiterpool berücksichtigt. Befinden sich passende Talente in einem Pool, können diese direkt in den Bewerbungsprozess aufgenommen werden. Im Idealfall kann so eine externe Veröffentlichung einer Stellenanzeige mit teuren Schaltungskosten gänzlich vermieden werden. Nur wenn keine passenden Talente im Pool vorhanden sind und die interne Ausschreibung keine passenden Kandidaten geliefert hat, wird eine Stelle zur Einholung von Bewerbungen extern ausgeschrieben.

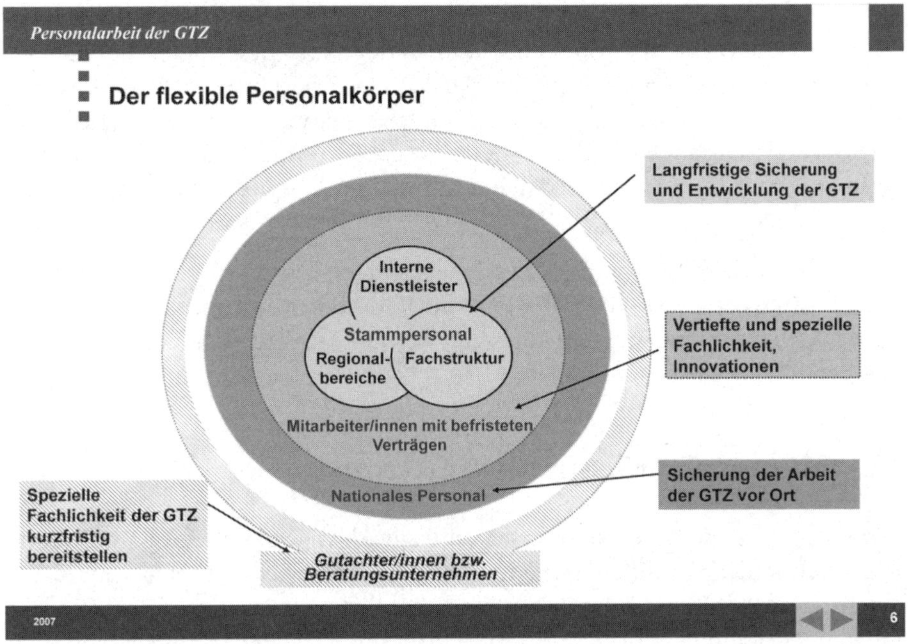

Abb. 2: Talentpool: In dem Talentpool befinden sich das Stammpersonal der GTZ mit unbefristeten Arbeitsverträgen, Mitarbeiter/-innen mit befristeten Verträgen und nationale Fachkräfte, die weltweit einsetzbar sind.

Wann sind Profile bzw. Kandidaten passend?

Für die GTZ ist es wichtig, dass die Profile mit bestimmten, vorher festgelegten Fristen vom Recruiting-System erkannt und dem Recruiter automatisch angezeigt werden. So identifiziert das System automatisch nur solche Kandidaten, deren Vertrag in naher Zukunft auslaufen wird und die einen Anschlussvertrag erhalten sollen. Für diese Kandidaten wird der Recruiter seine Aktivitäten verstärken.

Wiedereinsatz vorbereiten: Die Anforderungen an das E-Recruiting-System

Die GTZ hat im Rahmen der Implementierung ihres neuen Stellenposting- und Bewerbermanagement-Systems ihre Anforderungen an die Prozesse des Mitarbeiter-Talentpools definiert und die milch & zucker AG mit der Umsetzung beauftragt. Die zum Einsatz gekommene »BeeSite® Recruiting Edition« ist eine webbasierte Softwarelösung von milch & zucker, die alle Funktionen für E-Recruiting, Bewerbermanagement und Talent Relationship Management in einem System bietet. Es stehen Schnittstellen zu zahlreichen Anwendungen wie ERP-Systemen (z. B. SAP® oder Peoplesoft®) oder kommerziellen Jobbörsen zur Verfügung. Der Datenaustausch erfolgt standardisiert über HR-XML. Dabei wird sowohl das Frontend gegenüber dem Bewerber innerhalb der Karrierewebsite abgebildet als auch das Backend, das Recruitern und anderen Prozessbeteiligten in Unternehmen für deren Recruiting- und Bewerbermanagementprozesse zur Verfügung steht.

Das E-Recruiting-System ermöglicht Bewerbungen über das Internet sowohl für interne Mitarbeiter als auch für externe Kandidaten. Grundsätzlich können hierbei Mehrfachbewerbungen angezeigt werden, also Kandidaten, die mehr als eine Bewerbung im System haben.

Kandidaten zuverlässig identifizieren

Von zentraler Bedeutung ist einerseits die zuverlässige Darstellung und Kenntlichmachung der Kandidaten, die in naher Zukunft wieder in eine neue Tätigkeit zu vermitteln sind. Hierzu wurde von milch & zucker im Backoffice der Software »BeeSite Recruiting Edition« eine gesonderte Darstellung eingerichtet, ein Menü mit dem Namen »Wiedereinsatz«.

Abb. 3: Screenshot HR-Module-Dropdownbox zur Auswahl des Menüs

Beim Aufrufen dieses Menüs erhält der Recruiter eine Übersicht über alle aktuellen Kandidaten, für die der Wiedereinsatz vorzubereiten ist.

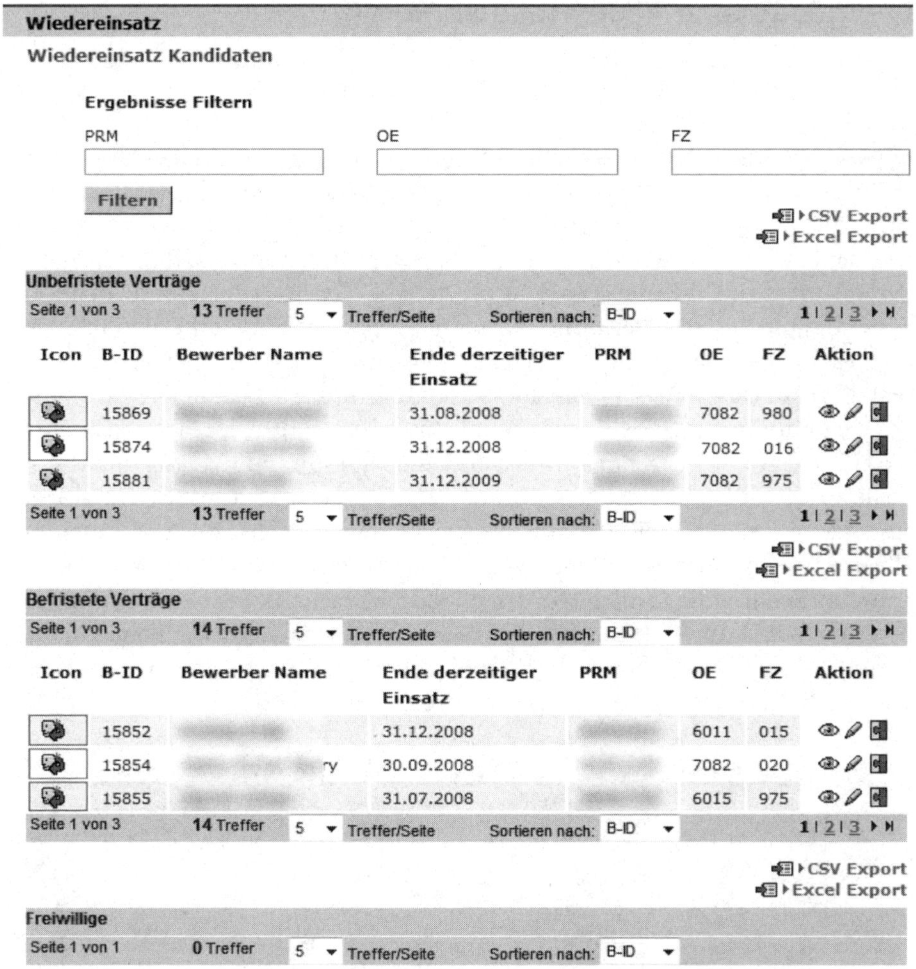

Abb. 4: Screenshot Listenüberblick Wiedereinsatz Kandidaten

Unterteilt nach den verschiedenen Vertragsarten können die Profile nun individuell bearbeitet werden. Dabei sind verschiedene Prozesswege möglich: Zum einen kann ein Kandidat der Wiedereinsatzliste in den Bewerbungsprozess einer aktuell zu besetzenden, offenen Vakanz einbezogen werden, für die er mit seinen Qualifikationen gut geeignet ist. Dort wird er direkt auf die »Top Kandidaten«-Liste, also eine Shortlist der am besten geeigneten Kandidaten gesetzt. Von da aus läuft der Prozess dann wie eine »normale« Bewerbung auf diese Stelle weiter. Zum anderen kann ein Kandidat gegen eine oder mehrere Planvakanzen gematcht werden, die seinen Qualifikationen entsprechend vergleichbare Anforderungsprofile ausweisen, und kann dort in die Auswahl mit einbezogen werden. Besonders dringende Fälle werden ab einem definierten Zeitraum automatisch farblich hervorgehoben.

Passgenau eine neue Stelle anbieten

Ebenso wichtig für den Abgleich der Kompetenzen und Skills des Wiedereinsatz-Kandidaten ist ein ausgereiftes Matching, also der Abgleich der vorhandenen Qualifikationen mit dem Stellenprofil, um passgenaue Ergebnisse zu erzielen. Dazu braucht das System zunächst die Qualifikationen des Kandidaten. Da es sich bei den Wiedereinsatz-Kandidaten um Mitarbeiter der GTZ – und nicht um externe Bewerber – handelt, hat milch & zucker dafür einen HR-XML-Import der entsprechenden Daten aus dem bei der GTZ im Einsatz befindlichen SAP-System in die BeeSite Recruiting Edition eingebaut. Aus diesen Daten generiert die BeeSite Recruiting Edition das Profil, das gegen die vorhandenen Stellen gematcht wird. Das Matching und alle weiteren Prozesse finden in der BeeSite Recruiting Edition statt. Die Kernfrage im Wiedereinsatzprozess lautet also: Kann die GTZ dem frei werdenden Mitarbeiter eine auf ihn individuell gut passende Stelle anbieten? Das System gibt automatisch Antwort und listet auf Knopfdruck zu jedem einzelnen Kandidaten mittels eines sogenannten »Reverse Matching« alle in Frage kommenden offenen Vakanzen auf. Durch das E-Recruiting-System kann bei Bedarf auf sämtliche Stellen aller drei Geschäftsfelder zugegriffen werden. Auch die Kandidaten stehen bei Bedarf geschäftsfeldübergreifend zur Verfügung, versehen mit einer farblichen Markierung, je nachdem, wie weit sie im jeweiligen Bewerbungsprozess bereits fortgeschritten sind.

Seite 1 von 35 344 Treffer 10 Treffer/Seite 1 | 2 | 3 | 4 | 5

Icon	Match Relev.	Vakanz-Titel	Projekt-Titel	von	bis	Bearbeiter	Aktion
	100%	Neue Vakanz 1	Administration	18.06.2008	21.12.2008	[illegible]	
	100%	(Kein Titel) test	Ausbildung	n.a	n.a	[illegible]	
	100%	Senior Financial Expert	Controlling / Rechnungswesen	18.06.2008	21.12.2008	[illegible]	
	100%	Vakanz1	Ausbildung	19.06.2008	29.10.2009	[illegible]	
	100%	Junior Fachkraft	Allgemein	18.06.2008	21.12.2008	[illegible]	
	100%	Archive-Vacancy	Ausbildung	19.06.2008	29.10.2009	[illegible]	
	100%	Office Management	Administration	23.09.2008	07.08.2009	[illegible]	
	100%	Controlling / Rechnungswesen	Controlling / Rechnungswesen	19.06.2008	29.10.2009	[illegible]	

Seite 1 von 35 344 Treffer 10 Treffer/Seite 1 | 2 | 3 | 4 | 5

Abb. 5: Screenshot Ergebnisliste Matching

Die Anzeige der Stellenausschreibungen erfolgt in absteigender Reihenfolge: Die am besten passende Stelle steht ganz oben auf der Liste. Berücksichtigt werden dabei im Rahmen des Matchings das Kompetenzprofil des jeweiligen Kandidaten und die Anforderungsprofile der in der Datenbank verfügbaren Vakanzen.

Der Recruiter kann das Kandidatenprofil nun einer oder mehreren Stellen zuordnen, auf die der Kandidat gut passt. So kann der Kandidat im Rahmen mehrerer Prozesse hinsichtlich eines Wiedereinsatzes geprüft werden. Mit der Zuordnung zu einer Stelle gelangt das Mitarbeiterprofil in den gewünschten Bewerbermanagementprozess, der zum Beispiel Elemente wie Interview-Einladung, Rücksprache mit Auftraggebern und weitere umfassen kann.

Matching versus Searching – der Unterschied

Bei herkömmlichen Suchen muss jedes Kriterium exakt getroffen werden, um ein Suchergebnis anzuzeigen. Es ist keine Unschärfe möglich. Beim Matching hingegen kann die Software vielfältige Kriterien heranziehen, jedes mit einem unterschiedlichen Grad an Wichtigkeit. Anders als herkömmliches »Suchen«, berücksichtigt »Matchen« die Möglichkeit, bestimmte Kriterien nicht ganz genau erfüllen zu müssen und einige Kriterien wichtiger zu nehmen als andere. So wird die Passgenauigkeit der Kandidaten erhöht: Kernanforderungen werden stärker gewichtet als nebensächliche Kriterien.

Für Stellenausschreibungen und Kandidatenprofile setzt die BeeSite® Recruiting Edition die führende Matching-Engine »ELISE®« von WCC Smart Search & Match ein (www.wcc-group.com). WCC mit Sitz in Utrecht, NL, und Palo Alto, USA, entwickelt seit 1996 Search- und Matching-Technologien, die in diesem Marktsegment führend sind. Das Suchergebnis zeigt die Übereinstimmung mit den gewichteten Suchkriterien und ermöglicht für jedes Ergebnis eine Einzelaufschlüsselung der Trefferrelevanz pro Suchkriterium.

Matching und Kompetenz-Modell

Die BeeSite® Recruiting Edition erstellt ein automatisches Matching der Bewerberqualifikationen gegen die Anforderungen offener Stellen. Daraus resultiert eine Rankingliste der geeigneten Bewerber pro Stelle in absteigender Reihenfolge. Zu jedem Kandidaten kann eine Einzelbewertung, also eine Aufschlüsselung aller Einzelanforderungen, aufgerufen werden.

Dabei kann der Recruiter die zu matchenden Kriterien frei definieren. Die eingesetzte Technik ermöglicht im Bewerbermanagement ein Matching sowohl vom Kandidaten auf alle offenen Stellen als auch – vice versa – von einer Stelle aus über alle verfügbaren Kandidaten.

Detailliertes Matching

Kandidat:	[illegible]
Bewerbungsnummer:	C003244-001
Vakanz:	[illegible]
GTZ Kostenstelle/-träger:	P0003-V003

Berechnung der Relevanz

Übereinstimmung	Ergebnis	Faktor	Beitrag
Anforderungen der Vakanz	80 %	2	**160 / 200**
Anforderungen des Kandidaten	100 %	1	**100 / 100**
Gesamt-Relevanz			**87 %** Ranking: **B**

Anforderungen der Vakanz

Gefordert	Angegeben	Gewicht	Ergebnis
Sprachen Deutsch Englisch	**Sprachen** Deutsch		100 %
Level [Sprache GTZ] Gute Kenntnisse	**Level [Sprache GTZ]** Muttersprache		80 %
		80	**80 %**
Relevanz - Anforderungen der Vakanz			**80 %**

Anforderungen des Kandidaten

Gefordert	Angegeben	Gewicht	Ergebnis

Abb. 6: Matchingdetails zum direkten Vergleich der einzelnen Anforderung

Matchingfunktion: Drei Techniken kommen zum Einsatz

Affinitäten
Hier können ähnliche Qualifikationen im Vergleich zur eigentlich gewünschten definiert werden. Zum Beispiel kann für das Kriterium »Java-Programmier-Kenntnisse« festgelegt werden, dass »C++«- oder »PHP-Kenntnisse« der geforderten Qualifikation ebenfalls genügen. Ein Bewerber, der nicht die eigentlich geforderte Programmiersprache angibt, wird damit nicht automatisch aussortiert, sondern lediglich etwas schlechter platziert. Dies ist für jedes beliebige Kriterium und auch für die Kenntnislevel möglich.

Gliding Scales
Mit dieser Methode werden keine festen Grenzen, sondern eine mögliche Bandbreite definiert. Zum Beispiel die Anzahl der Jahre an Berufserfahrung, die ein Kandidat mitbringen soll, oder auch Sprachkenntnisse.

Gewichtungen
Hier werden Prioritäten definiert. Ein Beispiel: Für eine Stelle sind sehr gute Englisch- sowie Französischkenntnisse nötig. Es wird jedoch an dem entspre-

chenden Standort im Berufsalltag häufiger auf Französisch zurückgegriffen. Dann kann die Gewichtung entsprechend für Französisch höher gesetzt werden als für Englisch. So werden Bewerber mit sehr guten Französischkenntnissen, aber nur mittelmäßigen Englischkenntnissen höher gerankt als Kandidaten, die mittelmäßige Französischkenntnisse, aber sehr gute Englischkenntnisse aufweisen.

Zusammenfassung

Die GTZ nutzt Talentpools intensiv, um eigene Mitarbeiter in neue Projekte und Verträge zu vermitteln. Mit dem E-Recruiting-System BeeSite Recruiting Edition werden die vorhandenen Kompetenzprofile der Mitarbeiter gegen offene Vakanzen der gesamten Gesellschaft gematcht, um passgenaue Angebote für die Mitarbeiter zu finden. Externe Bewerber erfassen ebenfalls ihre Qualifikationen anhand einer Kompetenzmatrix. Das Recruiting-System ermöglicht in den Vakanzen die Gewichtung von geforderten Kompetenzen ebenso wie die Definition von Ähnlichkeiten, um möglichst passgenaue interne und externe Kandidaten zu identifizieren. So bietet das System automatisch eine Auswahl passender Profile aus dem Pool auf eine offene Vakanz, listet Mitarbeiter auf, für die möglichst bald ein neues Arbeitsgebiet gefunden werden muss. Ganz allgemein unterstützt und vereinheitlicht es den kompletten Bewerbermanagementprozess für alle drei Geschäftsbereiche der GTZ.

Dr. Reinhard Schrage, Leiter für Wirtschaftsentwicklung und Ländliche Entwicklung in der Personalbereitstellung der Deutschen Gesellschaft für Technische Zusammenarbeit (GTZ) GmbH, Eschborn, ist verantwortlich für die unternehmensweite Einführung eines E-Recruiting-Systems.

Kontakt: Reinhard.Schrage@gtz.de

Ingolf Teetz, CTO milch & zucker AG, Bad Nauheim, ist technischer Projektleiter auf Dienstleisterseite.

Kontakt: i.teetz@milchundzucker.de